Praxis des Projektmanagements

Springer

Berlin
Heidelberg
New York
Hongkong
London
Mailand
Paris
Tokio

Dirk Heche

Praxis des Projektmanagements

Mit 16 Abbildungen
und 3 Tabellen

 Springer

Dirk Heche

Altenbrückerdamm 8
21337 Lüneburg
PdPM@heche.de

ISBN 3-540-20548-9   Springer-Verlag Berlin Heidelberg New York

Bibliografische Information Der Deutschen Bibliothek
Die Deutsche Bibliothek verzeichnet diese Publikation in der Deutschen Nationalbibliografie;
detaillierte bibliografische Daten sind im Internet über *http://dnb.ddb.de* abrufbar.

Springer-Verlag ist ein Unternehmen von Springer Science+Business Media
springer.de

© Springer-Verlag Berlin Heidelberg 2004
Printed in Germany

Umschlaggestaltung: Erich Kirchner, Heidelberg

SPIN 10972304   42/3130 – 5 4 3 2 1 0 – Gedruckt auf säurefreiem Papier

Vorwort

Dieses Buch hat eine Geschichte, die, wie die meisten Geschichten, gleichermaßen kurz wie lang erzählt werden kann. Da ich persönlich die Tendenz habe, Vorworte schnell zu überfliegen, wenn ich mir denn überhaupt die Mühe der Lektüre mache, habe ich mich hier, in Ihrem und meinem Interesse, für die kurze Version entschieden.

Ursprünglich war dieses Buch lediglich als Handout für meine Seminare zum Management von IT-Projekten gedacht. Aber jedes Thema, das ich anfasste, schien von alleine zu wachsen und lautstark nach weiterer Klärung und Vertiefung zu verlangen. Schon nach kurzer Zeit war mir klar, dass ich den vorgesehenen Rahmen eines Handouts bei weitem sprengen würde. Da kaum etwas schwerer fällt, als bereits verrichtete Arbeit zu vernichten, entschloss ich mich, das vorliegende Material in einem Buch zu verarbeiten. Dies ist eine Entstehungsgeschichte, wie sie sicher hinter vieler Sachliteratur zu finden ist.

Es war nun aber nie mein Interesse, nur ein weiteres Buch zu schreiben, das die Welt nicht braucht oder schon hat. Sie werden bei der Lektüre feststellen, dass ich die Themen oft anders anfasse als die Vergleichsliteratur, nicht aus dem Bemühen heraus, anders zu sein, sondern aus professioneller Überzeugung. In diesem Buch gleich wie in meiner täglichen Arbeit trachte ich danach, diese Überzeugungen zu transportieren.

Eine dieser Grundeinstellungen richtet sich gegen die weit verbreitete Methoden- und Werkzeuggläubigkeit. Das heißt keinesfalls, dass ich Methoden oder Werkzeuge ablehne. Ich halte beide für gut und wichtig, und sie können das Arbeiten in hohem Maße vereinfachen. Aber es ist ein fataler Fehler, seine eigene Entscheidungsfähigkeit unreflektiert an sie zu ketten.

Statt dessen ist es mir wichtig, ein tieferes Verständnis für das Wie und Warum der verschiedenen Aspekte des Projektmanagements zu schaffen. Bevor Sie zum Beispiel ein Werkzeug zur Projektplanung auswählen, sollten Sie erst einmal verstanden haben, warum, mit welchem Ziel und in welcher Detaillierung geplant werden kann und dann entscheiden, was das in Ihrem speziellen Fall bedeutet. Sonst machen Sie den zweiten Schritt vor dem ersten.

Des Weiteren ist es mir wichtig, weder übertriebenen Idealismus, noch reine Geschäftsmäßigkeit zu predigen. Die Praxis braucht beides gleichermaßen. Idealismus bedeutet, höhere Ziele zu verfolgen, und im Versuch, diese zu erreichen, besser zu werden. Besser als die Konkurrenz, und möglichst auch gut genug für die Befriedigung des eigenen Qualitätsempfindens. Dabei darf aber nie außer Acht gelassen werden, dass in den meisten Situationen ein vertraglich definiertes Auftraggeber-Auftragnehmer-Verhältnis vorliegt, mit einem wechselseitigen Wertschöpfungsinteresse. Und das bedeutet, dass dem Idealismus nur dort Raum gelassen werden kann, wo er nicht die Vertragserfüllung gefährdet. Das berücksichtige ich, indem Idealvorstellungen stets in Bezug zu den praktischen Möglichkeiten ihrer Umsetzung gesehen werden.

Schließlich ist dieses Buch nicht von akademischem Nutzen. Ich erkläre nicht, wie viele verschiedene Arten von Kosten-Nutzen-Analysen es gibt oder stelle die Evolution der Netzplantechniken dar. Statt dessen ist es mir wichtig, auf die Punkte einzugrenzen, die im wirtschaftlich orientierten Projektgeschäft eine Bedeutung besitzen. Insofern kann das Buch als relativierende Fortführung nach einem akademischen Einstieg in das Thema verwendet werden, aber nicht als Ersatz dafür.

Dieses Buch beinhaltet die Erkenntnisse, die ich mir im Laufe der Jahre angeeignet habe, durch persönliche Erfahrung, Beobachtung und vor allem viele Gespräche und Diskussionen mit Freunden, Kollegen und Trainingsteilnehmern. Ich habe es geschrieben in der Hoffnung, dass es dem einen oder anderen Projektleiter dazu dient, ein besseres Verständnis seines Jobs zu erlangen, seine Entscheidungen selbstbewusster zu treffen und schließlich für alle am Projekt Beteiligten einen Mehrwert zu schaffen.

Lüneburg, im Oktober 2003   Dirk Heche

Inhaltsverzeichnis

1 Einleitung

1.1 Thema und Zielsetzung

Das Projekt ist in unserer Arbeitswirklichkeit zu einer etablierten und oft verwendeten Form der gemeinsamen Ergebniserbringung geworden. Menschen finden sich zusammen, um abseits der Regelmäßigkeit und Verlässlichkeit der regulären Geschäftsprozesse ein Ziel zu erreichen, ohne das Ergebnis ihrer Arbeit oder den Weg dorthin bereits in seinen Details beschreiben zu können.

Das Projekt als Teil unserer Arbeitswirklichkeit hat, von ganz wenigen Ausnahmen abgesehen, stets eine Geschäftsorientierung. Es kann also nicht in erster Linie darum gehen, persönliche Ziele zu erreichen, sondern immer, unternehmerisches Denken in unternehmerischer Praxis zu beweisen. Die Historie der vergangen Zeit beweist, dass dieses Ziel häufig verfehlt wird, mit oft verheerenden Auswirkungen auf die betroffenen Parteien. Projekte in dem Bewusstsein ihrer unternehmerischen Bedeutung erfolgreich durchzuführen kann somit keine triviale Aufgabe sein.

Hiermit setzt sich dieses Buch auseinander und erklärt, wie ein Maß an Sicherheit gewonnen werden kann, das Sie neben den geschäftlichen auch idealistische Ziele erreichen lässt: Qualität, Zufriedenheit, Selbstverwirklichung und eine gesunde, partnerschaftliche Dienstleistungskultur zwischen den Projektbeteiligten.

Als roter Faden wird sich immer wieder die Darstellung der Befindlichkeiten, Erwartungen und Strategien auf Auftraggeber- und Auftragnehmerscite durch das Buch ziehen. Dabei geht es nicht um die Darlegung von Tipps und Tricks, um einen vermeintlichen Gegner auszuhebeln, sondern im Gegenteil darum, Verständnis für die Situation des anderen und ein Gespür für beidseitig nutzbringende Lösungen zu vermitteln.

Dieses Buch ist in erster Linie ein Buch für Projektleiter. Die direkte Ansprache gilt stets diesen gleichermaßen gebeutelten wie auserwählten Funktionsträgern im Kontext der Projektabwicklung. Aber da das Buch der Aufgabe verpflichtet ist, unabhängig von der Rolle des Projektleiters die Rahmenbedingungen zu beschreiben, unter denen erfolgreiche Projekte möglich sind, wird nicht selten der Einflussbereich des Projektleiters ver lassen und es werden Themen behandelt, die außerhalb seiner Zuständigkeit liegen. Das ist gleichermaßen richtig wie gerecht, denn ein Projekt steht und fällt nicht allein mit der guten oder schlechten Leistung des Projektleiters.

In der erweiterten Zielgruppe dieses Buches finden sich daher zwangsläufig auch Manager, Personaler, Vertriebsmitarbeiter oder Qualitätssicherer, die nur zu ausgewählten Zeitpunkten und Themen Kontakt mit dem Projekt haben. Auch für sie ist es wichtig, das richtige Verständnis ihrer Rolle und der Wirkung ihrer Entscheidungen zu gewinnen, um schließlich ein gemeinsames Ziel, nämlich den Erfolg des Projektes, erreichbar werden zu lassen.

Die Lektüre dieses Buches soll Ihnen zu mehreren Zwecken dienen. Zum einen erhalten Sie ein tieferes Verständnis dafür, welche Erfolgsfaktoren aus welchen Gründen für Projekte entscheidend sind, aber auch im Umkehrschluss, welche Verhaltensweisen den Projekterfolg in hohem Maße gefährden können. Zum anderen lernen Sie aber auch, welche grundlegenden Mechanismen in dem komplexen Wirkgeflecht „Projekt" überhaupt greifen und wie Sie mit Ihren Entscheidungen Einfluss auf die Projektabwicklung nehmen können. Schließlich wird Ihnen Projektmanagement so vermittelt, wie es sich in der Praxis darstellt, indem jeder Themenkomplex in seinen Grundlagen, seiner Logik und den Wechselbeziehungen zu anderen Themen analysiert und erklärt wird, ohne dabei unnötig akademisch zu werden oder aber in Undifferenziertheit aussagelos zu bleiben.

1.2 Aufbau und Inhalt

Dieses Buch betrachtet Projekte insbesondere vor dem Hintergrund ihrer Durchführung in der Praxis. Das führt zwangsweise dazu, dass einige Themen behandelt werden, die sich sonst nicht im engeren Kontext des Projektmanagements finden, die aber sehr wohl auf die Möglichkeiten einer erfolgversprechenden Projektgestaltung einen erheblichen Einfluss haben, zum Beispiel die Vertragsgestaltung.

Umgekehrt werden aber auch Themen ausgespart, weil sie in der Praxis kaum eine Relevanz besitzen, zum Beispiel Vorgehensmodelle wie das Spiralmodell, die zwar regelmäßig in der Literatur behandelt werden, in die wirtschaftliche Realität aber nur höchst selten Eingang finden. Bewusst werden an Stelle theoretischer Konstrukte pragmatisch geprägte Auseinandersetzungen vorgezogen, um klarer die Frage „Warum?" und nicht nur „Auf wie viele verschiedene Arten?" beantworten zu können.

Die Durchführung eines Projektes lässt sich in drei Wissensbereiche aufgliedern: Die Aufgaben des Projektleiters, die eigentliche Ergebniserbringung und die mehr oder weniger statischen Rahmenbedingungen des Projektes, zum Beispiel der Vertrag und die Projektorganisation. Erst diese drei Bereiche zusammen ergeben ein vollständiges Bild, in dem weder bestimmte Perspektiven überbetont noch ausklammert werden sollten.

Am Beginn des Buches steht zwangsläufig eine grundlegende Auseinandersetzung mit dem Projektbegriff. Dieses ist wichtig, jedoch nicht zum Zwecke der Definition, sondern um das Ziel der sich ableitenden Maßnahmen des Projektmanagements wirklich verstehen zu können, nämlich das Aufbrechen und Handhabbarmachen der Projektkomplexitäten.

Der Vertrag in seinen verschiedenen juristisch mehr oder weniger verbindlichen Formen hat eine Bedeutung, die in der Praxis in oft sträflicher Weise missachtet wird. Die langfristigen Auswirkungen auf die Projektdurchführung, ja sogar dessen Machbarkeit, sind so fundamental, dass der Einstieg in die konkrete Arbeitsthematik über dieses Thema genommen werden muss. Vom theoretischen Begriff der gerne zitierten Projektdefinition bleibt hier nicht mehr viel übrig, wenngleich die Vertragsausgestaltung letzten Endes genau diese ersetzen muss.

Die folgenden Kapitel setzen sich zuerst mit den überwiegend strukturellen Parametern eines Projektes auseinander – Organisation, Infrastruktur und Reporting. Meist entstehen diese Bestandteile eher zufällig – das Potenzial, das auf diese Weise verschenkt wird, ist erheblich. Andererseits darf Struktur aber auch nicht in ein Regelungskoma führen, sondern es muss ein Gleichgewicht zwischen Verlässlichkeit und Flexibilität hergestellt werden. Es ist dabei nicht wichtig, zwischen einer Matrix- und Projektorganisation unterscheiden zu können, aber sehr wohl zu erkennen, was für das eigene Projekt erleichternd oder aber lähmend ist.

In der Vorbereitung und im Verlaufe eines Projektes verbringt ein Projektleiter viel Zeit mit der Planung, der Überprüfung ihrer Korrektheit und immer wieder mit ihrer Anpassung. Es ist hierbei nicht wichtig, einen Überblick über die möglichen Plantypen und Planmethoden zu erhalten – ein guter Projektleiter kann ein Projekt auf einem Schmierzettel planen. Die Planbestandteile Aufgaben, Aufwände, Puffer, Bearbeiter und Abhängigkeiten dienen ihm als relevante Informationsmenge, aus der sich seine Planung ergibt. Die Praxis gebietet hier erneut die gesunde Mischung von Flexibilität und Härte, so dass nicht jede Planabweichung unnachgiebig geahndet, ihr andererseits aber auch nicht nur mit Ohnmacht begegnet werden muss. Insbesondere mögliche Szenarien der Plananpassung und der Eskalation werden in den betreffenden Abschnitten genau analysiert und in ihren Vor- und Nachteilen dargestellt. Denn eine Planung zu erstellen, ist meist nur der Anfang – sie über den Projektverlauf zu einem

lebendigen Managementinstrument zu machen ist die wirkliche Herausforderung.

Ein aktives Risikomanagement befindet sich thematisch in großer Nähe
zur Projektplanung, aber im Gegensatz zu dieser findet sie in Projekten oft
nicht statt oder wird nur als unliebsame Pflichtübung wahrgenommen. Tatsächlich bedeutet es aber, sich selber für mögliche Problembereiche zu
sensibilisieren, sich Maßnahmen aufzunötigen und schließlich Sicherheit
zu schaffen, wo sonst nur die Hoffnung Projektbegleiter gewesen wäre.
Bei der Auseinandersetzung mit Risikomanagement wird dessen Rolle als
Hilfsmittel zur Ergänzung der Planung betrachtet, nicht die als rein mone-
täres Rechenmodell zur Preiserhöhung, wie es oftmals in der Literatur
auftaucht.

Ein kompletter Abschnitt wurde der Mitarbeiterauswahl gewidmet. Das
ist sicher ungewöhnlich, zum einen, weil der Projektleiter scheinbar nur
begrenzten Einfluss auf diesen Vorgang hat, zum anderen, weil die Mitarbeiterauswahl nur wenig Platz im Verlaufe eines Projektes einnimmt. Aber
wenn es stimmt, dass das Team einen großen Anteil am Erfolg oder Misserfolg eines Projektes hat, dann ist es nicht nur gut, sondern unumgänglich,
sich mit dem ersten Schritt in der Teambildung intensiv auseinander zu
setzen. Es wird darauf eingegangen, welchen Einfluss der Projektleiter tatsächlich hat, wie er ihn nutzen kann und welche Strategien er gegebenenfalls einsetzen kann, um trotz ungünstiger Bedingungen das Beste für sich,
sein Team und das Projekt herauszuholen.

Anders sieht es im Projektleben aus, dem das folgende Kapitel gewidmet wird. Der Einfluss des Projektleiters ist unmittelbar. Aber gerade hier
wird mehr auf Maßnahmen verwiesen, die einen indirekten Einfluss auf
das Team haben, wie zum Beispiel die ergonomische Gestaltung des Arbeitsplatzes oder die Schaffung von Frei- und Kommunikationsräumen in
der Projektumgebung.

In der Praxis werden Projektmitarbeiter oft sich selbst überlassen. Verschenkt wird dabei die Chance, die ganze Kraft eines sich wohl fühlenden
und miteinander schaffenden Teams zur Verfügung zu haben. Im Kapitel
über das Projektleben soll gezeigt werden, wo Potenziale liegen und wie
Sie sie nutzen können. Dabei werden keine großen Geheimnisse offenbart,
keine psychologischen Tricks verwendet, es reicht, dass Sie das Projekt
einmal aus der Sicht des Mitarbeiters betrachten. Sie werden sehen, welche
einfachen Möglichkeiten Sie haben, mehr als nur ein Taktgeber und An-
treiber zu sein und trotzdem – weit besser – ihr Ziel zu erreichen.

Gerne wird über all der Diskussion über Kosten, Zeitpläne und Mitarbeiterführung außer Acht gelassen, dass Projektmanagement keineswegs
Selbstzweck ist, sondern immer einem einfachen Zweck dient: Der Ergebniserbringung. Heutzutage sind Dokumente, in welcher Form diese auch

auftreten mögen, elementarer Bestandteil dieses Ergebnisses. Entweder ergänzen und begleiten sie das Projekt, oder sie sind gar das gewünschte Endergebnis wie im Falle von Vorstudien. Im Abschnitt über Dokumentation wird genauer untersucht, warum nicht alle Dokumente benötigt werden, aber die erstellten um so sorgfältiger auf die Zielgruppe abgestimmt werden müssen. Es wird grundsätzlich dargelegt, wie Dokumente nach Inhalt und Phase getrennt werden sollten, wie sie mit der Planung synchronisiert werden müssen und welche Bedeutung sie als vertragswirksame Festlegung durch ihre Abnahme erhalten.

Viele Projekte scheitern, weil sie im Laufe der Zeit ihre Konturen verlieren – inhaltlich und schließlich auch zeitlich. Damit ist gemeint, dass der Gegenstand des Projektes nicht mehr klar ist, dass Absprachen nicht dokumentiert wurden, dass in Richtungen gearbeitet wurde, die sich als falsch herausstellen, ohne dass später eine Verantwortlichkeit für die Entscheidung festgestellt werden kann. Es kommt zu diesen Situationen, weil nicht genügend bekannt ist, was vertragsrelevante Kommunikation ausmacht und wie mit ihr umgegangen werden muss. Es kommt dazu, weil viele meinen, dass mit Vertragsunterzeichnung alle Festlegungen bereits getroffen wurden. Diese Annahme ist aber falsch, denn mit jeder festgehaltenen Entscheidung, mit jedem abgenommenen Protokoll oder Dokument werden Festlegungen getroffen, die den Vertrag weiter ausdetaillieren – über die gesamte Laufzeit des Projektes hinweg. Die Auseinandersetzung mit diesem Thema soll Sie soweit sensibilisieren, dass nicht nur Sie als Projektleiter wissen, wie Sie mit vertragsrelevanter Kommunikation umgehen müssen, sondern auch, warum das gesamte Team dieses Wissen verinnerlichen muss.

Qualitätssicherung wird selten im engeren Sinne als Projektaufgabe verstanden. Da aber jedes Projekt stets der Erbringung eines Ergebnisses dient, zählt zwangsläufig auch die Qualitätssicherung dazu, und zwar als unbedingte Projektaufgabe. Hier wird ganz im Gegenteil zur langläufigen Literatur die Qualitätssicherung nicht als von außen an das Projekt herangetragen betrachtet, sondern als interne Notwendigkeit, die durch externe Instanzen ergänzt oder ersetzt werden kann, soweit diese verfügbar sind. Das heißt aber auch, dass eine intensive Analyse erforderlich ist, wozu und wie Qualitätssicherung stattfinden muss, um dem Projekt weiter zu helfen.

In den letzten Kapiteln werden einige Tabuthemen und Ausnahmesituationen betrachtet. Was kann zum Beispiel bei schlechten Verträgen oder schwierigen Mitarbeitern getan werden? Es geht um die Frage, warum e-Business-Projekte so problematisch scheinen. Was heißt es, Großprojekte durchzuführen? Was bedeutet es, als Gewerknehmer wieder einen Gewerknehmer in das Projekt zu nehmen oder aber mit Wettbewerbern gemeinsam arbeiten zu müssen?

Das Fazit führt einige Aussagen, die sich durch das gesamte Buch ziehen, wieder zusammen und verdichtet sie zu einer eindringlichen Schlussthese, in der Ihnen die drei apokalyptischen Reiter des Projektmanagements vorgestellt werden:

- der schlechte Vertrag,
- die fehlende Konditionierung und Disziplinierung,
  der mangelnde Mut

2 Projektmanagement

Der Weg zum Verständnis dessen, was Projektmanagement ist, wozu es dient und insbesondere wie es stattfinden muss, ist beschwerlich. Wie das Lesen einer Karte, die zwar den Start- und den Zielort anzeigt, aber keine Aussagen darüber macht, welcher der vielen möglichen Wege der beste ist, so bedeutet die Navigation in der Begriffswelt des Projektmanagements das Sammeln vieler Puzzleteile, für die es nur selten eine Anleitung gibt, wie sie richtig zusammengesetzt werden müssen.

Es ist aus verschiedenen Gründen nur sehr schwer, sich dem Phänomen Projektmanagement korrekt anzunähern. Wann immer ein Erklärungsversuch gestartet wird, so stellt er sich doch zu oft als unzureichend oder aber völlig überfrachtet heraus. Teilweise sicher deswegen, weil die Begrifflichkeiten wie Projekt, Management, Organisation und Struktur nicht gerade geschützt sind, aber doch so elementar mit dem des Projektmanagements verbunden. Die Verwendung findet dann auch in vielen Kontexten statt, nicht selten wahl- und bedenkenlos, so dass am Ende einer Antwort oft zwei neue Fragen stehen.

Dieses Kapitel verfolgt einen anderen Ansatz. Es versucht zu klären, welche Anforderungen an das Projektmanagement herangetragen werden, und was dieses daher zu leisten imstande sein muss. Denn Projektmanagement ist ein von außen geformtes Gebilde, nicht eines, das aus Selbstzweck entstanden ist. Dieser Ansatz ist dann auch am ehesten dazu geeignet, ein Gefühl für die Komplexität der Aufgabe Projektmanagement zu vermitteln, ohne sich im starren Rahmen der scheinbaren Sicherheit einer Definition zu verlieren.

2.1 Was ist überhaupt ein Projekt?

Kernbegriff, Dreh- und Angelpunkt des Projektmanagements ist das Projekt. Was macht mehr Sinn, als mit diesem Begriff zu beginnen? Denn ganz zwangsläufig gilt: Kein Projektmanagement ohne Projekte.

So einleuchtend das ist, so wenig hilfreich ist diese Aussage aber bei genauem Hinsehen. Ein Grund dafür ist das Verständnis dessen, was Pro jekte sein sollen, und somit der Projektbegriff selbst. Denn er schwimmt in einem Meer von Gemeinplätzen, ohne eine insbesondere konsensfähige Definition seiner selbst anzubieten. Verschiedene Quellen kommen zu verschiedenen Ergebnissen, die zwar einen hohen Deckungsgrad besitzen, aber sich oft durch wichtige Details unterscheiden.

Exemplarisch soll hier die DIN 69901 herangezogen werden, die zu der Aussage gelangt, dass ein Projekt ein Vorhaben sei, ...

„...das im wesentlichen durch Einmaligkeit der Bedingungen in ihrer Gesamtheit gekennzeichnet ist, wie zum Beispiel

* Zielvorgabe,
* zeitliche, finanzielle, personelle und andere Begrenzungen,
* Abgrenzung gegenüber anderen Vorhaben,
* projektspezifische Organisation.“

Das ist eine recht weit gefasste Definition, die darüber hinaus interpretierbar und nach vielen Richtungen offen ist. Das ist kein Zufall. Aber wenn es nur darum geht, sagen zu können, was ein Projekt ist und was nicht, dann ist die Definition nach DIN schon recht gut. Aber ob sie hilfreich ist, steht auf einem anderen Blatt. Denn eine Frage, die sich jede Definition gefallen lassen muss, ist die nach ihrem Nutzen.

Das Verständnis eines Begriffes kann auf mehreren Ebenen stattfinden. Zum einen gibt es die reine Klassifikationsebene, die mit Hilfe einer Definition wie der oben erreicht werden kann. Darüber hinaus gibt es aber eine Konsequenzebene, die ein erheblich tiefer gehendes Verständnis voraussetzt, und die den Gegenstand des Interesses in Beziehung zu seiner Umwelt zu betrachten und zu interpretieren vermag. Diese Ebene gilt es zu erreichen. Im vorliegenden Kontext heißt das verstehen, was es bedeutet, ein Projekt zu machen.

Am besten kann der Unterschied vielleicht mit einer Analogie erläutert werden. Stellen Sie sich vor, Sie könnten genau sagen, was einen Rennwagen definiert. Welches Fahrzeug Ihnen auch immer vorgestellt wird, Sie könnten ohne Probleme anhand einer vorliegenden Definition bestimmen, ob der Wagen in die Schublade „Rennwagen“ gehört, oder eben nicht. Wenn Sie das machen, bewegen Sie sich auf der Klassifikationsebene.

Aber das Wissen, das Sie auf diese Art zur Verfügung haben, ist bedeutungslos, wenn Sie sich das erste Mal in den Wagen setzen. Sie werden nicht wissen, wie er sich in den Kurven verhält, wie schnell Sie mit ihm fahren dürfen, wie er reagiert, wenn Sie den Fuß vom Gas nehmen oder gar auf die Bremse treten. Sie haben keine Ahnung, wie schnell Sie bei Regen fahren können, und was verschiedene Reifen an Sicherheitsgewinn oder –verlust bringen. Sie wissen eben nicht, was es *bedeutet*, einen

Rennwagen zu fahren. Das muss nicht heißen, dass Ihnen die Erfahrung des Autofahrens allgemein fehlt, sondern dass Sie keine Kenntnis von den Merkmalen haben, die den Rennwagen und damit seine Nutzung in besonderer Weise charakterisieren und die Sie also auch in besonderer Weise berücksichtigen müssen.

Nicht viel anders verhält es sich mit dem Projektbegriff. Trotzdem soll in diesem Buch versucht werden, eine Hilfestellung zu geben, die dem Gegenstand gerecht wird. Dafür aber müssen die wesentlichen Charakteristika von Projekten bestimmt werden, denn sie sind es, die Bedeutung besitzen bzw. geben. So wie ein Charakteristikum von Rennwagen die enorme Bremswirkung ist, die allein beim Gaswegnehmen eintritt, so gibt es bei Projekten bestimmte „Wesenszüge", die man transparent machen und in seinen Handlungen berücksichtigen kann.

Ein wichtiges, und das hier herausgehobene Charakteristikum von Projekten ist deren Komplexität. Dieser Begriff ist in der Literatur gleichfalls nicht einheitlich definiert, was aber eher daran liegt, dass es viele unterschiedliche Themengebiete gibt, die ihn mit eigenem Fokus verwenden. Hier wird also nicht der Begriff erneut erklärt, statt dessen ist es hinreichend, sich mit einem intuitiven Verständnis zufrieden zu geben: Komplexität entsteht durch die vielfältigen und schwer überschaubaren Verknüpfungen einer großen Anzahl von Bestandteilen eines größeren Ganzen. Ist etwas komplex, dann ist es schwierig, alle Verknüpfungen und alle durch die Verknüpfungen implementierten Wechselwirkungen des Systems gleichzeitig zu durchdringen.

Die Einschätzung, dass etwas mehr oder weniger komplex sei, ist eine zwangsläufig subjektive. Für die folgende Betrachtung geht es daher auch weniger darum, qualitativ oder vielleicht sogar quantitativ einen Grad an Komplexität zu bestimmen, sondern lediglich Aussagen über die diesbezüglich herausragenden Themengebiete im Projektmanagement zu treffen.

Was macht also die Komplexität von Projekten aus? Woraus besteht ein Projekt, und was ist der Beitrag dieser Bestandteile zur Erhöhung der Komplexität? Welche Arten von Komplexität resultieren daraus?

Zu Beginn werden drei Komponenten benötigt, aus denen sich jedes Projekt zusammensetzen muss: Beteiligte, Ressourcen und Thema . Mit diesen Bestandteilen muss und kann jedes Projekt bewältigt werden. Die Projektaufgabe, die diese Bestandteile zusammenschnürt und zur Zielerreichung nutzt, ist die Erbringung einer Leistung.

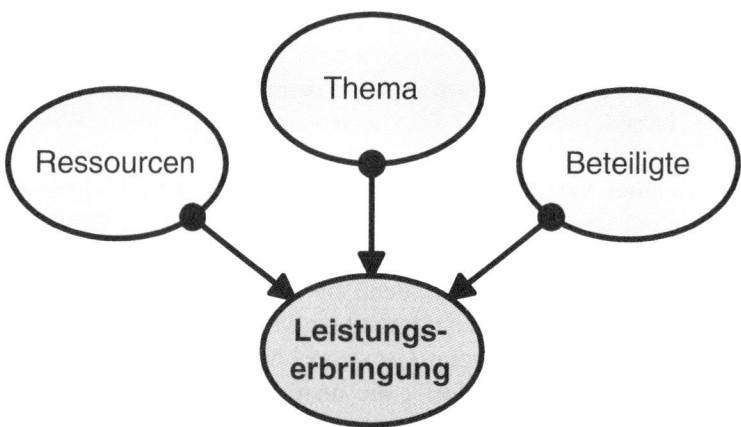

Abb. 2.1. Leistungserbringung als primäres Projektziel

- *Beteiligte*

   sind alle Personen, die notwendig sind, um die Leistung zu erbringen. Das können die Projektmitarbeiter genauso wie fachliche Ansprechpartner, EDV-Administratoren, externe Berater oder auch das Reinigungspersonal sein, sollte dieses eine bedeutende Rolle spielen.

- *Ressourcen*

   umfasst alle nicht-personellen Notwendigkeiten für die Leistungserbringung. Das ist gleichermaßen das Budget wie auch Räumlichkeiten, Rechner, Zeit oder Kopierpapier. Hier wird vom klassischen Begriff der Ressource abgewichen, denn die personellen werden bewusst ausgeklammert, weil die Möglichkeiten, Eigenschaften und auch Eigenheiten der Ressource Mensch sich in hohem Maße von denen sonstiger Ressourcen unterscheiden.

- *Thema*

   beschreibt sowohl die Aufgabe als auch das, was im weitesten Sinne thematisch damit verbunden ist oder benötigt wird. Es umfasst das gesamte Wissen, das erforderlich ist, um die Aufgabe in ihrer Komplexität zu durchdringen und zu bewältigen, und es beinhaltet auch die Lösungswege als inhaltliche Möglichkeiten.

Der Punkt Projektorganisation wurde hier bewusst nicht aufgenommen. Selbstverständlich sind alle Beteiligten aus einem theoretischen Blickwinkel heraus „organisiert", aber wenn man dem Organisationsbegriff eine willentliche Entscheidung unterstellt, was durchaus Sinn macht, dann ist eine Projektorganisation erst einmal keine zwangsläufige Voraussetzung für ein Projekt.

Im nächsten Schritt wird der Prozess der Leistungserbringung unter dem Gesichtspunkt der damit zwangsläufig verknüpften Tätigkeiten betrachtet. Denn die Leistungserbringung ist zwar die zentrale, aber nicht eine isoliert lebensfähige Aktivität. Grundvoraussetzung für sie sind zusätzliche, unterstützende Tätigkeiten. Deren gemeinsames Zusammenspiel fördert oder ermöglicht erst die Leistungserbringung.

Dadurch ergibt sich eine weitere Sicht auf das Projekt:

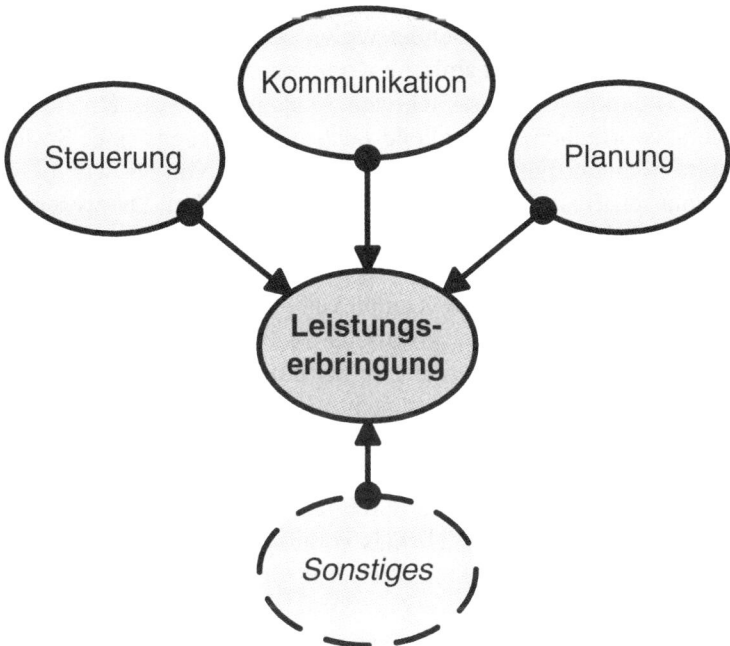

Abb. 2.2. Aufgaben zur Leistungserbringung

„Sonstiges" bezieht sich auf Aufgaben, die nicht unmittelbar mit der Leistungserbringung verknüpft sind, die aber oftmals zusätzlich anfallen, zum Beispiel Maßnahmen zur Mitarbeiter- oder Kundenbindung. Der Umstand, dass die Wirkung nicht unmittelbar ist, heißt aber mitnichten, dass kein Einfluss auf die Leistungserbringung existiert. Denn dieser ist bei solchen Tätigkeiten durchaus vorhanden. Zum Beispiel kann der Motivationsverlust der Mitarbeiter fatale Auswirkungen auf die Fähigkeit zur

Leistungserbringung haben und ohne weiteres das Scheitern eines Projektes zur Folge haben.

Nach dieser Vorbereitung ist es an der Zeit, die Informationen zusammen zu tragen und daraus eine konsolidierte Sicht auf das Thema der Komplexität von Projekten abzuleiten.

Auf einer groben Ebene kann zunächst eine Unterteilung in statische und dynamische Komplexität vorgenommen werden. Dazu muss aber erläutert werden, was in diesem Kontext darunter verstanden werden soll. Besitzt etwas statische Komplexität, so bedeutet das, dass die dazu beitragenden Bestandteile bereits jetzt vorhanden sind und sich zukünftig wahrscheinlich nicht verändern. Der Motor eines Autos besitzt statische Komplexität. Sie ist erkennbar, bevor er in Betrieb genommen wird, und sie verändert sich nicht in überraschender Weise, wenn er läuft.

Besitzt etwas hingegen dynamische Komplexität, dann ergibt sich diese erst aus der Situation, weil die konkreten Ausprägungen der für die Komplexität verantwortlichen Bestandteile noch nicht bekannt sind. So hängt die Strategie in einem Fußballspiel unter anderem davon ab, wie die gegnerische Mannschaft sich am Tage des Spieles präsentiert. Die wesentliche Eigenschaft eines Bereiches dynamischer Komplexität ist deren Unvorhersagbarkeit.

Für Projekte bedeutet statische Komplexität, dass sich im Projektverlauf keine zufällige Veränderung der erwarteten Aufwände zur deren Bewältigung ergibt. Das heißt nicht, dass die zu betreibenden Aufwände über den gesamten Zeitverlauf gleichbleibend sein müssen, sondern es heißt lediglich, dass bereits zu Beginn festgestellt werden kann, wie hoch der zu erwartende Aufwand zu einem beliebigen Zeitpunkt sein wird. Statische Komplexität entsteht zum Beispiel durch das Thema. Es ist abschätzbar, eine hinreichende Kenntnis des Themas vorausgesetzt, wie hoch der Aufwand zur Erstellung des Fachkonzeptes, zur Qualitätssicherung der DV-Spezifikation oder zur Durchführung der Systemtests sein wird.

Die Steuerung eines Projektes hingegen besitzt dynamische Komplexität. Der Unterschied zur Komplexität des Themas ist, dass die der Steuerung sich aus der Situation ergibt, und nicht ausgehend von einer stabilen Startkonfiguration – eben wie die Strategie beim Fußballspiel.

Abschließend ergibt sich die folgende Feinstruktur:

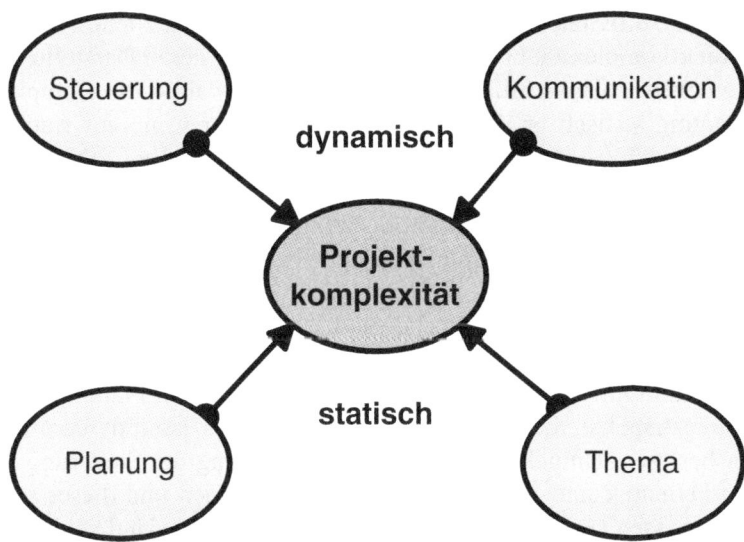

Abb. 2.3. Projekt-Komplexitäten

Die vorliegende Auswahl der wesentlichen Einflussfaktoren auf die Projektkomplexität und insbesondere die Ausklammerung anderer möglicher Einflussfaktoren muss sicher etwas erläutert werden. Drei der oben aufgelisteten Komplexitäten sind solche von Projektaufgaben, nämlich der Steuerung, Kommunikation und Planung. Die Bereiche beeinflussen sich gegenseitig in nicht unerheblichem Maße, aber auch isoliert betrachtet kann jedem von ihnen ein erheblicher Einfluss auf die Projektkomplexität zugesprochen werden, ohne dabei einen der anderen mit abdecken zu können. Daher werden alle drei Aktivitäten als bestimmend für die Gesamtkomplexität betrachtet.

Das Thema selbst hat einen unmittelbaren Einfluss auf die Leistungserbringung als zentrale Projektaufgabe, hat aber für sich betrachtet eine ganz eigene, von der Leistungserbringung erst einmal völlig unabhängige Komplexität. Ist ein Themenbereich schwierig, so steigt dadurch die Projektkomplexität, ist er einfacher zu verstehen, dann ist die Komplexität niedriger. Die Aufgabe, eine aussagekräftige thermodynamische Strömungssimulation des Nordatlantiks zu entwickeln, stellt inhaltlich sicher höhere Anforderungen als der Aufbau einer einfachen Adressverwaltung.

Es wurden eingangs die zwei weiteren Projektbestandteile Ressourcen und Beteiligte isoliert, die hier, im Gegensatz zum Thema, nicht auftau chen. Das liegt daran, dass deren Komplexitäten komplett in denen der Steuerung, Kommunikation und Planung aufgehen. Eine Wirksamkeit außerhalb dieser Aktivitäten ist vernachlässigbar. Eine zusätzliche Nennung für die Projektkomplexität bringt keinen Mehrwert für deren Darstellung.

Es mag darüber hinaus hilfreich sein zu erklären, warum die Komplexität der Planung statisch ist. Da Planung sich in erster Linie auf statische Komponenten stützt, nämlich Ressourcen, Personen und zu erbringende Aufgaben, wobei letztere wiederum auf das Thema zurückgeführt werden können, verhält sich die Komplexität der Planung im Projektverlauf nicht willkürlich. Der Planungsaufwand ist abschätzbar, und das schon lange vor der tatsächlichen Durchführung.

Die Grenzen zwischen dynamischer und statischer Komplexität sind aber sicher fließend, zum Teil beeinflussen sie sich gegenseitig. Insofern ist das obige Bild intuitiv, und nicht verbindlich zu verstehen. Planung hat sicher situative Aspekte, die nicht vorhersagbar sind und damit dynamischen Charakter besitzen. Umgekehrt wird eine gute Planung der Steuerung viel von deren Dynamik und Situationsabhängigkeit nehmen und dieser somit zu einem gewissen Grad statische Komplexität verleihen. Und schließlich erfordert Steuerung zu einem wesentlichen Teil auch Kommunikation, wodurch auch diese beiden Komplexitäten wieder stark miteinander verschmelzen.

Was also bleibt als Kernaussage stehen? Die Komplexitäten haben die grundsätzliche Tendenz, entweder frühzeitig kalkulierbar zu sein, oder aber nach einer kurz- bis mittelfristigen, eben situativ angepassten, Reaktion zu verlangen.

All die obigen Ausführungen klingen sehr theoretisch, und viele der Relativierungen verwirren vielleicht mehr, als dass sie den praktischen Nutzen erkennbar werden lassen. Im Kern der Herleitung steht aber immer noch der Komplexitätsbegriff, und insbesondere die Frage, welche Arten von Komplexitäten einen wesentlichen Einfluss auf die Projektdurchführung besitzen. Betrachten Sie diese als Gebirgsgipfel auf einer Insel namens Projekt, und sammeln jetzt Ihre Bergsteigerausrüstung für den Aufstieg zusammen.

Komplexität ist ein unangenehmes, ein gefährliches Wort. Denn Komplexität beinhaltet das Risiko, ihr nicht gerecht zu werden. In der obigen Analyse ist zum Beispiel dem Bereich der Planung eine besondere Komplexität zugeschlagen worden. Das bedeutet gleichzeitig, dass es ein besonderes Risiko gibt, die Planung nicht angemessen durchführen zu können. Das ist einsichtig, aber für die Wahrheit muss die Zwiebel noch um eine weitere Schicht gehäutet werden.

Denn die Komplexität der Planung ist unabhängig davon, wie geplant wird, und ob überhaupt gezielt geplant wird. Sie ist erst einmal einfach

vorhanden. Es geht nicht darum, wie viel Aufwand in die Planung tatsächlich gesteckt wird, sondern wie viel Aufwand hineingesteckt werden
müsste. Die Planung muss gut genug gemacht werden, um im Rahmen der
Projektbedingungen zum Ziel zu führen. Und das ist eine Konstante je
Projekt, die nicht davon abhängig ist, ob die tatsächliche Planung professi-
onell oder stümperhaft gemacht wird und zu welchem Ergebnis sie kommt.

Auch bei der Kommunikation wird der Unterschied erst bei genauem
Hinsehen klar. Die Strukturen, in denen Kommunikation stattfindet und
die Inhalte, die kommuniziert werden müssen, verleihen der Kommunikation eine notwendige Komplexität. Auch wenn der Grad an Komplexität
sich situativ und im Projektverlauf ändern kann, leitet sich zu jeder Zeit ein
bestimmter Aufwand zur Bewältigung dieser notwendigen Kommunikation ab. Wird er nicht erbracht, dann scheitert an dieser Stelle in einem gewissen Umfang das Projekt. Es ist also völlig egal, wie tatsächlich kommuniziert wird, wichtig ist, dass damit der Aufwand betrieben wird, der
der Komplexität entspricht.

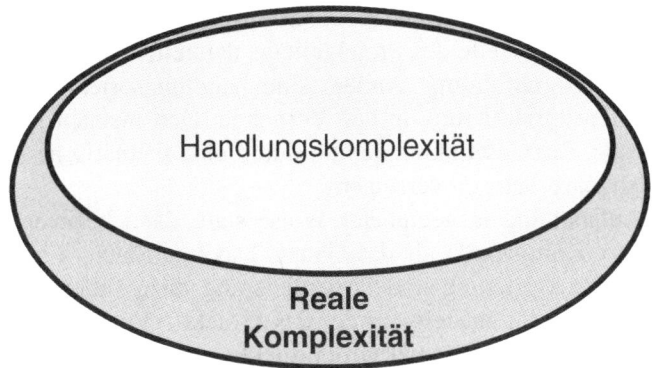

Abb. 2.4. Unzureichende Handlungskomplexität

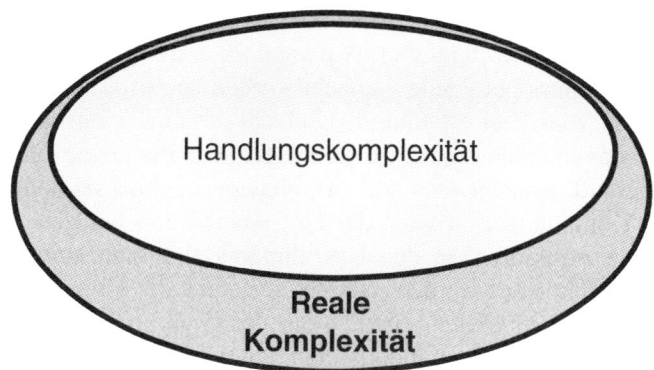

Abb. 2.5. Hinreichende Handlungskomplexität

Komplexität verschwindet nicht, und sie verringert sich auch nicht. Statt dessen können aber Maßnahmen ergriffen und Regeln definiert werden, die dazu dienen, die Komplexität beherrschbar zu machen. Einige davon können integriert sein und Teile des Projektalltags darstellen, als Strukturelemente der Projektdurchführung. Andere sind handlungsorientiert und bringen Ordnung und Orientierung in das Vorgehen. Den meisten ist die Tendenz gemeinsam, die Gesamtkomplexität durch eine thematische Aufspaltung in handhabbare Teile zu verringern.

Findet diese Aufspaltung in geeigneter Weise statt, dann besitzen die Teile eine geringere Komplexität als das Ganze. Das muss nicht klappen, weshalb auch die Strukturierung und Formalisierung dazu führen kann, dass eine neue Komplexität entsteht, an der das Projekt schließlich scheitert. Dieser Gefahr sind zum Beispiel Großprojekte in besonderem Maße ausgesetzt.

Um den Kreis wieder zu schließen, muss noch die eingangs gestellte Frage beantwortet werden. Was bedeutet es, ein Projekt zu machen? Es bedeutet, ein Umfeld zu betreten, das insbesondere durch vier komplexe Bereiche geprägt ist: Das Thema, die Steuerung, die Planung und die Kommunikation. Es bedeutet, dass in diesen Bereichen das höchste Risiko zu finden ist, einen Fehler zu machen. Es bedeutet weiterhin, dass gerade in diesen Bereichen eine hohe Sensibilität für die existierenden Verknüpfungen und Abhängigkeiten geschaffen werden muss, und dass geeignete Maßnahmen zu ergreifen sind, um die vorgefundene Komplexität handhabbar zu machen.

2.2 Und was ist Projektmanagement?

Was kann Projektmanagement vor dem Hintergrund dessen sein, was ein Projekt ausmacht? Woher bezieht Projektmanagement seine Daseinsberechtigung und welche Aufgaben hat es zu erfüllen? Am ehesten kann man sich den Antworten auf alle diese Fragen nähern, indem man mit einer weiteren Frage beginnt: Was wäre, wenn es kein Projektmanagement gäbe?

Wie zuvor beschrieben, besteht ein Projekt im Wesentlichen aus den Beteiligten, den Ressourcen und dem Thema. Die Last der Ergebniserbringung liegt dabei auf den Schultern der Beteiligten. Versuchen Sie sich vorzustellen, dass sich von allein ein kreativer und zielgerichteter Prozess implementiert, der erfolgreich das Projekt im Sinne der Vorgaben zu einem Abschluss bringt. Jeder Beteiligte weiß dann, wann er mit einer Arbeit beginnen muss und wie lange er brauchen darf, er weiß, woher er seine Informationen beziehen kann. Alle benötigten Ressourcen stehen zur richtigen Zeit zur Verfügung. Jeder weiß, an wen die Arbeitsergebnisse zur Fortführung der Arbeit weitergeleitet werden müssen, und alle Ergebnisse genügen den globalen Qualitätsanforderungen.

Schwer vorstellbar? Gar unvorstellbar? Richtig, die Gründe für das Scheitern unter ungelenkten und unorganisierten Rahmenbedingungen liegen auf der Hand. Der Informationsstand der Beteiligten lässt sich schwer so herstellen, dass jeder weiß, welche Aufgaben er zu erledigen hat und dieses aus dem eigenen Wissen heraus auch mit optimalem Ergebnis tut. Es entsteht ein Abstimmungs- und Kommunikationsaufwand durch logische Abhängigkeiten, zum Beispiel beim Zugriff auf begrenzte Ressourcen oder zur Einigung über Inhalte, Ergebnisstandards oder die Kettung von Aufgaben. Alles in allem werden Sie zustimmen, dass ein Projekt mit mehreren Beteiligten nahezu zwangsläufig ins Chaos abgleitet, wenn diese sich selbst überlassen werden.

Im Sinne des vorigen Abschnitts lassen sich die zu erwartenden Probleme auch so erklären, dass keinerlei Maßnahmen ergriffen werden, die Projektkomplexität handhabbar zu machen. In einem solchen Zustand wird jeder einzelne Beteiligte mit der ungefilterten Gesamtkomplexität des Projektes konfrontiert und muss diese allein bewältigen. Es ist nicht unmöglich, dieses Problem zu lösen, aber die Wahrscheinlichkeit für ein Scheitern ist enorm hoch.

In erster Linie aus diesem Grund wird ein Projekt in eine Organisationsstruktur gebracht. Hierarchien dienen der Bündelung von Informationen, der Strukturierung und thematischen Blockbildung, sowie der Steuerung tiefer liegender Hierarchieebenen in Dimensionen wie Aufgabe, Zeit und

Qualität. Es ist sehr wichtig, die hier vorzufindenden Hierarchien nicht zwangsläufig als Weisungshierarchien zu verstehen. Denn das ist in erster Konsequenz nicht notwendig, und es ist insbesondere die falsche Herangehensweise, wenn es um ein korrektes Verständnis der Aufgabe des Projektleiters bzw. von Projektmanagement geht. Der Hierarchiebegriff ist also eher ungeeignet und kann ein falsches Bild vermitteln, weil der Zweck der Organisationsstruktur in erster Linie das Herausziehen von Themen im Sinne einer Konzentrierung derselben ist.

Das Ziel ist, Komplexität handhabbar zu machen. Die dazu eingeführten Hierarchien koordinieren und verteilen also die Projektaufgaben, damit Aufwände nicht mehrfach und von jedem Einzelnen erbracht werden. Eine Weisungsbefugnis ist dazu nicht notwendig, wohl aber eine klare Missionsbeschreibung und Abgrenzung.

Spätestens hier lässt sich absehen, dass Projektmanagement keineswegs eine griffige Definition seiner selbst bieten kann. Projektmanagement ist erst einmal nicht mehr als ein Wort, das laut DIN 69901 „Führungsaufgaben, -organisation, -techniken und –mittel für die Abwicklung eines Projektes" zusammenfasst. Diese Definition ist, wie die meisten anderen auch, diskutabel, aber das soll hier nicht Thema sein. Wichtig ist die theoretische Breite an Aufgaben, die in das Projektmanagement getragen werden könnten, aber eben nicht müssten. So kann sich das, was als Projektmanagement gelten mag, je nach Projekt ganz unterschiedlich darstellen.

Freilich kann Projektmanagement nicht alles sein, was an kollektiven oder koordinierenden Aufgaben hineininterpretiert werden könnte. Dann wäre es letztlich nicht greifbar und semantisch wertlos. Es gibt einen Kern von Tätigkeiten, der sich dort findet, und der über alle Projekte hinweg vorhanden ist. Andererseits gibt es zur Durchführung von Projekten ein weites Spektrum von Aufgaben, die ebenfalls nicht von jedem Einzelnen erledigt werden, aber streng genommen auch nicht zu den Projektmanagement-Aufgaben zählen. Das gilt zum Beispiel für die Qualitätssicherung.

Die Lehre aus dieser Betrachtung muss sein, dass das Projektmanagement eine künstliche Instanz im Projekt darstellt, eine Menge von außen eingeführter Regeln, Strukturen und Konzentrierungen von Aufgaben auf Einzelne. Sinn und Zweck des Projektmanagements ist die Bündelung bestimmter Aufgaben mit dem Ziel, die Gesamtkomplexität des Projektes aufzubrechen, die Teilkomplexitäten in neuen Instanzen wieder zusammen zu führen und auf diese Weise beherrschbar zu machen.

Um von dieser noch recht abstrakten Sichtweise langsam in die Details überzuleiten, wird nun zu einem Mittel gegriffen, das in den vorherigen Kapiteln stets als nicht hinreichend bemängelt wurde, nämlich zu einer Definition. Aber eine Definition ist manchmal auch eine hilfreiche Sache. Selbst wenn sie selten genügt, um eine vollständige Beschreibung eines

Sachverhaltes zu geben, so ist sie wenigstens (und manchmal besonders aufgrund ihrer Unzulänglichkeit) ein hervorragender Ausgangspunkt, um sich mit einem Begriff genauer auseinander zu setzen.

> Projektmanagement ist die Kunst der Planung und Steuerung von Projekten

Das klingt auf den ersten Blick sicher vernünftig. Leider ist damit, das sei vorab bemerkt, nur in Ansätzen beschrieben, welche Fülle von Aufgaben und Themen mit dem Begriff Projektmanagement verbunden ist. Des Weiteren wird hier ausgeklammert, dass unter Projektmanagement auch zum Beispiel eine Organisation oder Richtlinien verstanden werden. Die hier verwendete Sichtweise auf den Begriff ist also eher aufgabenorientiert, was auch im weiteren Verlauf so beibehalten wird.

Wo aber liegen die Schwächen dieser Definition, und an welchen Stellen muss klarer differenziert werden? Nehmen Sie zum Einstieg den Begriff der Steuerung. Es ist klar, dass Steuerung ein fortlaufender Prozess sein muss. Aber spätestens beim Gegenstand der Steuerung stellt sich die Frage, was alles gesteuert werden kann oder muss – und was nicht? Wann beginnt Steuerung, wann sollte sie enden? Und wer führt sie durch?

Weiterhin gibt es verschiedene Arten zu steuern, nämlich direkte und indirekte. Eine direkte Steuerung kann manchmal so viele unwillkommene Seiteneffekte haben, dass es Sinn macht, sich über eine indirekte Alternative Gedanken zu machen. Aber wie kann diese in verschiedenen Situationen aussehen? Hin und wieder gibt es darüber hinaus Dinge, die sich nicht oder nur mit erheblichen Schwierigkeiten steuern lassen. Trotzdem darf das nicht zur Immobilisierung des Projektes führen.

Wie verhält es sich mit der Planung? Es ist sicher falsch, dass Planung nur ein initialer Vorgang wäre, der später in einen Soll-Ist-Vergleich mündet. Diese Aussage erntet gemeinhin Zustimmung, aber interessanterweise sieht die Praxis oft anders aus. Nachdem zu Beginn noch für eine saubere Aktenlage gesorgt wurde, setzt die Planung schnell Staub an und wird in einer Schublade solange vergessen, bis der nächste Vorstandsbericht fällig wird. Woran liegt das?

Wie und was wird geplant? Muss und kann wirklich alles geplant werden? Mit welchen Mitteln kann Planung erfolgen? Was muss getan werden, wenn die Planung sich als falsch herausstellt?

Wenn in vereinfachender Darstellung die Aufgabe des Projektleiters das Projektmanagement ist, dann muss außerdem festgestellt werden, dass sich in dessen Aufgabenbuch neben Planung und Steuerung noch einiges mehr findet. Mannigfaltige Nebenkriegsschauplätze und Abhängigkeiten verlangen Aufmerksamkeit und Beachtung. Der gleichzeitige Erhalt eines guten

Auftraggeber-Auftragnehmer-Klimas auf der einen und die Einhaltung der Vertragsabsprachen auf der anderen Seite, eine hohe Qualität und Zukunftssicherheit hier und die Einhaltung von Terminen dort. Viele Entscheidungen sind ein bewusster Trade-Off, bei dem die Konsequenz der Durchführung oft eine bedeutendere Rolle spielt als deren Richtung, und alles ist schließlich ein Aspekt von Projektmanagement.

Projektmanagement wird hier nicht ohne Grund als eine Kunst bezeichnet. Denn wie auch ein gutes Gemälde nicht nur durch rationales Vorgehen allein entsteht, so ist auch das Management eines Projektes ein Prozess, der viel mit Bauchgefühl und Erfahrung zu tun hat, mit sozialen Fertigkeiten und der selbstgewählten Freiheit, die Situation wirken zu lassen.

Es lässt sich also erkennen, dass dieser Versuch, dem Begriff Projektmanagement eine Definition aufzuzwingen, mehr Fragen stellt als er in der Kürze beantworten kann. Es macht statt dessen wohl mehr Sinn, ausgehend von dem Wesen von Projekten einen Zugang zu finden. Denn sie sind es, die nach einem Management verlangen, und deshalb kann Projektmanagement schlecht im luftleeren Raum, sondern höchstens auf ihrem Fundament verstanden werden.

Welchem Zweck müssen Planung und Steuerung dienen, die doch unbestreitbar elementare Bestandteile des Projektmanagements sind? Was ist aus Sicht eines Projektleiters die besondere Eigenschaft des Projektes, für die er diese beiden Werkzeuge benötigt?

Der Antwort lautet: Dynamik.

Statische und dynamische Komplexität wurden zuvor als die beiden Klassen von Projekt-Komplexität identifiziert. Statische Komplexität stellt keine besondere Herausforderung dar, außer sie korrekt einzuschätzen und dann entsprechend zu behandeln. Dynamische Komplexität hingegen entspricht und entsteht aus dem Unkalkulierbaren in jedem Projekt, das eine ständige Beobachtung und angemessene, situationsabhängige Reaktion verlangt.

Planung und Steuerung werden benutzt, um diese Dynamik handhabbar zu machen. Denn jedes Projekt ist, abstrakt betrachtet, eine thematische Einkapselung und Kontrollierbarmachung von Unbekanntem. Projekte entstehen aus der Antizipation von Veränderung, von fehlender Definition beschreibender Parameter. Sie entstehen aus dem Wunsch, sich von der Dynamik nicht beherrschen zu lassen, sondern ihr eine Kalkulierbarkeit in Dimensionen wie Zeit, Aufwand und Ergebnis abzuringen.

Ein Projekt zeichnet sich insbesondere dadurch aus, dass sein Verlauf nicht von vornherein bis ins Detail vorhersehbar ist. Da die meisten Projekte sich aber an einem vorgegebenen Rahmen orientieren müssen, ist es wichtig, nicht Projektdynamik mit ohnmächtig hinzunehmender Willkür zu verwechseln. Denn das würde dazu führen, dass alle Vorgaben im Grunde nichtig wären.

Planung und Steuerung werden eingesetzt, um Fixpunkte im Projektverlauf zu schaffen, und zwar nicht ein Mal, sondern immer wieder. Eine Planung ist eine Annahme über die Zukunft, an der die nächsten Schritte ausgerichtet werden. Steuerung ist dann in diesem Sinne nichts anderes als die koordinierte Durchführung der notwendigen Schritte mit dem Ziel, Planung und Realität zur Deckung zu bringen. Stellt sich heraus, dass das nicht möglich ist, dann kann mit der bisherigen Planung nicht mehr fortgefahren werden. Sie ist falsch, und sie wird sich von diesem Makel nicht mehr erholen.

Die Planung muss also aktualisiert werden, damit das Projekt und insbesondere der Projektleiter wieder einen Fixpunkt erreichen. Sie müssen wissen, wo Sie sich befinden, wohin Sie wollen, und welche Schritte Sie dazu durchführen müssen. Projektmanagement ist im Wesentlichen dieser Zyklus. Die Mittel sind Planung und Steuerung. Der Feststellung und Bewertung von Abweichungen dient das Projektcontrolling, das aber im Gegensatz zu Steuerung und Planung lediglich eine notwendige, reflexive Hilfsfunktion des Zyklus und kein aktives Projektmanagement-Werkzeug darstellt.[1]

---

[1] Diese Sichtweise ist nur bedingt konsensfähig. In diesem Kontext aber soll der revisionäre Charakter, der dem Projektcontrollings sonst oft zugeordnet wird, ausgeklammert werden.

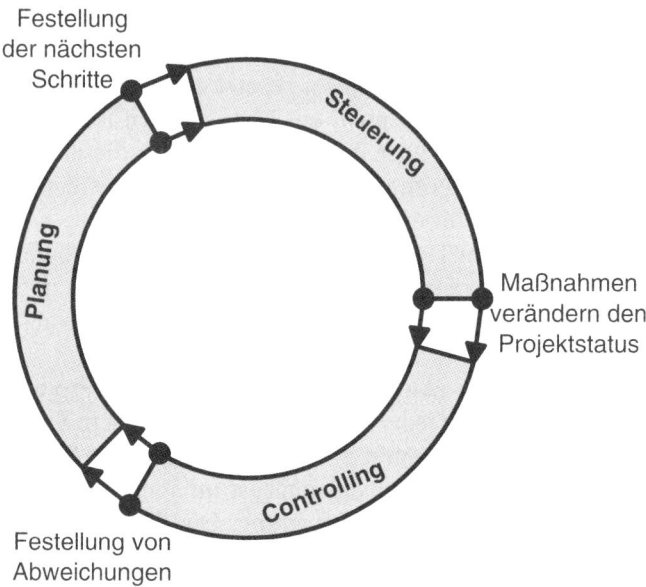

Festellung
der nächsten
Schritte

Steuerung

Planung

Maßnahmen
verändern den
Projektstatus

Controlling

Festellung von
Abweichungen

Abb. 2.6. Projektmanagement als Zyklus

Dieser Zyklus hinterlässt den Eindruck eines iterativen Verfahrens, aber die Realität ist analog und parallel, nicht diskret und sequentiell. Sie werden selten an allen Fronten wissen, wo Sie stehen, aber Sie sollten immer wieder daran arbeiten, es festzustellen.

Hiermit sollte sich ein Verständnis von Projekten und Projektmanagement und insbesondere der wichtigsten Aktivitäten eingestellt haben, auf dessen Basis die folgenden Ausführungen immer wieder abstrahiert und zu ihren Wurzeln zurückgeführt werden können.

2.3 Erfolgsfaktor Differenzierung

Projektmanagementtheorien und –werkzeuge gibt es wie Sand am Meer. Viele davon sind mit Erfolg angewendet worden. Viele davon haben kläglich versagt. Und das waren interessanterweise oft die gleichen. Was heißt das?

Es bedeutet in erster Linie, dass es nicht *das* Vorgehen gibt, kein einsames Licht am Horizont, auf das alle blind zurennen sollten.

„**Dif|fe|ren|zie|rung** die; -, -en: 1. Unterscheidung, Sonderung, Ab-stufung, Abweichung, Aufgliederung"

<Quelle: Duden – Das Große Fremdwörterbuch>

Fragen Sie sich, ob Sie vorhaben, mit Kanonen auf Spatzen zu schießen, oder im Begriff sind, den Bullen zu melken. Weder ein nicht verhältnis-mäßiges noch ein unpassendes Werkzeug wird Sie schmerzfrei an Ihr Ziel führen. Und oft führt es Sie auch geradewegs davon fort.

Differenzierung ist Ihr wichtigstes Werkzeug, und das gibt es umsonst. Eine Methode oder Theorie ist nicht immer gut, genauso wenig wie sie immer schlecht ist. Lernen Sie zu unterscheiden, wann etwas passt und wann nicht, und lassen Sie sich dabei von Ihren Erfahrungen, Ihrem Bauch und Ihrem Wissen leiten. Und verstehen Sie die vielen Projektmanage-ment-Bibeln als gutgemeinte Vorschläge, aber nicht als verbindliche Richtlinien. Versuchen Sie die Probleme so zu sehen, wie Sie sind und so auf sie zu reagieren, wie sie es verdienen. Immer und immer wieder.

Differenzierung ist jedoch mehr als nur die Fähigkeit, ein geeignetes Werkzeug auszusuchen. Es ist eine Grundhaltung – Differenzierung be-deutet Fairness gegenüber Fakten. Wer nicht differenziert, der nimmt die Dinge so, wie sie ihm passen, und nicht wie sie sind. Differenzierung heißt, Dinge in die Bestandteile zu zerlegen, die nötig sind, um eine situa-tive Bewertung und Gegenüberstellung von Alternativen vornehmen zu können.

In zwei Fragen manifestiert sich diese Grundhaltung in besonderem Maße. Diese Fragen sollten Sie jeden Tag begleiten, wenn Sie sich mit den wunderlichen Ideen Ihrer Mitarbeiter herumschlagen müssen, oder wenn Ihr Vorgesetzter Sie mit einem neuen Gesetz aus der Unternehmensbibel konfrontiert. Diese Fragen sind:

„Warum?"

und

„Warum nicht?"

Lassen Sie sich bitte nicht verwirren. Es geht weder darum, grundsätz-lich alles anzuzweifeln, noch erst einmal alles kategorisch abzulehnen. Es geht statt dessen um nicht mehr, aber auch nicht weniger als die grund-sätzliche Bereitschaft, die eigene Grundhaltung und Entscheidungslogik immer wieder zu hinterfragen. Es geht darum, sich die Grundlagen zu schaffen, um differenzierte Lösungen überhaupt finden zu können.

Wir fällen viele Entscheidungen aus unreflektierter Gewohnheit oder in Verfolgung des Weges des geringsten Widerstandes. Wir fällen sie, weil wir jemanden nicht oder vielleicht besonders mögen. Aber wir fällen sie zu selten, weil wir uns ernsthaft mit einem Problem auseinandergesetzt haben und aus bewussten Gründen zu dem Ergebnis gekommen sind: „Ja, so will ich es machen!" oder „Nein, so will ich es nicht machen!".

Dieses ist eine sehr idealistische Anforderung, aber es ist eine, die ein guter Projektleiter erfüllen muss. Wenn der einzige Grund, warum Sie etwas tun der ist, dass es das erste war, was Ihnen oder schlimmer noch jemand anderem eingefallen ist, dann sind Sie ein lausiger Projektleiter. Hängen Sie Ihren Job ganz schnell an den Nagel! Machen Sie den Weg frei für Ihren Kollegen, der Ihnen statt dessen die entscheidenden Fragen gestellt hat!

Gutes Projektmanagement entsteht durch Stabilität und Flexibilität gleichermaßen. Stabilität dort, wo sich ein Konzept als bewährt und tragfähig herausgestellt hat, Flexibilität dort, wo die Entscheidung für eine alternative Handlungsweise Erfolg verspricht. Wer nicht hinterfragt, ist nur stabil, aber nicht flexibel – wie ein Werkstück aus Gusseisen. Es hält große Belastungen aus, aber es kennt nur eine Form. Es ist nicht in der Lage, sich anzupassen. Wird die Belastung zu groß, bricht es wie ein Ziegelstein auseinander.

Ihnen werden im Folgenden viele Anregungen und neue Sichtweisen angeboten. Sie werden sehen, wie Dinge, über die Sie sich bisher wenig Gedanken gemacht haben, neu bewertet werden und dadurch für Sie an Bedeutung gewinnen oder auch verlieren können. Aber insbesondere werden Sie feststellen, dass Sie für Ihre Entscheidungen und deren Konsequenzen gleichermaßen die Verantwortung übernehmen müssen. Es ist vor diesem Hintergrund nur folgerichtig, die beiden Fragen „Warum?" und „Warum nicht?" zu verinnerlichen und immer wieder zu stellen, damit Sie sich selbst Wege zu neuen Erkenntnissen und besseren Entscheidungen eröffnen.

Dieses Buch gibt viele Antworten auf die zwei Fragen. Aber vergessen Sie bitte nie, dass in der Praxis schließlich Sie persönlich zu einer Entscheidung aufgefordert werden. Die Situation, Ihre Kompetenzen und Ihre Erfahrungen werden Sie dann zu einer differenzierten und richtigen Strategie führen.

2.4 Ziel und Strategie

Es gibt also für das Management eines Projektes nicht den Stein der Weisen. Niemand wird genau sagen können, wie ein perfektes Projekt durchgeführt werden muss. Das liegt aber nicht nur daran, dass viele Parameter, viele weiche Faktoren, sich in jedem Projekt anders darstellen oder entwickeln. Es liegt in vielen Fällen einfach daran, dass die verfolgten Ziele die Strategie bestimmen und somit das gleiche Projekt unter verschiedenen Vorzeichen auch verschiedenen abgewickelt werden muss, um erfolgreich zu sein.

Ziele eines Projektes können sein:

- *langfristige Partnerschaft*

  Das Projekt dient dem Aufbau einer Auftraggeber-Auftragnehmer-Bindung zwecks Generierung von Folgegeschäft. Was das bedeutet, kann von Kunde zu Kunde höchst unterschiedlich ausfallen. Hierbei spielen zum Beispiel Faktoren wie der gegenwärtige Ansprechpartner auf Kundenseite, angewandte Bewertungsschemata und die primären und sekundären Projektziele des Kunden eine Rolle. Es kann sein, dass die Partnerschaft nur mit einer Abteilung, nicht mit dem gesamten Unternehmen, erreicht werden kann. Auch daraus können unterschiedliche Strategien resultieren.

- *maximaler Gewinn*

  Hier steht das Bestreben im Vordergrund, aus diesem Projekt einen möglichst hohen Profit heraus zu schlagen. Eine langfristige Partnerschaft ist verständlicherweise hier nicht das Kernanliegen. Allein die Entscheidung, ob das Projekt als Aufwands- oder Festpreisprojekt durchgeführt wird, kann hier schon einen erheblichen Unterschied in der Vorgehensweise bedeuten. Aufwandsprojekte bedeuten in diesem Sinne eine gemächliche, vielleicht sogar verschleppende Strategie, Festpreisprojekte die Verwendung von Change-Requests zur sukzessiven Erweiterung des Leistungsumfangs oder konsequenten Ächtung von Versäumnissen auf Kundenseite.

- *minimaler Verlust*

  Eine modifizierte Sichtweise von „maximaler Gewinn" ist sicher „minimaler Verlust". Hier geht es aber mehr darum, in Projektsituationen, die schon in ihrer Grundanlage nicht gewinnorientiert waren, den Verlust gering zu halten und im besten Fall wenigstens die Kosten wieder einzubringen. Dieser Fall kann zum Beispiel eintreten, wenn zur

Gewinnung eines neuen Auftraggebers ein Projekt trotz des zu erwartenden Verlustes kontrahiert wird, oder ein Vertrag oberflächlich und sehr interpretativ formuliert wurde.

- *Durchführung eines Referenzprojektes*

   Manche Projekte haben ein besonderes Thema, verwenden neue Technologien oder namhafte Produkte und Werkzeuge, die bisher bei Auftraggeber oder Auftragnehmer nicht eingesetzt wurden. Vielleicht handelt es sich bei Kunde oder Gewerknehmer um eine besondere Institution, so dass es wichtig wäre, ein Projekt so gut abzuwickeln, dass es später als Referenz verwendet werden kann. Das bedeutet aber nicht nur, dass ein objektiver Eindruck von Qualität gegeben ist. Ein Projekt ist letztlich nur dann als Referenzprojekt geeignet, wenn sichergestellt ist, dass der Kunde, für den das Projekt abgewickelt wurde, auch wohlwollende Auskünfte im Sinne des Auftragnehmers gibt.

- *Mitarbeitermotivation und –bindung*

   Viele Unternehmen haben erkannt, dass Mitarbeiterbindung mindestens so wichtig wie deren Neugewinnung ist. In einer Situation, in der hochqualifizierte Mitarbeiter in vielen Bereichen immer noch Mangelware sind, ist es wichtig, mit geeigneten Maßnahmen dafür zu sorgen, dass diese sich im Unternehmen zu Hause fühlen. Im Mikrokosmos des Projektes gilt recht ähnliches, wobei es hier aber eher darum geht, ein Klima und eine Leistungsbereitschaft aufrecht zu erhalten, die letztlich den Erfolg des Projektes sicherstellt. Die unternehmerische Mitarbeiterbindung und die projektbezogene Mitarbeitermotivation sind jedoch stark miteinander verwoben und beeinflussen sich gegenseitig, so dass hier nicht die eine ohne die andere Maßnahme betrachtet werden kann.

- *Mitarbeiterentwicklung*

   Stark mit dem Thema Mitarbeitermotivation und –bindung verknüpft, steht hinter der Mitarbeiterentwicklung aber primär unternehmerisches Eigeninteresse. Das vorrangige Ziel ist die Verbreiterung der Kompetenzspanne der Mitarbeiter und damit eine Erhöhung der Qualität der von den Mitarbeitern erbrachten Arbeit. Manche Unternehmen spekulieren hierbei leider immer noch auf das Prinzip „Training on the Job", aber eine ernsthafte Verfolgung dieses Zieles verlangt nach gezielten und koordinierten Maßnahmen.

Diese Ziele treten in der Regel nicht isoliert, sondern in Verbindung miteinander auf und erzeugen damit eine weitere Komplexität für die Findung der besten Strategie zur Zielerreichung. Es ist nachvollziehbar, dass in Abhängigkeit vom verfolgten Ziel ganz unterschiedliche Strategien zum Einsatz kommen können. Jede muss in ihrem Kontext geeignet sein, das Projekt erfolgreich im Rahmen der Vorgaben zu einem Abschluss zu bringen.

Es spricht im Sinne einer Projektethik immer einiges dafür, mehr als nur das primäre Ziel eines Projektes zu verfolgen, welches in der Regel die Vertragserfüllung ist. Zum Beispiel sollte selbst in einem zeit- und kostenkritischen Umfeld auf die Qualität des Ergebnisses, ein gutes Auftraggeber-Auftragnehmer-Verhältnis und die Mitarbeiterentwicklung geachtet werden. Oftmals lassen die Rahmenbedingungen das jedoch nicht zu, ohne den Erfolg des Projektes zu riskieren.

Den Schritt vom Projektleiter zum guten Projektleiter macht der, der sich auf den Balanceakt zwischen buchstabengetreuer Leistungserbringung im vertraglichen Sinne und der Erreichung nachrangiger Ziele einlässt. Das bedeutet stets die Beisteuerung zusätzlicher Aufwände, ohne die solche Ziele selten in greifbare Nähe treten. Der Projektleiter gefährdet also zwangsläufig den Projekterfolg in höherem Maße, er geht zusätzliche Risiken ein. Der mögliche Gewinn für sein Unternehmen, das Projekt und die Mitarbeiter sind solche Risiken aber sicher wert.

2.5 Was ist nun wirklich wichtig?

Zum Abschluss dieses Kapitels muss ein Punkt angesprochen werden, der im Bereich des Projektmanagements mit oft weltanschaulichem Ehrgeiz diskutiert wird. Es geht um die Frage, welcher Aspekt des Managements von Projekten größere Auswirkungen auf den Erfolg hat: Die gekonnte Führung des Team oder die Beherrschung eher klassischer, betriebs- und ingenieurswissenschaftlicher Tugenden.

Projektmanagement wird nicht selten lediglich auf die „Hard Facts" reduziert. Hier ein paar Zahlen, die zusammengerechnet und bewertet werden, dort einige Vorgehensanweisungen, hier eine Checkliste, dort eine Organisationsmatrix. Darüber lässt sich insbesondere vortrefflich referieren, und niemand ist dankbarer darüber als Schulungsanbieter mit einem eher verhaltenen Interesse an einer praxisbezogenen Auseinandersetzung mit der Materie.

Andererseits lässt sich oft eine enorme Betonung der Team- und Kommunikationsaspekte im Projektmanagement erkennen. Es entsteht dann schnell der Eindruck, dass sich mit Konfliktmanagement, Moderation, NLP und Zuckerkuchen jedes Projekt stemmen ließe. Da wird die sich selbst organisierende Lebensform „Team" postuliert, die im Bemühen,

Gutes zu wirken, lediglich auf den rechten Kurs geführt werden muss, um schließlich den Projekterfolg leichtfüßig nach Hause zu tragen.

Tatsache ist aber: Auch das beste Projektteam vermag nur Menschliches zu leisten. Sind die Umgebungsparameter, zum Beispiel der zur Verfügung stehende Zeitrahmen, nicht geeignet, die Bearbeitung der Aufgabe zu ermöglichen, dann wird es scheitern, gekonnte Motivation und Führung hin oder her. Umgekehrt vermag die beste Kalkulation des Aufwandes nicht zu erreichen, dass das Team auch die Vorgaben einhält, wenn deren Mitglieder untereinander zerstritten sind und zwischenmenschliche Probleme und Fragestellungen unbehandelt bleiben.

Betrachtet man die beiden Sichtweisen also nicht als ausschließend, sondern ergänzend, dann zeigt sich schnell, woher beide ihre Rechtfertigung beziehen. Vor allem zeigt sich aber auch, wo sie ihre Position im Projekt finden, damit der querschnittliche Nutzen des Zusammenspiels auch verfügbar wird.

Sobald ein Team vorhanden ist, muss ein Teammanagement stattfinden. Es gibt im Vorlauf eines Projektes einige Tätigkeiten, die noch nicht das Projektteam betreffen, weil es in der Regel noch gar nicht existiert, zum Beispiel die Vertragsformulierung. Aber spätestens mit der Teamzusammenstellung entfalten sich zwischenmenschliche Beziehungen, die in geeigneter Weise geformt und ausgerichtet werden sollten. Es geht mitnichten darum, eine schöne heile Welt zu schaffen, sondern sich in die Lage zu versetzen, die Projektaufgabe zu erfüllen. Das mag manchmal durchaus bedeuten, dem einen oder anderen kräftig auf die Füße zu treten, wenn das das beste Mittel ist, das Team hinreichend zur erforderlichen Leistung zu befähigen. Harmonie ist ein erstrebenswertes Gut, aber erfolgreiches Teammanagement muss nicht zwangsläufig darin münden.

Die Anwendung des klassischen Projektmanagements wiederum funktioniert nur auf der Grundannahme von Stabilität in den konstituierenden Parametern. Das bedeutet insbesondere, dass das Team zwar in Fragen wie Controlling, Planung, Zuordnung von Aufgaben usw. eine Rolle spielt, aber eben nur in seiner anonymisierten Form als Menge leistungswilliger Ressourcen mit einer vorab bekannten Arbeitsleistung. Diese Grundvoraussetzung muss aber erst einmal erfüllt werden, damit Logik und Mechanismen greifen, die das klassische Projektmanagement anbietet.

Teammanagement dient also letzten Endes dazu, die Grundlage dafür zu schaffen, dass das Projekt überhaupt entlang seiner „Hard Facts" entwickelt werden kann - mit Vorgehensanweisung, Checkliste und Organisationsmatrix. Teammanagement verleiht kalkulatorische Sicherheit, und das nicht nur im finanziellen Bereich. Und je effizienter der Projektleiter das Team managen kann, desto effektiver wird er in der Lage sein, die Projektaufgabe zu erledigen.

Im Verlauf dieses Buches wird immer wieder darauf hinzuweisen Wert gelegt, dass und wie individuelle Befindlichkeiten Einfluss auf Ihre Vorgehensweisen und Entscheidungen haben müssen. Die Aufgabe des Managements Ihres Teams begleitet Sie über die gesamte Laufzeit des Projektes, und ein Rückzug auf die klassischen Tugenden des Projektmanagements hieße, einen wesentlichen Aspekt der Aufgaben eines Projektleiters auszuklammern.

Es existiert nicht nur der Einfluss des Teammanagements in Richtung der Projektsteuerung. Es gilt die Umkehrung, dass die Art und Weise, wie Sie das Projekt organisieren, planen und lenken einen erheblichen Einfluss auf die Leistungsfähigkeit und vor allem –bereitschaft Ihres Teams besitzt. Die Einstellung der Umgebungsparameter erlaubt Ihnen, den Spielraum festzulegen, der Ihnen zur Formung des Teams zur Verfügung steht.

Es sollte aus diesen Gründen nicht versucht werden, auf die Eingangsfrage, ob nun Team- oder klassisches Projektmanagement einen höheren Stellenwert besitzen, eine Antwort zu finden. Es handelt sich in beiden Fällen um Aufgaben, die der Projektleiter wahrnehmen muss, und es macht Sinn, den Begriff „Projektmanagement" so weit zu fassen, dass sämtliche Aspekte des Teammanagements zwangsläufig darin enthalten sind. Der Erfolg einer dieser Aufgaben allein ist nicht zu erreichen, denn sie bedingen und beeinflussen sich immer gegenseitig.

Versuchen Sie daher möglichst nie, die eine Maßnahme generell als wichtiger als die andere einzustufen. Aus der Situation heraus zum Beispiel der Lösung von Teamkonflikten einen höheren Stellenwert einzuräumen, weil es das augenblicklich dringlichste Problem darstellt, ist legitim. Dieses stets zu tun, ist es nicht.

3 Vertrag und Leistungsbeschreibung

In der Standardliteratur folgt an dieser Stelle meist ein Abschnitt über die Phase der Projektdefinition. Dass das hier nicht der Fall ist, liegt im Wesentlichen an dem Bemühen, eine Orientierung an der Praxis zu bieten. In der Realität gibt es zweifelsfrei eine Phase, die als Projektdefinition gelten mag, aber ihr Ziel ist in der Regel die Abstimmung vertraglicher, mindestens aber verbindlicher Vorgaben, in deren Rahmen sich das Projekt und seine Beteiligten bewegen sollen. Von daher wurde dieser Abschnitt auch dem Vertrag und der Leistungsbeschreibung gewidmet, die als Repräsentanten und einzige persistente Zeugen der Projektdefinition im weiteren Projektverlauf Bedeutung haben. Mit anderen Worten: Es mag eine Projektdefinition stattgefunden haben, aber wenn sie nicht verbindlich dokumentiert wurde, bleibt sie ohne Wirkung.

Jedes Projekt sollte also wenigstens mit einer Leistungsbeschreibung beginnen. Wenn möglich mit einem kompletten Vertrag. Der Unterschied ist vielleicht nicht ganz klar und in Bezug auf die Bedeutung im Projekt im Grunde genommen auch nachrangig. Kurz umrissen läuft es darauf hinaus, dass der Vertrag einen juristisch verbindlichen Rahmen absteckt und als Bestandteil eine Leistungsbeschreibung enthalten kann. Eine Leistungsbeschreibung hingegen hat auch in nicht juristisch verbindlichen, internen Prozessen die Aufgabe, gezielt das Projektumfeld, den Durchführungsprozess und das erwartete Ergebnis festzuhalten. Auf die Unterschiede geht der nächste Abschnitt aber noch genauer ein.

Es gibt nun die beobachtbare Tendenz, die Ausarbeitung des Vertrages stiefmütterlich zu behandeln. Grund ist oft die Ansicht, dass es nicht zum guten Stil gehöre, den Formalismen zu viel Beachtung zu schenken, weil dadurch das gute Verhältnis zwischen Auftragnehmer und Auftraggeber riskiert würde. Dann wird zwar leichtfüßig umrissen, wofür bezahlt werden soll, aber man belässt es bei einer groben Skizzierung.

Aber ein Vertrag und eine Leistungsbeschreibung sind nichts Schlimmes. Letztlich werden sie doch untergezeichnet, und wenn dem so ist, dann spricht einiges dafür, die Arbeit auch gleich richtig zu machen. Natürlich sind beide Dokumente in erster Linie fixierte Verbindlichkeiten, aber sie sollten wechselseitig sein, und dadurch gewinnen beide Seiten.

Ein guter Vertrag knebelt nicht. Ein guter Vertrag definiert. Er schafft Orientierung. Er sagt Ihnen, wann etwas beginnt, wann etwas endet, wie lange Sie dafür brauchen dürfen und was gemacht werden muss. Er definiert Ihre Freiheiten, er sagt Ihnen, wie Sie mit Widrigkeiten umgehen müssen und wer Ihnen etwas sagen darf. Ein guter Vertrag ist eine beruhigende Sache.

Deswegen lassen Sie vor Ihrem geistigen Auge Ihren letzten vorüberziehen und fragen sich:

Hat mein letzter Vertrag mich beruhigt?

Die Wahrscheinlichkeit, dass er das nicht geschafft hat, ist sehr hoch. Denn die meisten Verträge sind wenig Vertrauen einflößend. Sie werden verstehen, warum das so ist.

Im Folgenden wird die Bedeutung, der Entstehungsprozess und insbesondere der Inhalt von Verträgen, unter denen Projekte abgewickelt werden, genauer betrachtet. Auf juristische Feinheiten wird nur dort eingegangen, wo sie eine besondere Bedeutung in der Weichenstellung besitzen. Statt dessen wird das Hauptaugenmerk auf die verständliche und praktisch verwertbare Darstellung der Fundamentierung eines jeden Projektes gelegt.

3.1 Sinn und Zweck von Vertrag und Leistungsbeschreibung

Wird zwischen juristischen Personen ein Vertrag geschlossen und ist eine Leistungsbeschreibung vorhanden, so wird diese Vertragsbestandteil. Das heißt, dass eine Unterschrift unter den Vertrag die Leistungsbeschreibung einschließt. Ein Vertrag muss nicht zwangsläufig eine Leistungsbeschreibung als Anhang haben. Sämtliche Bestandteile einer Leistungsbeschreibung können im Vertragspapier enthalten sein. Aber da in diesem Falle die Übersicht, vor allem bei komplexen Projekten, verloren ginge, trennt man in der Regel in diese beiden Dokumente auf.

Die Leistungsbeschreibung ist Bestandteil und Ergänzung des Vertrages. Sie spezifiziert genau, was im Rahmen des Vertrages (und damit des Projektes) getan werden soll. Für die Leistungsbeschreibung finden sich viele Begriffe, so unter anderem Pflichtenheft, Lastenheft, Aufgabenbeschreibung oder Functional Specification. In verschiedenen Kontexten werden die Begriffe unterschiedlich, redundant oder ergänzend verwendet. Hier wird nur der Begriff Leistungsbeschreibung herangezogen.

In internen Projekten wird davon abgesehen, einen Vertrag abzuschlie-ßen. Das wäre schließlich wie die Unterzeichnung einer Feuerversiche-rung, weil zum Abendessen eine Kerze angezündet werden soll. Dazu kommt meist die juristische Unmöglichkeit, mit sich selbst einen Vertrag abzuschließen. Aber nie sollten Sie sich vor einer Leistungsbeschreibung drücken!

Wenn Sie einen Vertrag *und* eine Leistungsbeschreibung haben, dann wird der Vertrag meist schmückendes, wenngleich natürlich notwendiges Beiwerk – wie ein Standardmietvertrag, der nur an den Stellen interessant wird, die der Vermieter anders ausfüllt, als der Standard es vorsieht. In der Regel wissen Sie, was Sie bei einem Vertrag erwarten: abschließende Par-teien, Vergütung, Gerichtsstand usw.

Die Leistungsbeschreibung hingegen ist bei jedem Projekt anders. Sie umreißt, was gemacht werden soll, sowohl in den inhaltlichen Details wie auch den Einzelheiten zum Vorgehen. Sie legt fest, in welchem zeitlichen Rahmen das Projekt stattfindet, welche und wie Phasen geplant sind, wel-che Ergebnisse erstellt werden sollen, wer sie erstellt und wer sie prüft. In manchen Projekten ist die Leistungsbeschreibung das letzte gute Doku-ment.

Nicht alles muss sich in der Leistungsbeschreibung finden, vieles davon kann auch im Vertrag stehen, oder wie weiter unten erläutert in zusätzli-chen Dokumenten. Insbesondere etablierte Verfahren rücken daher oftmals aus der Leistungsbeschreibung in den Vertrag oder ein gesondertes Doku-ment, wenn sie bei jedem Projekt in der beschriebenen Form vorzufinden sind.

Es gibt andere Dokumente, die Vertragsbestandteil sein können. Unter-nehmen, die standardisierte Produkte und Dienstleistungen anbieten, haben in der Regel bereits einen Fundus an Dokumenten, die anzuwendende Ver-fahren und Regeln beschreiben. Diese Dokumente müssen zwangsläufig eingebracht werden, damit die Leistung und insbesondere das Produkt nicht individualisiert wird.

Sogenannte Produktfirmen, also solche, die nicht eine Individualleistung anbieten, sondern ein vorgeschnürtes Paket, das sie in gleicher Form auch anderen Kunden anbieten, sind zwangsläufig um Produktstabilität bemüht. Individuelle Anpassungen an Kundenwünsche werden weitgehend ver-mieden, weil dadurch mehrere, ähnliche Produktlinien entstehen können, die sich parallel und zum Teil sogar unabhängig weiter entwickeln und auch ebenso gewartet werden müssen. Der Aufwand dafür kann schnell schmerzliche Höhen erreichen, die mit den einmaligen Verkaufs- oder re-gelmäßigen Lizenzgebühren des Produktes nicht mehr abzudecken sind. Die ursprüngliche Kalkulationsgrundlage stimmt dann nicht mehr.

Die zusätzlichen Dokumente, die dann in die Anhänge von Verträgen wandern, dienen genau dieser Produktstabilität. Dabei sind naheliegende Produkte zum Beispiel Softwaresysteme, aber es kann sich genauso um eine abstrakte Dienstleistung handeln, die aber in einer weitgehend standardisierten Form durchgeführt wird.

Beispiel

Es soll eine Unterstützung des Projektmanagements durch einen Dienstleister erfolgen, der eine eigene Weiterentwicklung von PERT als Netzplantechnik verwendet. In einem angefügten Dokument wird diese Netzplantechnik in ihren Charakteristika beschrieben und im Vertrag als verbindlich festgehalten. Der Dienstleister sichert sich dagegen ab, dass durch Sonderwünsche des Kunden Aufwände auf ihn zu kämen, die durch den Vertragswert nicht gedeckt wären.

3.2 Aufwands- und Festpreisprojekte

Die Entscheidung für eine Fakturierungsform hat einen erheblichen Einfluss auf mögliche Strategien, die Ausgestaltung des Vertrages und das Vorgehen im Projekt. Sie ist Ausgangspunkt der Zusammenarbeit zwischen Auftraggeber und Auftragnehmer.

Es gibt bezüglich der Fakturierung grundsätzlich zwei verschiedene Projektarten:

* *Aufwandsprojekte*

    werden nach dem angefallenen Aufwand bezahlt. Die Basis dafür sind die Arbeitsstunden oder –tage, die Ihre Mitarbeiter für die Leistungserbringung aufwenden, sowie zusätzliche Kosten, die für Ressourcenbereitstellung oder Spesen entstehen. Eine andere geläufige Bezeichnung ist Time-&-Material-Projekte.

* *Festpreisprojekte*

    werden vorab bezüglich Ihres zu erwartenden Aufwandes analysiert. Der sich daraus ergebende Betrag wird vertraglich als Zahlung vereinbart und ist Grundlage der Rechnungsstellung. Darin sollten alle Aufwände enthalten, die Ihnen während des Projektes entstehen.

Die Vor- und Nachteile der beiden Vertragsformen sind nicht sofort in ihrer gesamten Tragweite sichtbar. Es macht daher Sinn, an dieser Stelle noch einmal darauf einzugehen. Damit soll vor allem verständlich gemacht werden, dass man sowohl als Auftraggeber als auch als Auftragnehmer situationsabhängig von beiden Formen gleichermaßen profitieren kann.

Aufwandsprojekte bieten den Vorteil, dass nur für erbrachte Leistung bezahlt werden muss. Sollte ein Projekt schnell zum Abschluss gebracht werden, so ist das gut für den Auftraggeber, dauert es länger als erwartet, kommt der Auftragnehmer nicht unter finanziellen Druck. Insbesondere, wenn die Aufgabenstellung noch nicht gänzlich klar ist, zum Beispiel im Rahmen einer Vorstudie, sollte eine Vergütung nach Aufwand angestrebt werden.

Um zu verhindern, dass der in Rechnung gestellte Aufwand ausufert, deckelt man Aufwandsverträge. Das bedeutet, dass eine Obergrenze , festgelegt wird, die nicht überschritten werden darf, ohne dass der Vertrag neu verhandelt wird. Umgekehrt kann zur Absicherung des Auftragnehmers eine Untergrenze , festgelegt werden, die auch bei frühzeitigem Abschluss der Arbeiten sicherstellt, dass eine finanzielle Absicherung vorhanden ist.

Beispiel

Um eine Entscheidung über die technische Ausstattung eines geplanten Call-Centers treffen zu können, wird mit einem Dienstleister ein Vertrag über eine Vorstudie zwecks Evaluierung der am Markt verfügbaren Systeme und Auswahl des besten davon abgeschlossen. Die Bezahlung erfolgt nach Aufwand, mindestens jedoch sind 10 Personentage zu begleichen, maximal 25.

Festpreisprojekte bieten beiden Vertragspartnern eine hohe Sicherheit in Bezug auf die Leistungserbringung. Der zugrunde liegende Vertrag beschreibt exakt seinen Gegenstand, die Abnahmekriterien sind klar und die entstehenden Kosten lassen sich bereits am Anfang bestimmen und buchhalterisch verrechnen.

All das ist natürlich nur so lange gut, wie alles „nach Plan" läuft. Kommt der Auftragnehmer gegenüber seinen ursprünglichen Annahmen in Verzug, so stellt das für ihn ein mitunter schwerwiegendes finanzielles Problem dar. Das Projekt ist eben ein Festpreisprojekt – mehr Geld gibt es nicht.

Wird für den Auftraggeber hingegen ersichtlich, dass das Projekt mit erheblich geringerem Aufwand zuende gebracht wurde, als gemäß Vertrag bezahlt wurde, so kann dieses viel böses Blut schaffen.

Denn grundsätzlich gilt:

> Projektgeschäft wird ein gutes Geschäft, wenn es nicht nur ein Mal stattfindet.

Aufwandsprojekte sind oftmals Vertrauenssache. In einem gesunden Auftraggeber-Auftragnehmer-Verhältnis sollten sie normal sein, bei fragwürdigen oder gänzlich neuen Auftragnehmern ist wiederum die Vereinba rung eines Festpreises sinnvoll. In der Praxis findet sich eine bunte Mischung von Projekttypen. Insbesondere bei höheren Aufwänden wird gerne aus Gründen der besseren buchhalterischen Kalkulierbarkeit ein Festpreis vereinbart. Das ist zwar nicht immer die optimale Lösung, kann aber in großen Organisationsstrukturen am schnellsten zur Genehmigung gebracht werden.

3.3 Letter of Intent (LOI)

Viele Vertragsverhandlungen finden unter einem mitunter erheblichen Zeitdruck statt. Das verhandelte Projekt soll zu einem bestimmten Endetermin abgeschlossen sein, der Starttermin muss deshalb möglichst bald sein. Würde erst nach der Vertragsunterzeichnung mit dem Projekt begonnen werden, könnte dieses möglicherweise nicht mehr zeitgerecht beendet werden.

Deshalb verfasst der Auftraggeber in vielen Fällen vorab einen Letter Of Intent, kurz LOI oder auch ganz einfach Absichtserklärung. Dieser LOI soll dem Auftragnehmer gestatten, mit der Arbeit anzufangen, bevor der Vertrag unterschrieben ist. Er kann, muss aber nicht rechtsverbindliche Wirkung haben. Im Falle von Projekten ist diese Absicherung aber sein vorrangiger Zweck, weswegen hier auch von einem grundlegenden Vertragscharakter ausgegangen werden sollte.

Der Auftraggeber verschafft sich mit einem LOI den oben beschriebenen Zeitvorsprung, für den Auftragnehmer bedeutet ein verbindlicher LOI darüber insbesondere eine Sicherheit, falls der Kunde doch von der Vertragsunterzeichnung absehen sollte. Die entstandenen Aufwände würden in jedem Fall erstattet, gegebenenfalls auch Kosten darüber hinaus.

Der Auftraggeber stellt dem Auftragnehmer mit einem LOI also ein deutliches Vertrauenszeugnis aus, was jedoch oft mit einer wechselseitigen Verbindlichkeit einher geht. Wenn dem Auftraggeber also durch den unmotivierten Ausstieg des Auftragnehmers aus dem Projekt ein Schaden entstünde, so könnte auch dieser gegenüber dem Auftragnehmer geltend gemacht werden. Umgekehrt gilt dann das Gleiche.

Ein LOI ist also immer dann eine angebrachte Form der Absprache, wenn der Auftragnehmer ernsthaft vorhat, das Projekt durchzuführen, und sich umgekehrt der Auftraggeber bereits darauf eingestellt hat, das Projekt an den Auftragnehmer zu geben. Die Aushandlung der abschließenden vertraglichen Details wird dann eine Formalität, zu der parallel bereits die Arbeit am Projekt beginnt.

Aufwände, die während der Arbeit unter einem LOI entstehen, werden in der Regel durch die später im Vertrag ausgehandelte Vergütung abgedeckt. Ein LOI ist nur eine Absicherung, und unter normalen Umständen kommt es nicht zu einer Vergütung unter diesem Dach, sondern wie im Vertrag vereinbart. So muss ein LOI auch nicht notwendig Aussagen über Stunden- bzw. Tagessätze oder Aufwände enthalten. Ist der Vertrag unterzeichnet, verschwindet der LOI.

3.4 Vertragsbestandteile

Im Folgenden werden verschiedene Bestandteile eines Vertrages respektive einer Leistungsbeschreibung aufgeführt. Auf der einen Seite ist damit kein Anspruch auf Vollständigkeit verbunden, auf der anderen erfordert nicht jedes Projekt eine Behandlung jedes einzelnen Punktes.

Versuchen Sie, mit den Möglichkeiten vernünftig umzugehen. Ein Vertrag wird nicht besser, wenn er umfangreicher ist. Differenzierung ist ein wichtiger Faktor im Projektmanagement, und in diesem Kontext bedeutet Differenzierung, situationsabhängig entscheiden zu können, was wichtig und was unwichtig ist. Um wieder auf die eingangs gestellte Frage zurück zu kommen: Wenn Ihr Vertrag Sie schließlich beruhigt, ist er gut.

3.4.1 Ziel des Projektes

Beschreiben Sie das Ziel des Projektes. Oft verliert sich im Laufe der Zeit die ursprüngliche Intention entweder zugunsten von Kriterien, die mit der originären Aufgabe nichts mehr gemein haben, oder es wird nur noch an isolierten Aufgaben gearbeitet, der Blick „von oben" aber geht verloren. Insbesondere große Projekte bergen oft durch ihre zwangsläufige Untergliederung in Teilprojekte die Gefahr, sich nur noch an der Erledigung ihrer Teilaufgaben zu orientieren. Das Bewusstsein eines gemeinsamen Ziels geht dann oft verloren.

Wenn Sie im Vertrag die „Draufsicht" fixieren, dann finden sich dort stets die Wurzeln des Projektes. Mit einigen überblickgebenden Sätzen hätten Sie eine Möglichkeit geschaffen, später wieder zu ihnen zurück zu kehren. Jedes Projekt hat chaotische Phasen, in denen ein Anhaltspunkt zur Rückbesinnung, Neuorientierung und Fokussierung auf das Wesentliche sehr hilfreich sein kann. Ist dieser nicht vorhanden, bemerken Sie mitunter gar nicht, wenn Sie sich vom Thema entfernen.

Machen Sie aber nicht den Fehler, nur Eigenschaften eines zu erbringenden Ergebnisses aufzulisten. Statt dessen sollten Sie die strategischen

Ziele darstellen, die mit dem Ergebnis erreicht werden sollen. Hinter jedem Projekt stehen qualitative Anforderungen, die verloren gehen, wenn das Projektergebnis ohne Einbettung in seinen strategischen Kontext definiert wird. Und an eben diesen qualitativen Anforderungen wird am Ende, wenn die Arbeit getan ist, das Ergebnis erneut gemessen werden.

3.4.2 Beteiligte

Im Vertrag müssen die am Projekt beteiligten Personen benannt werden. Dieses dient von Ihrer Seite aus dazu, nach Beginn des Projektes bestimmte Ansprechpartner und Kompetenzträger des Auftraggebers vertraglich zugesichert zur Verfügung zu haben. Falls das Zusammenspiel dann nicht funktioniert, können Sie diese rechtens einfordern.

Vermeiden Sie es, Personen namentlich zu nennen, sondern beschränken sich statt dessen auf die Anzahl und die erwarteten Kompetenzen. Machen Sie das nicht, dann werden Sie von der Anwesenheit von Einzelpersonen abhängig. Wenn Sie zum Beispiel die Forderung formulieren, dass Sie jederzeit einen Entscheidungsträger für fachliche Fragen haben möchten, dann fahren Sie damit erheblich besser, als wenn Sie diese Entscheidungen an die Anwesenheit einer bestimmten Person binden. Ist diese zum Beispiel im Urlaub, kann das gesamte Projekt paralysiert werden.

Was personelle Ressourcen von Auftragnehmerseite angeht, so gilt gleichfalls, dass Sie keine namentlichen Zusicherungen machen sollten. Die Gründe liegen hier nur etwas anders. Am wichtigsten ist das Problem der Verfügbarkeit bzw. umgekehrt das Risiko der Nichtverfügbarkeit zugesagter Mitarbeiter. Die jeweils andere vertragschließende Partei wird *erwarten*, dass die zugesagte Person auch zur Verfügung steht. Damit wird diese für Sie bzw. Ihr Unternehmen indisponibel, und das ist zum einen nicht in jeder Situation aufrecht zu erhalten, und zum anderen völlig unnötig. Denn Ihr Kunde braucht sicher eine bestimmte Kompetenz und Verantwortlichkeit, aber selten eine bestimmte Person.

Zusätzlich bauen Sie nicht nur gegenwärtige, sondern auch zukünftige Erwartungshaltungen auf. Selbst wenn Sie in diesem Projekt damit noch keine Probleme haben, könnten diese schon beim nächsten auf Sie zukommen. Denn dann erwartet ihr Vertragspartner, dass er erneut bestimmte Personen anfordern kann, in der Regel die, mit denen er bereits Erfahrungen hat sammeln können.

Natürlich kann eine Blockade in dieser Sache leicht zu Missstimmungen führen. Aber Sie müssen sich die Frage stellen, ob Sie diese lieber jetzt oder erst später riskieren möchten, wenn sie Ihnen aufgrund einer Erwartungshaltung des Kunden erheblich mehr zu schaffen machen. Viele Men schen neigen dazu, aktuellen Problemen aus dem Weg zu gehen, indem diese nach Möglichkeit einfach nach hinten verschoben, aber nicht gelöst werden. Diese Sicht- und Handlungsweise ist höchst ungesund, insbesondere im langfristig orientierten Projektgeschäft.

3.4.3 Ausführungsort des Projektes

Sie würden gerne mit Ihrem Team für eine Woche in ein Strandhaus an der Nordseeküste fahren, um dort die Vorstandspräsentation und Schlussauswertung zu erstellen? Aber der Kunde reagiert irritiert, erwartet er doch, Sie in seinen Räumlichkeiten zu sehen? Um dann mit Fug und Recht diesen produktiven und motivierenden Ausflug unternehmen zu können, müssen die Weichen schon im Vorwege gestellt (oder wenigstens gebaut) werden.

Die Wahl des Ausführungsortes im Vertrag kann unterschiedliche Konsequenzen haben. Findet das Projekt zum Beispiel ausschließlich beim Kunden statt, dann müssen die Mitarbeiter im Projekt reisewillig sein oder aus der Umgebung des Kunden stammen. Es muss für ihre Unterbringung gesorgt werden, und die Kosten für Reise und Unterbringung müssen in die Projektkalkulation einfließen. Am Standort des Kunden haben jederzeit für alle Projektmitarbeiter ausreichend Ressourcen zur Verfügung zu stehen. Diese Bedingungen müssen Sie entweder selber berücksichtigen oder an anderer Stelle in geeigneter Form in den Vertrag einfließen lassen.

Stellen Sie also sicher, dass der Ausführungsort des Projektes festgelegt wird. Das muss nicht bedeuten, dass es nur einen Ort gibt, es können durchaus verschiedene definiert sein. Es gibt sogar in Abhängigkeit vom Projektgegenstand die Option, die Wahl komplett dem Auftragnehmer zu überlassen und nur Verfügbarkeiten festzulegen, d.h. Zeiten und Mittel der Kommunikation zwischen Auftraggeber und Auftragnehmer.

Die Definition des Ausführungsortes hat in der Praxis selten einen absoluten Charakter, sondern bestimmt meist nur Anteile an Arbeitszeit, die an diesem oder jenem Ort verbracht werden sollen. So könnte zum Beispiel verlangt werden, dass jeweils von Montag bis Donnerstag ein Projektvertreter in den Räumlichkeiten des Kunden anwesend sein muss, und dass am Dienstag für Besprechungen im 25 Kilometer entfernten Schulungszentrum ein weiterer Mitarbeiter dort anwesend sein muss.

Sie können darüber hinaus den Spielraum nutzen, der sich zwangsläufig im Projektverlauf ergibt. In langfristigen, stark phasenorientierten Projekten werden Sie in den frühen Phasen, in denen eine enge Zusammenarbeit mit den fachlichen Ansprechpartnern erforderlich ist, häufig vor Ort beim Auftraggeber sein müssen. Sie haben dann aber zum Beispiel in späteren, stärker auf bereits vorbereiteten Informationen aufbauenden Phasen Möglichkeiten, signifikante Zeiträume ohne Kundenkontakt nur im Projektteam zu arbeiten. Auf Basis dieser Erkenntnis können Sie den vorrangigen Ausführungsort zum Beispiel in Abhängigkeit von der Erreichung von Meilensteinen unterschiedlich definieren und sich und Ihren Mitarbeitern damit notwendige Freiräume schaffen.

3.4.4 Vergütung

Stellen Sie sicher, dass Sie für das bezahlt werden, was Sie tun. Dieses bedeutet mehr, als nur Preise für Leistungen oder Ergebnisse zu definieren, sondern insbesondere auch genau, *wofür* bezahlt werden soll, also die Beschaffenheit dieser Leistungen und Ergebnisse. Nicht umsonst heißt es immer, dass der Spaß beim Geld aufhört. Also sollten Sie hier eine Grundlage schaffen, die beiden Seiten nicht zu viel Interpretationsspielraum lässt.

Zusätzlich müssen Sie sich mit dem Zeitpunkt der Zahlung auseinandersetzen. Denn erst in dem Moment, in dem das Geld auf Ihrem Konto liegt, sind Sie weitgehend aus dem finanziellen Risiko heraus und haben reale Dispositionsmasse. Das ist nicht notwendigerweise unternehmerische Praxis, aber in Abhängigkeit von der Dauer eines Projektes kann die Durststrecke bis zur Verfügbarkeit finanzieller Mittel sehr lang werden. Überbrückungskredite sind eine Möglichkeit, diese Durststrecke zu überstehen, mit allen damit verbundenen Nachteilen und Risiken. Ein Kontostand im Haben ist sicher gesünder.

Für die Definition der Raten gibt es unterschiedliche Möglichkeiten, zum Beispiel:

- Erste Rate bei Projektbeginn, weitere Raten bei Erreichen von Meilensteinen
- Regelmäßige Zahlungen während des Projektverlaufs (zum Beispiel monatlich), was bei reinen Dienstverträgen sinnvoll ist
- Nur eine abschließende Zahlung bei Projektabnahme
- Beliebige Mischformen
- Zusätzliche Prämien in Abhängigkeit von einer bestimmten Qualität der Zielerreichung (besonderes schnell, viel, gut, ...)

Zum Vorgehen allgemein: Analysieren Sie das Gewerk, isolieren Sie die Leistungen. Jede einzelne davon hat ihren Preis. Das bedeutet keinesfalls, dass jede davon sich in Einzelaufstellung im Vertrag wiederfinden muss, aber es bedeutet, dass jede davon ihren Weg in Ihre Kalkulation zu nehmen hat. Wenn der Auftraggeber an einem anderen Ort als dem Firmensitz des Auftragnehmers sitzt, so kostet das Geld für Reise und Unterkunft. Wenn neue Maschinen, Materialien, Hard- oder Software angeschafft werden müssen, so hat das seinen Preis. Die Mitarbeiter müssen bezahlt werden, einige davon müssen auf Schulungen geschickt werden, wieder andere werden vielleicht kündigen und es müssen neue Mitarbeiter eingestellt und für viel Geld eingearbeitet werden.

Wer seine Kalkulation ohne eine ehrliche Beurteilung der Gesamtsituation vornimmt, hat gute Chancen, finanziellen Schiffbruch zu erleiden. Es gibt mitunter strategische Erwägungen, die dazu führen können, mit nur geringen Gewinnaussichten oder auch einem kalkulierten Verlust in ein Projekt einzusteigen (siehe „2.4 Ziel und Strategie"), aber auch das muss das Ergebnis eines bewussten Entscheidungsprozesses sein. Kostenkontrolle beginnt bei der Vertragskonzeption, nicht erst im laufenden Projekt.

3.4.5 Spesenregelung

Kaum etwas ist ärgerlicher, als sich durch die Hotel- und Reisekosten den Profit auffressen zu lassen. Lassen Sie sich Ihre Spesen bezahlen. Das muss aber nicht unbedingt dadurch geschehen, dass Sie sie explizit ausweisen und beim Auftraggeber abrechnen lassen.

Wenn bei Ihrem Kunden die gesonderte Erstattung der Spesen nicht vorgesehen ist, schlagen Sie die zu erwartenden Ausgaben für Reisekosten und Unterkunft zu ihren Berechnungsgrundlagen hinzu und steuern darüber den Gesamtpreis Ihres Angebotes. Das ist allgemeine Praxis.

Will der Auftraggeber hingegen Kostentransparenz, so werden Sie um den Einzelnachweis über die entstandenen Kosten nicht herumkommen. Der Vorteil dieser Methode ist sicher, dass sie die fairste darstellt, weil keine Seite benachteiligt werden kann. Der Nachteil ist, dass der um Kostenminimierung bemühte Auftraggeber die entstandenen Kosten bewerten wird. Wenn ihm diese dabei unverhältnismäßig erscheinen, wird er im glücklichsten Falle ein klärendes Gespräch führen, im schlechtesten aber wird der Ruf des Auftragnehmers durch schlechte Mundpropaganda leiden.

Der Haken an einem Komplettangebot, welches die Spesen pauschal beinhaltet, ist der Zeitpunkt seiner Abgabe. Denn zu diesem befinden Sie sich in der Regel noch in einer Wettbewerbssituation. Der Kunde wird Ihre Preise für die angebotenen Leistungen mit denen Ihrer Mitbewerber vergleichen. Ein Angebot, das auf einem niedrigeren Satz beruht, weil Spesen gesondert abgerechnet werden, steht in seiner psychologischen Wirkung besser da als eines, das allein aufgrund seiner Höhe teurer aussieht – auch wenn es das letzten Endes vielleicht nicht ist.

Sie müssen also aus Ihrer persönlichen Kenntnis des Kunden und seiner Bewertungskriterien entscheiden, welches Angebot Sie ihm unterbreiten. Im Zweifel gibt es immer noch die Option, beides zu machen. Ob es gut oder schlecht ist, seine Kalkulationsgrundlagen derart offen zu legen, sei dahingestellt.

3.4.6 Arbeitsstunden

Bei der Diskussion über Arbeitsstunden geht es im Grunde um zwei verschiedene Fragestellungen:

1. Wie viele Arbeitsstunden werden als Rechnungsgrundlage angesetzt?

Ein normaler Arbeitstag hat acht, vielleicht achteinhalb Stunden. Das soll nicht heißen, dass nicht mitunter Verträge abgeschlossen würden, die zum Beispiel von einem neunstündigen Arbeitstag ausgingen. Darunter ist die vom Auftragnehmer zu erbringende durchschnittliche tägliche Arbeitsleistung zu verstehen. Diese wird in einem Vier-Personen-Projekt dann zum Beispiel von fünf Personen über den Zeitraum einer Woche erbracht. Ziel einer solchen Vereinbarung ist in der Regel die Beschleunigung des Projektes.

2. Mit wie vielen Arbeitsstunden setzen sie Ihre Mitarbeiter an?

Die Antwort auf diese Frage sollte immer sein: Immer nur so viele, wie deren Arbeitsvertrag vorsieht. Wenn Sie von etwas anderem ausgehen, verletzen Sie die vertraglich abgestimmte Arbeitszeitvereinbarung Ihrer Mitarbeiter, und Sie können sich sicher sein, dass Sie unterm Strich nicht mehr als diese Stunden erhalten.

Die vertragliche Festlegung der Arbeitsstunden ist also, für sich alleine betrachtet, Makulatur, solange die Stunden nicht in Relation zu den verfügbaren Personen gesetzt werden. Machen Sie nicht den Fehler, Zugeständnisse zu machen, die Ihre Mitarbeiter nicht erfüllen werden. An verschiedenen Stellen im weiteren Verlauf dieses Buches wird noch ausführlicher auf das Thema des Einsatzes von Mitarbeitern eingegangen.

3.4.7 Verfügbarkeit

Legen Sie fest, welches die üblichen Zeiten sind, zu denen Ihre Mitarbeiter verfügbar sind. Das bewahrt Sie, insbesondere bei internationalen Projekten, vor einem Problem und Streitpunkt zu stehen, wenn nicht während der gesamten üblichen Bürozeiten des Auftraggebers ein Ansprechpartner im Projekt verfügbar ist.

Die Definition der Verfügbarkeit sollte stets auch beinhalten, auf welchem Wege sie gewährleistet werden soll. Ein Mitarbeiter kann auch telefonisch verfügbar sein, eine Präsenz vor Ort muss nicht immer erforderlich sein. Andere Fragen brauchen nicht innerhalb kürzester Zeit und zwangsläufig direkt beim Auftraggeber geklärt werden, und dann sollten Sie sich auch diese Freiheitsgrade reservieren.

Eine wichtige Aufgabe jedes Projektmanagers ist der Schutz seiner Projektmitarbeiter. Dieser Schutz besteht nicht nur im Abblocken von störenden Anfragen des Auftraggebers, sondern auch darin zu verhindern, dass die Arbeitszeit zu oft in die Privatsphäre des Mitarbeiters hineinreicht.

3.4.8 Ressourcen

Die Nennung der wichtigsten Ressourcen, die für das Projekt zur Verfügung stehen sollen, sollte auf jeden Fall bereits Vertragsbestandteil sein. Das gilt aus Auftragnehmer- und Auftraggebersicht gleichermaßen.

Definieren Sie

- welche Ressourcen,
- wann,
- wie lange bzw.
- wie oft

zur Verfügung stehen müssen werden. Finden Sie die benötigten Ressourcen, aber vermeiden Sie es, in überzogener Weise konkret zu werden und sich damit Einschränkungen aufzuerlegen, die zur Zielerreichung nicht benötigt werden. Es reicht, wenn die Ressourcen qualitativ und in ihrem zweckbezogenen Rahmen beschrieben werden. Nur in wenigen Fällen ist es wirklich sinnvoll, individuelle Festlegungen zu treffen.

Beispiel

Nach Einführung eines CRM-Systems[2] sollen die zukünftigen Benutzer geschult werden. Eine Formulierung im Vertrag dafür könnte lauten:
„Binnen drei Wochen nach Produktabnahme wird durch den Auftragnehmer eine eintägige Anwenderschulung durchgeführt. Der Auftraggeber übernimmt die

---

[2] CRM steht für Customer Relationship Management und beschreibt in der Regel Software-Systeme zur Verwaltung, entscheidungsvorbereitenden Auswertung und Pflege von Kundendaten zwecks wirtschaftlicher Optimierung der Beziehung zum Kunden

Organisation der Teilnehmer und stellt hinreichende Räumlichkeiten zur Verfügung. Die notwendige Technik wird vom Auftragnehmer bereitgestellt."
Es erfolgt insbesondere keine Festlegung, wer die Schulung durchführen wird oder wann genau sie stattfinden soll, wie die Organisationsprozesse personell oder zeitlich stattfinden sollen, mit welchen Medien gearbeitet wird oder welcher Veranstaltungsort vorgesehen ist. All das wäre möglich, aber sicher nicht nötig.

Die vertragsseitige Definition von benötigten Ressourcen kann selten mit absoluter Genauigkeit erfolgen. Sie wissen am Anfang weder präzise, wann eine Ressource gebraucht wird, noch vermögen Sie exakt zu sagen in welchem Umfang. Das sollte allerdings nie dazu führen, dass eine Ressource überhaupt nicht angefordert und deshalb im Zweifelsfall auch nicht zur Verfügung gestellt wird. Schätzen Sie daher ruhig etwas großzügiger. Werden Ressourcen schließlich nicht in vollem Umfang ausgeschöpft, so ist das selten ein Problem.
Projekte haben häufig Schwierigkeiten, weil Ressourcen des Auftraggebers nicht zeitgerecht zur Verfügung stehen. Ihr Projektteam ist sich naturgemäß des laufenden Projektes bewusst. Wenn aber zum Beispiel eine Fachabteilung einen Auftrag zur Erstellung eines Softwaresystems vergeben hat, so wird ihr Hauptaugenmerk immer noch dem Tagesgeschäft gelten. Wenn Sie also die benötigten Ressourcen vorab definieren und vertraglich fixieren, dient das weniger der Bewusstmachung des Bedarfes, sondern vielmehr der späteren Ermöglichung einer rechtmäßigen Einforderung.
Im Grunde ist das ein trauriges Kapitel des Projektmanagements. Aber wenn Sie das erste Mal in der Situation sind, dass Sie eine Verzögerung im Projektablauf haben, die aufgrund von nicht zeitgerecht erfolgten Beistellungen des Auftraggebers eingetreten ist, dann werden Sie froh sein, wenn es eine vertragliche Grundlage gibt, die Sie zur Einforderung berechtigt.

3.4.9 Vorbedingungen

Damit ein Projekt ohne Vorlaufzeit beginnen kann und abgesprochene Termine auch eingehalten werden können, müssen manchmal Vorbedingungen erfüllt sein, zum Beispiel das Vorhandensein von Räumlichkeiten oder technische Ressourcen wie PCs oder Kopiergeräte.
Achten Sie darauf, diese per Vertrag einzufordern. Wenn das Projekt sich tatsächlich verzögert, weil elementare Dinge fehlen, die Sie eventuell noch umständlich und zeitraubend beschaffen müssen, sollten Sie einen Hebel in der Hand haben, über den sich die verlorene Zeit oder die zwangsweise erfolgten Investitionen gegebenenfalls zurückfordern lassen.

Es handelt sich bei Vorbedingungen nicht unbedingt um Ressourcen im engeren Sinne, sondern eher um all das, was der Auftraggeber vorbereitet haben muss, damit Sie mit der Arbeit beginnen können. Das kann auch zum Beispiel eine Entscheidung für eine von mehreren Vorgehensalternativen oder die Bestimmung eines Projektverantwortlichen sein. Machen Sie sich möglichst frei von der Beschränkung auf die klassische Ressourcensicht und stellen sich statt dessen einfach die Frage, in welchem Zustand Sie am Tage des offiziellen Projektbeginns die Arbeitsumgebung vorfinden müssen, damit Sie ohne Verzögerungen durchstarten können.

3.4.10 Zeitplan und Aufwandsschätzung

Ein Vertragsbestandteil ist in jedem Fall die Darstellung des zeitlichen Ablaufes. Zum einen ist daraus zu entnehmen, wann das Projekt beendet sein soll, des Weiteren, welche wichtigen Meilensteine wann erreicht werden. Genauer fällt ein Zeitplan in der Regel zu diesem frühen Zeitpunkt nicht aus. Dazu gesellt sich die Angabe des Aufwandes, der für die Leistungserbringung anfällt, entweder rechnerisch über einen prognostizierten Verlauf der personellen Kapazitäten oder pauschal. Aus diesen beiden Bestandteilen ergeben sich für die Vertragspartner die finanziellen und zeitlichen Rahmenbedingungen.

Bereits bei der alleinigen Einigung auf einen Zeitplan treffen die Interessen auf Auftraggeber- und Auftragnehmerseite mit unterschiedlichen Zielsetzungen aufeinander:

- *Auftraggeber*

  Der Auftraggeber ist meist daran interessiert, das Projekt zu einem bestimmten Zeitpunkt abzuschließen, denn oft sind damit wichtige Termine (zum Beispiel der Jahresabschluss, eine Währungsumstellung, die Wirksamkeit eines neuen Gesetzes) verbunden oder es sind persönliche Erfolgsziele an die Einhaltung eines bestätigten Termins geknüpft.

- *Auftragnehmer*

  Der Auftragnehmer befindet sich in der Regel vor Vertragsunterzeichnung im unternehmerischen Risiko: Kein Vertrag – kein Geld. Deshalb wird er selten vor der Unterschrift mit einem kompletten Projektteam die Arbeit beginnen. Seine Planung und das unterbreitete Angebot werden von einem Gesamtaufwand ausgehen, der den Endetermin des Projektes immer relativ zum Starttermin errechnet und nicht mit Beginn der Vertragsverhandlungen.

Es sollte in erster Linie darum gehen, fair zu sein. Es gibt sicher einen geringen Spielraum, aber der Auftraggeber sollte nicht darauf bestehen, dass verlängerte Vertragsverhandlungen zu Lasten des Auftragnehmers zu einer Beschleunigung des Projektes führen, der Auftragnehmer sollte sich umgekehrt nicht nötigen lassen, sein Projektteam in eine Stresssituation zu manövrieren. Denn damit wäre letztlich niemandem gedient.

Ein grundsätzlicher strategischer Hinweis über die Verhandlung von Aufwänden und Zeitplänen aus Auftragnehmersicht:

Wenn der Aufwand für die Lösung eines Problems bestimmt worden ist und auf dieser Grundlage ein Angebot vom Auftragnehmer unterbreitet wurde, so kommt es im Anschluss oft zu Differenzen über die Höhe der Aufwände oder die Projektdauer. Das ist nachvollziehbar und legitim, sollte aber nie dazu führen, dass

- ohne eine Einschränkung des Funktionsumfanges oder eine sinnvolle Aufstockung der Mitarbeiter ein neuer Zeitplan unterbreitet wird und
- darauf spekuliert wird, dass man entgegen der ursprünglichen Planung mit den gleichen Mitarbeitern das gleiche Ergebnis auch schneller erbringen kann.

Der Auftragnehmer bringt sich damit in eine ausgesprochen unglückliche Verhandlungsposition, weil er implizit den Eindruck erweckt, dass das erste Angebot der Versuch war, den Auftraggeber zu übervorteilen. Er fügt sich obendrein im Projektverlauf selbst großen Schaden zu – immer gesetzt den Fall, die ursprüngliche Planung war ernst gemeint und realistisch. Die neue kann das zwangsläufig nicht sein, wenn ihre Grundlagen sich nicht auch geändert haben.

Ein weiteres Problem mit Aufwänden ist die Herkunft der Berechnungsgrundlagen der Aufwandszahlen. Wie bereits in „3.4.4 Vergütung" bemerkt, sollten Zahlungen auch für alles erfolgen, was an Leistung erbracht werden muss. Diese Überlegungen finden in der Praxis oft nicht statt.

Auf eine Besonderheit, die schwerpunktmäßig in IT-Projekten auftritt, sollte unbedingt eingegangen werden. Hier lässt sich fatalerweise beobachten, dass viele Schätzungen allein auf Basis der Auskünfte von Softwareentwicklern entstehen. Diese sind regelmäßig falsch. Das hat nichts mit Inkompetenz oder Böswilligkeit zu tun, sondern hat im Wesentlichen zwei Gründe:

- *Entwicklerperspektive*

  Ein Entwickler kann Entwicklungsaufwände schätzen. Er schätzt keine Aufwände für Kommunikation und Informationsbeschaffung, für Abstimmungen, Meetings, das Warten auf Antworten oder die Ressour cenverfügbarkeit. Er plant in der Regel kaum Qualitätssicherung und auch keine anderen organisatorischen Aufgaben ein. Er geht weiterhin meist davon aus, dass eine Idee, die er zu einem Thema hat, auch exakt so umgesetzt wird, und nicht Gegenstand von Diskussion, Modifikation oder Ersetzung durch ein anderes Vorgehen wird.

Das bedeutet, dass der Aufwand, den ein Entwickler schätzt, zwar aus seiner Sicht korrekt ist, aber bei weitem nicht damit korreliert, was insgesamt an Zeit vergeht, bis das Ziel erreicht wird. Denn zum einen fehlen wichtige Aufwände, die durch die Einbettung in den Projektkontext und die damit verbundenen Wechselbeziehungen entstehen, zum anderen gibt es erhebliche streckende Effekte, die berücksichtigt werden müssen.

- *Verfügbarkeit der Entwickler*

  Entwickler sind oft nicht in vollem Umfang verfügbar. In vielen Unternehmen sind sie für verschiedene Aufgaben zugleich zuständig, zum Beispiel die Wartung von bestehenden Systemen und zeitgleich mehrere laufende Projekte. Die Aussagen zum Aufwand, die ein Entwickler macht, müssen also auch diesbezüglich mit Vorsicht genossen und in Beziehung zur Arbeitswirklichkeit gesetzt werden. Ein Aufwand von drei Tagen zur Implementierung einer neuen Funktionalität kann sich im Sammeltopf der sonstigen Aufgaben eines Entwicklers durchaus über zwei Wochen verteilen.

Es gibt im Zusammenhang mit der Schätzung von Aufwänden im IT-Bereich eine ganze Reihe von etablierten Verfahren, zum Beispiel die Function-Point-Methode von IBM oder verschiedene Bottom-Up-/ Top-Down-Ansätze. Keines dieser Verfahren hat den Anspruch, absolute Aussagen zu machen, aber es bietet sich an, insbesondere das damit verbundene, strukturierte Vorgehen zu verinnerlichen und die Ergebnisse als Richtwerte zu nehmen. Die Realität liegt in der Regel nicht völlig ab der so zustande gekommenen Werte. Sollten Sie also signifikante Abweichungen zu Ihren Schätzungen feststellen, dann könnte das ein Anhaltspunkt sein, diese noch einmal zu überdenken.

Die dargestellte Problematik lässt sich verallgemeinern und generell für Schätzungen anwenden, die sich zu sehr auf eine rein produzierende Perspektive zurückziehen. So wie im IT-Bereich der Entwickler der Schaffende, aber nicht der Projektierende ist, so sind in anderen Projekten gleichfalls Personengruppen mit ihren spezifischen Sichtweisen vorhanden. Eine Schätzung des erwarteten Aufwandes muss mehr als nur deren Arbeitseinsatz beinhalten.

3.4.11 Zu erstellende Dokumente

In den meisten Projekten werden Dokumente erstellt. Wenn dabei Auftraggeber und Auftragnehmer unterschiedliche Erwartungen bezüglich des Inhaltes haben, dann kann das zu erheblichen Verzögerungen führen. Denn meist ist die Abnahme dieser Dokumente auch als Meilenstein kontrahiert, so dass die Konsensfähigkeit des Inhaltes eine hohe Relevanz auch in Bezug auf die Vertragsabwicklung besitzt.

Soweit es Ihnen zu Beginn des Projektes möglich ist, gehen Sie auf die zu erstellenden Dokumente ein. Auch hierbei geht es primär darum, qualitative Aussagen über den Inhalt zu machen. Namen sind Schall und Rauch, solange ihnen keine Bedeutung zugeordnet wird. Es gibt keine allgemeingültigen Vorgaben darüber, was ein Fachkonzept, eine Vorstudie, ein Prozessmodell tatsächlich beinhalten sollen. Da es also Definitionssache ist, nehmen Sie sich die Zeit, diese Definition vorzunehmen.

Beispiel

In einem Vertrag wird festgelegt, dass ein „Funktionsmodell" für ein Softwaresystem erstellt werden müsse. Da nicht genauer auf die Begrifflichkeiten eingegangen wird, schreibt der Auftragnehmer in gutem Glauben eine technische Beschreibung des Kommunikationsverhaltens des Softwaresystems auf der Schnittstellenebene. Bei den ersten Qualitätssicherungen durch den Auftraggeber stellt sich aber heraus, dass dieser mit „Funktionsmodell" die fachliche Beschreibung der mit dem System abgebildeten Geschäftsprozesse gemeint hatte.

Meist gibt es im Hause größerer Kunden bereits Dokumentationsrichtlinien, sowohl qualitativ als auch quantitativ, sowie typisiert nach Art des Projektes. Die Verpflichtung, die erforderlichen Dokumente zu erstellen, wird meist pauschal in den Vertrag übernommen. Stellen Sie auf jeden Fall vorab und zwecks Kalkulation fest, welcher Dokumentationsaufwand damit auf Sie zu kommt. Dieser muss sich im Vertrag wiederfinden.

In „12 Dokumentation" wird genauer darauf eingegangen, wie idealerweise zu dokumentierten wäre. Ein besonderer Punkt dabei ist die Zweck- und Zielgruppenorientierung. Diese sollte schon bei der Definition der zu erstellenden Dokumente im Vertrag berücksichtigt werden, um die Erstellung überflüssiger Unterlagen im Vorwege zu unterbinden.

3.4.12 Dienstleistungen

Dieser Abschnitt hat nicht nur für Dienstverträge eine besondere Bedeutung. Ein Werkvertrag mag durchaus Leistungsbestandteile haben, die rei nen Dienstleistungscharakter haben. Die vorrangige Ausrichtung des Vertrages zum Zwecke der Erstellung eines Werkes bedeutet nicht, dass nicht gleichzeitig Leistungen erbracht werden dürfen, die Dienstleistungen sind. Generell sind in diesem Zusammenhang zwei Eingrenzungsprobleme zu lösen: Wie hoch darf der Aufwand für die Dienstleistung ausfallen, und auf welche Dienstleistungen genau hat der Auftraggeber ein Anrecht?

Beginnen Sie damit aufzuzählen, welche Dienstleistungen der Auftraggeber vom Auftragnehmer erhält. Vieles wird im Laufe eines Projektes auf Kulanzbasis „nebenher" erledigt, aber wenn Sie schließlich eine Handhabe für die Abblockung überzogener Forderungen brauchen, dann ist nur die vertragliche Zusicherung für beide Seiten verbindlich. Beispiele hierfür sind das Projektmanagement, Beratung, fachliche Unterstützung des Auftraggebers, Schulung oder Qualitätssicherung.

Es darf Ihnen nicht passieren, dass die Definition so vage gefasst ist, dass die Projektmitarbeiter zu Hey-Joes mutieren, die nach Bedarf vom Auftraggeber für beliebige unterstützende Maßnahmen eingeplant werden können. Eine vorrangige Aufgabe jedes Projektleiters ist der Schutz seines Projektteams. Die Weichen hierfür werden bereits bei Vertragsabschluss gesetzt. Machen Sie sich also die Mühe, jede Dienstleistung genauer zu beschreiben, damit zum Beispiel klar ist, dass zu „Projektmanagement" zwar die Führung Ihres eigenen Teams, aber nicht die Unterstützung des Auftraggebers bei der Erstellung von Planunterlagen für die interne Projekt-Kontroll-Abteilung gehört. Wenn Sie ihn dabei auf Kulanzbasis unterstützen wollen, so steht Ihnen das frei, aber davor sicher sind Sie nur, wenn klar ist, wo Ihr Aufgabenportfolio endet.

Umgekehrt ist es für den Auftraggeber wichtig, den Umfang der Dienstleistungen klar zu definieren, denn oftmals steht er vor den größeren Problemen. Denn was nicht vertraglich zugesichert ist, kann nicht eingefordert werden. So kann es durchaus passieren, dass er sich plötzlich allein mit der Rollout-Planung eines neuen Softwaresystems konfrontiert sieht, das er selbst noch nicht in Gänze verstanden hat.

Dienstleistungen werden darüber hinaus vertraglich meist nur an die Bedarfsäußerung auf Kundenseite gekoppelt, aber meist nicht durch eine Aufwandsgrenze beschränkt. Sie sollten in jedem Fall darüber nachdenken, ob es notwendig sein könnte, die vom Auftraggeber einzufordernden Aufwände zu begrenzen, zum Beispiel im Rahmen des Outsourcing einer Abteilung maximal 2 Tage pro Woche für Beratungsleistungen zu zusätzlichen Möglichkeiten von Prozessverbesserungen.

Hier liegt ein Interessenkonflikt vor, dessen Sie sich bewusst sein sollten. Einerseits wird dem Auftraggeber schon vor Projektbeginn unterstellt, dass er die Dienstleistungsvereinbarung überstrapazieren könnte, anderer seits muss Ihnen klar sein, dass diese Gefahr in der Tat immer besteht, so-lange es keine anders lautende Abmachung im Vertrag gibt.

Es ist deshalb schwierig, eine klare Empfehlung zu geben. Rechtlich gibt es auch Möglichkeiten, eine Ausnutzung des Vertrages zu anderen Zwecken als dem ursprünglich beabsichtigten, nämlich der Erstellung des Gewerkes, zu unterbinden, wenn ein solcher Missbrauch klar ersichtlich ist. Soweit sollte es aber nie kommen. Wenn der Beginn eines grundsätz-lich als partnerschaftlich geplanten Verhältnisses schon davon geprägt ist, dass die Vertrauensfrage gestellt wurde, dann muss auch die Frage gestellt werden, ob ein gemeinsames Projekt überhaupt erfolgversprechend ist.

Die Empfehlung lautet daher, für mögliche, aber nicht wahrscheinliche Sonderfälle keine Aufwandsbeschränkungen vorzusehen, weil diese ent-weder gar nicht auftreten oder selten übermäßig strapaziert werden. Dage-gen sollte es für solche Dienstleistungen geschehen, die absehbar einen signifikanten Umfang im Projektverlauf einnehmen werden. Wo die Grenzziehung stattfinden muss, unterliegt letztlich der Einschätzung des Vertragsgestalters.

3.4.13 Sonstige Dienstleistungen

Neben den oben beschriebenen Dienstleistungen und den eigentlichen Er-gebnissen eines Projektes gibt es andere Dienstleistungen, oft auch neu-deutsch Services genannt, die im Rahmen eines Vertrages angeboten und fakturiert werden können, jedoch nicht zwangsläufig mit dem Projektge-genstand verknüpft sind. Beispiele hierfür sind die Bereitstellung und der Betrieb von Servern, die Installation von Software, der Betrieb eines Call-Centers oder die regelmäßige Durchführung von Schulungen. Viele Fir-men bieten solche Rundum-Sorglos-Pakete an, die gerne in Anspruch ge-nommen werden.

Ist das Angebotsportfolio des Auftragnehmers stark in solchen Leis-tungspaketen strukturiert, dann besteht die Gefahr, dass der Auftraggeber durch die Wahl eines Paketes mehr einkaufen muss, als er tatsächlich ha-ben möchte. Denken Sie an ein Auto, das Sie als Sondermodell kaufen, welches ein Fahrerinformationssystem im Paketpreis enthält, an dem Sie aber überhaupt nicht interessiert sind. Da es aber andere Ausstattungsei-genschaften nur in dieser Konfiguration gibt, bleibt Ihnen nichts anderes übrig als in den sauren Apfel zu beißen und das Fahrerinformationssystem gleich mit zu kaufen.

In Projektverträgen besteht zumindest prinzipiell die Möglichkeit, fairer mit diesem Problem umzugehen. Werden also bestimmte Services nicht in

Anspruch genommen, so sollten sie fairerweise auch explizit aus vom Vertrag ausgenommen und aus dem Vertragswert herausgerechnet werden.

Hierdurch ergibt sich für den Auftragnehmer mitunter ein Folgeproblem. Die Herausrechnung macht einen Grad an Kostentransparenz notwendig, der aus Vertriebsgründen nicht oder zumindest nur höchst ungern erbracht wird. Insbesondere Rabattierungen und Preisstaffeln würden dann ersichtlich. Außerdem fällt der resultierende Preis durch die Herausnahme einzelner Leistungen oft nicht so niedrig aus, wie der Auftraggeber das vielleicht erwartet.

Wie kann also trotzdem ein reibungsfreier Ablaufs der Vertragsverhandlungen gewährleistet werden? Im Wesentlichen sollten verschiedene Preismodelle nur auf explizite Anfrage des Kunden offengelegt werden. Statt dessen sollte immer erst der gesamte abzudeckende Leistungsumfang ermittelt werden, bevor ein Angebot für genau dieses Wunschpaket erstellt wird. Alternativ besteht die Option, die sonstigen Dienstleistungen in ein separates Gewerk zu schnüren, um die Vermischung mit dem eigentlichen Projektgegenstand schon im Vorwege zu verhindern.

Letztlich handelt es sich hier aber um eine Vertriebs-strategische Fragestellung, die nicht abschließend entschieden werden kann und in der Regel außerhalb der Einflussnahme durch den Projektleiter liegt.

3.4.14 Abnahmekriterien

Einer der wichtigsten und zugleich auch am nachlässigsten behandelten Punkte in jedem Vertrag sind die Abnahmekriterien. Im Rahmen einer Werkerstellung muss die Frage der Erbringung einer Leistung immer entscheidbar gemacht werden. Dazu bedarf es messbarer Kriterien. Nur so kann verhindert werden, dass ein Projekt zu einer endlosen Geschichte wird, weil die beiden Vertragspartner unterschiedliche Wertmaßstäbe und Erfüllungskriterien anlegen.

Zwischen Auftraggeber und Auftragnehmer ist zu vereinbaren, welche Kriterien eindeutig kennzeichnen, wann das Projektende erreicht wurde. Dieser Anspruch bedarf zu seiner Umsetzung insbesondere eines hohen Maßes an Fairness. Es geht hier primär darum zu definieren, wann der Auftragnehmer seine Leistung erbracht hat. Wenn hier Faktoren berücksichtigt werden, die vom Auftragnehmer nicht beeinflusst werden können, so führt das gegebenenfalls zu einer nicht verursachungsgerechten Schadenszuweisung. Es entstehen Verzögerungen und somit Kosten, die unnötigerweise auch zu Lasten des Auftragnehmers gehen.

Beispiel 1

Nach der Zusammenlegung zweier Abteilungen soll ein Teambuilding-Seminar stattfinden. Die Durchführung an einem vom Auftragnehmer zu organisierenden Veranstaltungsort ist Abnahmekriterium.

In den Abnahmekriterien darf aber zum Beispiel keine Mindestpersonenzahl in dem Sinne auftauchen, dass sonst das Seminar als nicht stattgefunden und damit die Abnahme verweigert würde. Denn dafür ist der Auftraggeber verantwortlich. Wenn er es nicht schafft, genügend Mitarbeiter zu der Schulung zu schicken, so darf das nicht das Problem des Auftragnehmers sein. Dieser hat lediglich dafür zu sorgen, dass die Schulung stattfinden könnte.

Beispiel 2

Der Produktionseinsatz eines neuen Softwaresystems ist Abnahmekriterium zum Projektabschluss. Um zu verhindern, dass die Abnahme durch Probleme auf Seiten des Rechenzentrums nicht stattfinden könnte, wird der Produktionseinsatz neu definiert. Es muss nun lediglich die Verfügbarkeit der durch die Fachabteilung abgenommenen Programmversion dem verantwortlichen Ansprechpartner des Produktionsbetriebs gemeldet werden, um die Endabnahme zu erwirken.

Ob der faktische Produktionseinsatz erfolgreich durchgeführt werden kann, spielt keine Rolle. Der Auftragnehmer ist damit aus der Verantwortung, selbst wenn die Probleme des Rechenzentrums durch besondere Konstellationen des durch ihn erstellten Softwaresystems in der Produktionsumgebung begründet sind. An dieser Stelle wird seine Verantwortung auf eine lauf- und abnahmefähige Version im Testumfeld beschränkt.

Abnahmekriterien werden ebenso auch für Meilensteine definiert, denn die Überprüfung der Ergebnisqualität bzw. der Erbringung von kontrahierten Leistungen sollte möglichst nicht nur am Ende des Projektes stattfinden. Das hat verschiedene Gründe, aber der wichtigste ist die Möglichkeit einer frühzeitigen Einflussnahme und Korrektur, wenn sich unterschiedliche Erwartungen und Sichtweisen der Vertragspartner auszuwirken beginnen. In einem Vertrag können sich also durchaus mehrere Abschnitte über Abnahmekriterien in verschiedenen Stadien des Projektes befinden.

3.4.15 Change-Request-Verfahren

Wenige Projekte sind in ihrem Umfang von Anfang an zukunftssicher definiert. Einige Neuorientierungen ebenso wie mitunter vitale Veränderungen ergeben sich erst im Verlauf. Das ist nicht tragisch, es sollte eher als ein meist zwangsläufiger und oft sehr gesunder Abschnitt im Projektlebenszyklus verstanden werden. Denn eine Änderung sollte sich ja nicht aus einer Laune, sondern aus einer Notwendigkeit heraus ergeben – und dann auch mit einer Verbesserung verbunden sein.

Das Change-Request-Verfahren ist das formale Mittel, um den Vertrag nachträglich abzuändern. Es gibt nicht „das" Change-Request-Verfahren, zumindest nicht im formal verbindlichen Sinne. Wichtig ist das Ergebnis:

- Der Vertragsgegenstand wurde in seinen zu ändernden Bestandteilen überarbeitet.
- Zeitlich und finanziell wurde der Projektrahmen an die neue Projektdefinition angepasst.
- Auftraggeber und Auftragnehmer haben das Dokument unterzeichnet.

Beispiel

Im Rahmen der Gestaltung der Geschäftprozesse einer neuen Abteilung werden auch verschiedene Statusberichte definiert. Neben den bereits kontrahierten Typen möchte der Auftraggeber nun einen zusätzlichen Vorstandsbericht entwerfen lassen. Im Gegenzug entfällt dafür ein ähnlicher, jedoch in dieser Form nicht mehr benötigter Statusbericht.

Die bereits angefallenen Aufwände für die inhaltliche Definition des nicht mehr benötigten Berichtes werden in den Kosten belassen, die nicht mehr entstehenden Aufwände für das Formulardesign werden herausgerechnet. Hinzu kommt aber jetzt der noch entstehende Aufwand für den neuen Vorstandsbericht.

Der Vertrag wird dahingehend angepasst, dass der Mehraufwand, die anfallende Verschiebung des Projektendes und die genauen inhaltlichen Änderungen festgehalten werden. Nach Unterzeichnung geht das Projekt mit geänderten Rahmenbedingungen weiter.

Vom Change-Request-Verfahren sollte nur in besonderen Fällen Gebrauch gemacht werden. Es ist kein schönes Mittel der Projektsteuerung, es kann ein gutes Auftraggeber-Auftragnehmer-Verhältnis vergiften, kostet Zeit und ist oftmals nicht notwendig. Kleine Änderungen auf Kulanzbasis kosten hin und wieder ein paar Tage, aber sie bringen auf der sozialen Ebene einen hohen Gewinn. Im Gegenzug lassen sich auch einmal Zugeständnisse vom Auftraggeber erhalten. Es gibt Auftraggeber, die in Folgeprojekten großzügiger agieren, die sich zur Zahlung eines Bonus durchringen oder auch bereit sind, eine Vielzahl von Änderungen zu einem späteren Zeitpunkt in einem Sammel-Change-Request abzuhandeln. All das steht Ihnen nur offen, wenn Sie nicht zu sehr den Formalismen huldigen.

Nur wenn die Änderungsaufwände signifikant werden oder von einer Art, die sich nachher zu einer Diskussion über die Vertragserfüllung ausweiten könnte, sollten diese vertragssicher mit Hilfe eines Change-Requests festgehalten werden.

Für die Vertragsschreibung bedeutet das lediglich, dass das Change-Request-Verfahren formal vorgesehen und in seinen Eigenschaften und Mitteln angelegt sein sollte. Sich mit dem formalen Rahmen erst auseinander zu setzen, wenn es im Projekt notwendig wird, kostet wertvolle Zeit, die durch die entsprechende Vorbereitung effizient eingespart werden kann.

3.4.16 Beschwerdemanagement

Es sollte festgelegt werden, wie mit Beschwerden umgegangen werden soll, insbesondere, welche Fristen in diesem Zusammenhang gelten. Wenn es in einem Projekt so weit kommt, dass eine der beiden Parteien sich formal über nicht erbrachte oder fehlerhafte Beistellungen oder mangelnde Termintreue beschweren muss, ist schon einiges im Argen. Genau für einen solchen Fall halten Sie fest,

- wer Ansprechpartner für die Beschwerde ist,
- wie sie geäußert werden soll,
- wie eine angemessene Reaktion aussieht,
- wie schnell und
- in welcher Form sie erfolgen muss und
- was es bedeutet, wenn dem nicht Folge geleistet wird.

Eine Beschwerde ist nichts wert, wenn ihr nicht mit der notwendigen Ernsthaftigkeit begegnet wird. Die Beschwerde an sich kann bereits ein höchst alarmierendes Zeichen sein, und in ihrer Behandlung nachlässig zu sein, kann ein Projekt umbringen.

3.4.17 Formales Verhalten bei Vertragsverletzung

Bei einer Vertragsverletzung gibt es durchaus verschiedene Möglichkeiten zu reagieren. Im Gegensatz zum Beschwerdemanagement reden wir hier aber von dem Fall, dass das Kind bereits in den Brunnen gefallen ist. Das kann je nach Projekt eine unterschiedliche Bedeutung besitzen. Ein Projekt, das auf die Einhaltung eines bestimmten Zeitplanes zwingend angewiesen ist, kann nicht mehr gerettet werden, wenn der Endetermin überschritten wurde. Hier wird jedem noch die Jahrtausendwechsel-Problematik gegenwärtig sein.

Sie sollten sich aber darüber im Klaren sein, dass es auch hier nicht „die" Vertragsverletzung gibt, sondern durchaus eine Differenzierung vorgenommen werden muss. Die Nicht-Erbringung einer Teilleistung muss nicht automatisch das Gesamtprojekt gefährden, und mit Rücksicht darauf sollte auch der Vertrag gestaltet sein.

Machen Sie sich immer klar, was das Ziel eines jeden Projektes ist: Es soll erfolgreich zum Abschluss gebracht werden. Seien Sie nur dann unerbittlich, wenn durch die Vertragsverletzung eben dieser Erfolg des Projektes nicht mehr hergestellt werden kann.

Für die Definition im Vertrag gelten nur im Grundsatz die gleichen Fragestellungen wie für das Beschwerdemanagement, aber die juristische Relevanz – immerhin liegt bereits eine Vertragsverletzung vor – ist hier erheblich höher. Deshalb sollte insbesondere dieser Passus auch von einem Juristen inhaltlich geprüft oder sogar verfasst werden.

3.4.18 Sonstiges

Es gibt viele Kleinigkeiten, die in einem Vertrag Erwähnung finden sollten, die aber kaum einen eigenen Abschnitt rechtfertigen. Einige davon sind im Folgenden zusammengetragen.

- *Gerichtsstand*

  Versuchen Sie den Gerichtsstand in die Nähe Ihres Geschäftssitzes zu legen, oder zumindest dorthin, wo es Ihnen nicht weh tut. Anderenfalls läuft es gegebenenfalls darauf hinaus, dass Sie am Hauptgeschäftssitz einer in Hongkong ansässigen Großbank einen Prozess führen dürfen.

- *Projektsprache*

  Sichern Sie sich ab, dass die im Projekt verwendeten Sprachen Sie vor keine unlösbaren Probleme stellt. Der Umstand, dass die Vertragsverhandlungen mit einer spanischen Firma in Englisch geführt wurden, muss nicht bedeuten, dass danach alle Kommunikation in Englisch stattfindet. Wer sagt, dass Faxe in Spanisch keine Verbindlichkeit besitzen? Gegen unangenehme Überraschungen können Sie sich wirksam schützen, indem im Zweifelsfall die Projektsprache fixiert wird.

- *Begriffsdefinitionen*

  Oftmals entstehen Streitigkeiten im Laufe eines Projektes, weil Begrifflichkeiten nicht eindeutig festgelegt waren. Diesem sollte ein Riegel vorgeschoben werden, indem bereits als Bestandteil des Vertrages die wichtigsten Begriffe erklärt werden, zum Beispiel im Rahmen eines Glossars im Anhang. Aber auch hierbei gilt, dass die Verhältnismäßigkeit gewahrt bleiben muss. Machen Sie sich bewusst, das es nicht möglich ist, alles zu definieren, so dass eine Beschränkung auf die wich tigsten Begriffe ausreichen muss. Oft merken Sie schon in den Vorbesprechungen zu einem Angebot, an welchen Stellen es gegebenenfalls Klärungsbedarf gibt.

- *Referenzen auf weitere Dokumente als Vertragsbestandteil*

  Wenn Grundlage der Absprachen bei Vertragsentstehung weitere Dokumente sind, die als Richtlinie oder Erklärungsmaterial notwendig sind, so sollten diese als Referenz in den Vertrag aufgenommen werden. Achten Sie darauf, in diesem Fall die Versionsnummer, das Datum und den korrekten Namen des Dokumentes zu vermerken und ggf. sogar das Dokument dem Vertrag beizulegen. In jedem Fall sollte die Version von Ihnen archiviert werden. Die sorgfältige Versionsführung und Archivierung gehört nicht zwangsläufig zu den Tugenden jedes Unternehmens, so dass Sie letztlich selbst dafür Sorge tragen müssen.

3.5 Werkvertrag und Dienstvertrag

Wer sich mit Verträgen auseinandersetzt, stößt zwangsläufig auf die beiden Begriffe Werk- und Dienstvertrag, welche in diesem Abschnitt genauer auf ihre Eigenschaften und insbesondere praktische Verwendung hin betrachtet werden sollen.

Ein Werkvertrag zielt auf die Erstellung eines bewertbaren Ergebnisses ab, des „Werkes", sei das materiell oder aber immateriell wie zum Beispiel ein Softwaresystem. Im Gegenzug dazu definiert ein Dienstvertrag zwar eine Leistung, aber keine Erfolgskriterien. So führt zum Beispiel das reine Coaching eines Projektes zu einem Dienstvertrag. Wird hingegen vereinbart, dass eine Abschlussbeurteilung des Projektes in einer bestimmten Art und Weise, sprich mit prüfbaren Eigenschaften, erstellt werden soll, so kann aus dem Dienst- ein Werkvertrag werden.

Der wesentliche Unterschied zwischen den beiden Vertragsformen findet sich in der Gestaltung der Abnahme- oder Erfolgskriterien. Ein Dienstvertrag hat außer allgemeinen rechtlichen Ansprüchen an eine grundsätzlich geforderte Qualität der Dienstleistung keine eigenen Kriterien, die eine Vertragserfüllung kennzeichnen. Ein Werkvertrag hingegen definiert den Gegenstand, dessen Qualität und weitere Kriterien wie zum Beispiel den Abgabetermin.

Trotzdem können auch bei einem Dienstvertrag Kriterien für die Vertragserfüllung definiert werden, aber sie sind nicht an einen sogenannten Ergebnistyp wie ein Dokument, ein gefertigtes Produkt oder eine Software gekoppelt. Beispiele wären die Senkung der Fluktuationsrate nach einer

Motivationsmaßnahme, der Abschluss eines Vertrages nach einer Moderation oder der Erfolg eines Projektes bei Übernahme des Projektmanagements. Es werden also indirekte Beurteilungskriterien herangezogen, da die eigentliche Dienstleistung in ihrer Qualität nicht direkt bewertbar wird.

Ein Werkvertrag dagegen setzt Bewertungskriterien zwingend voraus. Es muss also möglich sein, die Vertragserfüllung, den Erfolg, festzustellen. Soll zum Beispiel eine Software geschrieben werden, so wird bei deren Endabnahme geprüft, ob die im Vertrag zugesicherten Eigenschaften auch geliefert wurden.

Die Trennlinie zwischen Werk- und Dienstvertrag ist freilich fließend, die Diskussion über die Zuordnung ist letztlich als akademisch zu betrachten. Die meisten Verträge enthalten Bestandteile beider Grundformen, zum Beispiel bei der gleichzeitigen Beratung einer Fachabteilung (Dienstleistung) im Zuge des von Entwurf und Erstellung der Corporate-Identity-Vorlagen (Werk). Für die Vertragsparteien reicht es daher aus, die Frage der Vertragsform unbeantwortet zu lassen und sich statt dessen auf die Formulierung der möglichen Erfüllungskriterien zu konzentrieren.

Dem Auftragnehmer muss klar werden, welche Aufwände und Risiken damit verbunden sein können, die Leistung zu erbringen. Der Auftraggeber muss sich intensiv damit auseinandersetzen, ob die Vertragsgestaltung sicherstellt, dass er seine mit dem Projekt verfolgten Ziele auch erreicht.

3.6 Die Pre-Sales-Phase

Die Pre-Sales-Phase ist der Zeitraum zwischen dem Erstkontakt mit dem Kunden und dem Vertragsabschluss. Wenn der Vertrag erst einmal unterschrieben worden ist, ist es schwierig, noch substanzielle Änderungen herbeizuführen. Deshalb kommt der Pre-Sales-Phase nicht nur unter Gesichtspunkten wie Anforderungsaufnahme und Vertragsabstimmung eine besondere Bedeutung zu.

Jedes Projekt hat ein Thema, ein Ziel, auf das man sich vertraglich einigt. Dahinter steht aber meist mehr. Eine Vision vielleicht, ein Abgrenzungsversuch einer gegenüber einer anderen Abteilung, Macht- und Positionierungsambitionen einzelner Personen. Das sollten Sie wissen, bevor Sie mit dem Projekt beginnen und zu spät von der Wirklichkeit eingeholt werden.

Die Pre-Sales-Phase bietet die Gelegenheit, den Vertragspartner unter verschiedensten Gesichtspunkten unter die Lupe zu nehmen. Machen Sie sich mit seiner Arbeitsweise, seiner Technik, seinen Prozessen und vor allem seinem Wertemodell vertraut, versuchen Sie frühzeitig Zugriff auf be nötigte technische oder qualitative Firmenrichtlinien zu erhalten. Kriegen Sie ein Gefühl für das Beziehungs- und Machtgeflecht im Unternehmen und finden Sie heraus, welche Personen wirklich etwas zu sagen haben.

Was Sie in der Pre-Sales-Phase hätten gebrauchen können, kann zu einem späteren Zeitpunkt bereits nutzlos sein. Viele der beschaffbaren Informationen sollten in die Vertragsgestaltung einfließen, also nutzen Sie die Gelegenheit und sammeln Sie alle, derer Sie habhaft werden können.

Die Pre-Sales-Phase ist darüber hinaus natürlich eine Werbephase, in der Sie sich oft noch gegen Wettbewerber behaupten müssen. Auf beiden Seiten des Verhandlungstisches sind viele Personen daran beteiligt, die später nichts mehr mit dem Projekt zu schaffen haben.

Auf Auftragnehmerseite ist der Vertrieb noch stark eingebunden, zum Teil schenkt das gehobene Management dem Kunden und den Vertragsverhandlungen seine Aufmerksamkeit. Dadurch kommen einige Strömungen, Befindlichkeiten und mitunter schlecht kombinierbaren persönlichen Ziele ins Spiel, die es schwer machen können, dem Projekt durchgängig vertretbare Startbedingungen zu verschaffen. Oft genug kommt es vor, dass von Seiten des Vertriebs oder Managements Zusagen gemacht werden, die sich in der praktischen Umsetzung nur schwer einhalten lassen.

Hier ist es unbedingt erforderlich, auf Seiten des Auftragnehmers einen intensiven Dialog mit allen Beteiligten zu pflegen, um vor allem die Strategie gegenüber dem Kunden abzustimmen. Es darf nicht passieren, dass daraus ein Alleingang des Vertriebs wird, der ohne Rücksprache mit dem Projektmanagement vertragliche Verpflichtungen definiert. In vielen Unternehmen erfolgt hier leider immer noch eine strikte Trennung, aus Bereichs- und Besitzdenken heraus, aber mit fatalen Folgen für die spätere Vertragsumsetzung. Einen Vertrag zu unterzeichnen ist eine Sache, aber ihn unternehmerisch erfolgreich zu realisieren eine ganz andere.

3.7 Projektdefinition

In der Literatur wird die Phase vor Projektstart bzw. die erste des Projektes, in der erstmalig die Bedingungen und der Rahmen des zukünftigen Projektes bestimmt werden, als Projektdefinition bezeichnet. Dem Begriff kommt eine besondere Bedeutung zu, weil er eine intensive Auseinandersetzung sowohl mit der erweiterten Sinnfrage bedeutet, als auch mit der Definition der statischen Projektparameter wie Organisation und Projektstruktur.

Aber zu Beginn dieses Kapitels wurde es bereits angesprochen: Die Projektdefinition ist faktisch abgeschlossen, sobald der Vertrag unter schrieben ist. Sie ist das oft nicht im semantischen Sinne, aber die Möglichkeiten einer Fortführung der Projektdefinition nach Vertragsunterzeichnung sind begrenzt. Solange Erweiterungen und Präzisierungen nicht wirksam in Form von Protokollen, Workshop-Ergebnissen oder sogar Change-Requests festgehalten werden, ist allein der Vertrag verbindlich.

Nicht alles, was zur Projektdefinition zählt, findet im Umkehrschluss Eingang in den Vertrag. Es gibt einige Themenbereiche, die zwar in diesen Kontext gehören, allerdings zum Teil Informationen liefern, die nur als Arbeitsmaterial auf Auftragnehmerseite verwendet werden.

Im Folgenden und dieses Kapitel abschließend einige wichtige Bestandteile der Projektdefinition mit einer Zuordnung ihres möglichen Eingangs in den Vertrag:

Tabelle 3.1. Vertragliche oder nur interne Festlegung der Projektdefinition

Thema	Vertrag	Auftragnehmer
Ziel des Projektes	x	
Leistungen und Erfolgskriterien	x	
Aufwandsschätzung extern	x	
Aufwandsschätzung intern		x
Wirtschaftlichkeitsprüfung		x
Kalkulation extern	x	
Kalkulation intern		x
Grobplanung/ Meilensteine	x	
Feinplanung		x
Projektorganisation	x	
Ressourcenplanung	x	
Personalplanung		x

4 Strukturelle Projektorganisation

Die Überschrift dieses Kapitels ist mit Bedacht gewählt. Projektorganisation zerfällt in verschiedene Bereiche, die statische wie auch dynamische Aspekte des Projektlebens abbilden und unterstützen. So ist auch all das, was unter Kapitel „5 Projektinfrastruktur" fällt, Bestandteil der Projektorganisation, aber es macht Sinn, die vordefinierten und weitgehend statischen Strukturelemente von den dynamischen und im Projektverlauf definier- und modifizierbaren zu trennen.

Eine Projektorganisation ergibt sich nicht immer zwangsläufig und nach einem bestimmten Muster. Auch hier gilt es, bedarfs- und dem Projekt angepasst eine solche zu implementieren, die auf der einen Seite Vorgänge beschleunigt, wichtige Entscheidungen herbeiführt und die Verantwortlichkeiten verteilt, auf der anderen Seite aber nicht zu einem formalistischen Hemmschuh wird.

4.1 Funktionale Sichtweise

Es ist im Rückgriff auf den Abschnitt über Projektmanagement hilfreich, sich der Konstituierung einer Projektorganisation über deren Ziel anzunähern. Eine Projektorganisation dient demzufolge der Handhabbarmachung der Komplexität in allen vier beschriebenen Ausprägungen. Funktional betrachtet bedeutet sie eine Zuordnung von klar abgegrenzten Aufgaben auf bestimmte Personen oder Personengruppen. Hierdurch werden die gewählten Aufgaben gebündelt, andere Personen haben diese Aufgaben nicht mehr wahrzunehmen und erhalten dadurch zusätzliche Freiräume, die wiederum eine Konzentration auf andere Themen erlauben.

In jedem Projekt müssen bestimmte Funktionen besetzt sein, bestimmte Aufgaben wahrgenommen werden. Je kleiner ein Projekt ist, und je kleiner damit auch der mögliche Spielraum zur Definition einer Projektorganisation ist, desto mehr dieser Funktionen sammeln sich bei einzelnen Personen an, desto weniger kann ihnen abgenommen und bei anderen gebündelt werden. Aber auch im kleinsten Projekt bleibt ein sinnhafter Kern übrig.

Es ist wichtig, einige wenige Funktionen stets sauber zu trennen, weil sich daraus erhebliche strategische Vorteile ergeben können.

- *Finanzieller und vertraglicher Ansprechpartner*

  Für alle Aspekte des Projektes, die nicht mit der Leistungserbringung verbunden sind, sondern nur mit der Bezahlung oder mit sonstigen juristischen Fragestellungen, sollte jemand außerhalb des Projektteams zur Verfügung stehen. Denn beim Geld hört bekanntlich der Spaß auf. Der Projektleiter sollte sich um die Abwicklung des Projektes kümmern, nicht um die unliebsamen Randthemen. Kommt es wegen finanzieller Thematiken zu Spannungen zwischen Auftraggeber und Auftragnehmer, so sollte das nicht auf die Arbeit im Projekt abfärben. Führen Sie hier nach Möglichkeit eine strikte Gewaltenteilung durch!

- *Projektleiter*

  Jedes Projekt sollte einen Projektleiter haben, in vertraglich aufgebauten Beziehungen neben einem Projektleiter auf Auftragnehmer- auch einen Projektverantwortlichen auf Auftraggeberseite. Es ist wichtig, die Verantwortlichkeit und damit den Ansprechpartner mit der höchsten Entscheidungskompetenz für die Projektdurchführung zu definieren. In der Regel gibt es über jedem Projektleiter Instanzen, die ihn bei bestimmten Fragestellungen überstimmen, aber er ist es, der verbindliche Aussagen machen kann, er ist es, der das Team seiner Mitarbeiter mit Aufgaben versorgt, und er ist die Person, die im Zweifelsfall wegen beliebiger Themen angesprochen werden kann.

  Hin und wieder ist festzustellen, dass Projekte ohne einen eindeutig definierten Projektleiter durchgeführt werden. Grund dafür ist die Befürchtung, dass die Gruppe, die das Projekt durchführt, durch die Hervorhebung einer einzelnen Person empfindlich gestört werden könnte. Aber das ist allein eine Frage des Führungsstils. Es gibt viele funktionstüchtige Projekte, in denen das Primus-Inter-Pares-Prinzip („Höchster unter Gleichen") gelebt wird. Der Projektleiter nimmt hierbei wie alle Projektmitarbeiter Aufgaben im Rahmen der Ergebniserstellung wahr, Entscheidungen werden gemeinsam getroffen und Aufgaben unabhängig vom Rang in der Projekthierarchie verteilt. Doch auch in diesem Fall ist nach außen wie innen ein Projektleiter definiert, der einen klaren Anlaufpunkt für Auftraggeber oder –nehmer definiert und in Situationen, die eine schwierige Entscheidung verlangen, diese treffen darf.

Darüber hinaus gibt es in erster Konsequenz keine Positionen, die zwingend einer einzelnen Person zugewiesen werden müssen. Trotzdem gibt es natürlich eine ganze Reihe sinnvoller und je nach Projektgröße sehr wohl zu definierenden Funktionen:

- *Qualitätssicherer*

    Wenn ein Projekt eine bestimmte Größe erreicht hat, sollte jemand vorgesehen werden, dessen vorrangige Aufgabe die Kontrolle der Ergebnisqualität in Bezug auf einen zuvor zu definierenden Standard ist. Das kann sich quer durch alle Phasen eines Projektes ziehen, beginnend mit dem Vertragswerk, den Projektunterlagen über die Dokumente bis zum eigentlichen Produkt.

    Hier darf es keine Missverständnisse geben: Qualitätssicherung ist eine Notwendigkeit in jedem Projekt. Gibt es also keinen expliziten Qualitätssicherer, so muss diese Aufgabe von den Projektmitgliedern wahrgenommen werden – mit der gleichen Sorgfalt und Beharrlichkeit. Und umgekehrt kann kein Qualitätssicherer dem Projektteam die Verpflichtung zur Erbringung qualitativ hochwertiger Leistung abnehmen, sondern oft nur den Schaden feststellen, der vorher angerichtet wurde.

- *Projekt-Kontroll-Ausschuss*

    Für große oder prestigeträchtige Projekte wird oft ein Kontrollgremium eingesetzt, das ähnlich einem Vorstand einen regelmäßigen Bericht über den Status des Projektes erhält. Sollten Problemstellungen auftauchen, die nicht im Projekt oder auf den unteren Hierarchieebenen zwischen Auftraggeber und Auftragnehmer gelöst werden können, so kann der Projekt-Kontroll-Ausschuss regelnd eingreifen. Dieses Gremium tritt normalerweise nicht regelmäßig zusammen, sondern nur, wenn dringender Bedarf besteht. „Projekt-Kontroll-Ausschuss" ist selbstverständlich nur einer von vielen Titeln, den dieses Gremium tragen kann.

- *Projektleiter Fach/ Projektleiter Technik*

    In manchen Projekten sollten zwei Projektleiter mit unterschiedlichen Schwerpunkten benannt werden. Dieses Vorgehen ist auf der einen Seite sehr reizvoll, weil es vorhandene Kompetenzen optimal ausnutzt, auf der anderen Seite erfordert es aber eine enge Abstimmung zwischen den beiden entstehenden Teams. Nicht jede Verantwortlichkeit ist hier klar definiert, die Grenze zwischen technisch und fachlich ist nicht immer eindeutig, so dass es eines grundsätzlich harmonischen Verhältnisses zwischen den beiden Projektleitern bedarf, um nicht parallel unterschiedliche Konzepte zu erzeugen.

- *Testfabrik*

Insbesondere im IT-Bereich erfordern große Projekte mit komplexen Aufgabenstellungen oft eine eigene Gruppe, die sich nur auf das Festlegen von Testrichtlinien, die Kontrolle von deren Umsetzung sowie auf das Testen des Produktes selbst konzentriert. Es besteht hierbei aber grundsätzlich die Gefahr, dass die anderen Teams sich zu sehr auf die Testfabrik verlassen und darüber ihre eigene Verpflichtung zur sorgfältigen Durchführung von Tests vernachlässigen. Eine Testfabrik übernimmt ganz spezifische Aufgaben im Rahmen der Qualitätssicherung, und so gilt auch hier der Hinweis, dass entstandener Schaden nur festgestellt, aber nicht mehr vermieden werden kann. Diese Aufgabe fällt immer noch den direkt an der Ergebniserbringung beteiligten Projektmitarbeitern zu.

Es muss hier noch auf die in der Literatur vorzufindenden drei grundsätzlichen Formen der Projektorganisation eingegangen werden, nämlich der reinen, der Matrix- und der Stabs-Projektorganisation. Ein Blick auf die Praxis zeigt, dass so gut wie nie eine der drei Formen isoliert und in Reinkultur auftritt. Das liegt in erster Linie daran, dass die meisten Projekte einen Grad an Interdisziplinarität aufweisen, der regelmäßig das Hinzuziehen und Erweitern des Kreises der Projektbeteiligten um Personen erfordert, die nicht in die betrieblich vorhandene Projektorganisation eingeordnet sind.

In großen Unternehmen steht als Ausgangspunkt der Projektarbeit sicher oft eine willentliche Entscheidung für eine der drei Organisationsformen. Die Anwendung in der Praxis relativiert den Ansatz dann aber stets in projektbezogen geeigneter Art und Weise und erweitert ihn um zusätzlichen Instanzen und Strukturelemente, die für das jeweilige Projekt zielführend sind. Insofern ist es zwar theoretisch interessant, sich mit den drei Formen der Projektorganisation zu befassen, aber die Realität ist derart dynamisch und differenziert, dass der Nutzen dieser Kenntnisse fragwürdig wird.

Ein Blick auf kleinere Unternehmen prägt darüber hinaus noch das Bild der willkürlichen Entstehung einer Projektorganisation. Hier kommen in den meisten Fällen keine theoretischen Überlegungen zur Umsetzung, sondern reiner Pragmatismus und das Gebot der Stunde. Das bedeutet keinesfalls, dass ein Projekt in einem solchen Umfeld nicht funktionieren würde. Voraussetzung für eine arbeitsfähige Projektorganisation ist ein Überblick über die wesentlichen Projektparameter und deren Konsequenzen, sowie die Kenntnis der verschiedenen Möglichkeiten im Zuge der Instanziierung einer Projektorganisation.

4.2 Berichtswege

Personen Funktionen zuzuordnen allein ergibt noch kein funktionsfähiges Projekt. Bedeutsam sind die Pfade, über die wichtige Informationen als Grundlage für Entscheidungen oder zum Auslösen von Aktionen fließen.

Ein Berichtsweg sollte in seiner Definition als zwingend betrachtet werden, d.h. zu bestimmten Zeiten oder in bestimmten Situationen muss eine Information über diesen Kommunikationskanal gehen. Dahinter verbirgt sich aber immer ein besonderer Zweck, nämlich den Empfänger mit genau den Informationen zu versorgen, für die er einen Bedarf haben könnte.

Berichtswege können somit auch zum Bremsklotz werden. Dabei gibt es zwei Dimensionen, nämlich zum einen die Menge an Informationen, zum anderen die Zahl der Empfänger. Wenn ungehemmte Kommunikation zur Gewohnheit verkommt, fließt Information ungefiltert an die Empfänger, wichtige wie unwichtige gleichermaßen. Das führt schlimmstenfalls dazu, dass irgendwann die Nachrichten aus der gleichen Gewohnheit heraus von den Empfängern ignoriert werden.

Folgerichtig muss bei der Implementierung und Nutzung von Berichtswegen zwei Bereichen besondere Aufmerksamkeit gelten. Zum einen muss vorher, also noch in der Definition, genau abgewägt werden, welche Informationen zu welchen Zeitpunkten oder in welchen Situationen in welcher Form übermittelt werden sollen – dieses bedeutet eine Ausrichtung von Berichtswegen und -mitteln an tatsächlichen Bedarfen. Es sollte somit bei einer Prüfung der zu übermittelnden Informationen nichts auftauchen, was beim Empfänger nicht wirklich auch verwertet wird.

Zum anderen müssen die Kommunikationspartner auf jedem Berichtsweg sich ihrer Verantwortung für die Qualität der Informationen bewusst sein, die gesendet und empfangen werden. Der Sender sollte nur das auf den Weg schicken, was in seinen Augen für den Empfänger bedeutsam sein könnte, der Empfänger sollte dem Sender vertrauen, dass die Informationen, die ihn erreichen, auch eine Bedeutung für ihn haben.

Hier geht es interessanterweise um ein grundlegendes Problem, unter dem viele Projekte und insbesondere Mitarbeiter zu leiden haben, nämlich dem oft unterschätzten Wechselspiel von Vertrauen und Eigenverantwortlichkeit. Es ist richtig, dass in einem guten strukturierten Projekt zwar niemand alles, aber jeder einiges wissen muss. Verlangen Sie aber deshalb nicht schon im Vorwege, an allen Informationen teilhaben zu wollen. Sie kippen sich mit absoluter Sicherheit aus den falschen Gründen mit zu vielen, insbesondere zu vielen sinnlosen Informationen zu. Statt dessen vertrauen Sie Ihren Mitarbeitern, dass diese in der Lage sein werden, auch ohne Ihre Vorgabe wichtig von unwichtig unterscheiden zu können. Denn

Vertrauen ist die erste Voraussetzung für die Übernahme von Verantwortung.

4.3 Weisungsbefugnisse

Die Weisungsbefugnisse innerhalb einer Projektorganisation gehen nicht einfach von oben nach unten. Grundsätzlich gibt es keinerlei Weisungsbefugnisse von Auftraggeber zu Auftragnehmer oder umgekehrt. Das hat nichts mit korrektem Stil zu tun, sondern damit, dass eine andere Struktur rechtlich anders behandelt werden muss, zum Beispiel im Rahmen einer Arbeitnehmer-Überlassung.

Auch sonst macht es keinen Sinn, stumpf Weisungsbefugnisse aller Oberen an die Unteren vorzusehen. Zum Beispiel sollte nur der Projektleiter allein in die Lage versetzt werden, die Aufgaben in seinem Team zu verteilen und das Projekt inhaltlich voran zu bringen. Sollte eine Ebene über ihm eine neue Aufgabe definiert werden, so wird diese pauschal an das Projekt und damit nur an den Projektleiter als dessen Repräsentant weitergegeben, nie direkt an einen Projektmitarbeiter.

Wehren Sie sich in der Position des Projektleiters mit Händen und Füßen gegen eine direkte Art der Einflussnahme! Sie vermag sämtliche Bemühungen um eine koordinierte Projektsteuerung zu torpedieren!

Darüber hinaus fällt die disziplinarische Verantwortung selten mit der thematischen zusammen, was bedeutet, dass es für jeden Projektmitarbeiter meist zwei Weisungsbefugte gibt. In Abhängigkeit vom Weisungsgegenstand jedoch darf immer nur einer der beiden Anforderungen stellen und verbindliche Aussagen treffen. Der Disziplinarverantwortliche hat nicht das Recht, in Projektbelange einzugreifen, der Projektverantwortliche hat nicht das Recht, sich in allgemeine Personalangelegenheiten einzumischen.

Ziel der Definition der Projektstruktur ist es, allen am Projekt Beteiligten die Arbeit möglichst einfach zu machen. Das heißt, dass die Weisungshierarchie klar und mit wenigen Redundanzen definiert sein muss und sich auf Themen bezieht, die auch in der Verantwortung der anweisenden Personen liegen. Der Zugriff auf die Weisungsempfänger muss korrekt und sinnvoll sein.

5 Projektinfrastruktur

Eine wohl durchdachte strukturelle Projektorganisation ist ein Anfang. Sie ist ein statischer Rahmen, an dem das Projekt und die beteiligten Personen sich ausrichten können, aber das Leben im Projekt findet nicht im luftleeren Raum statt. Es bedarf zusätzlicher Unterstützung – einer lebenden, dynamischen Infrastruktur. Die im Folgenden besprochenen Themenbereiche sind weniger definitorischer Natur, sondern eher solche, über die der Projektleiter sich Klarheit und steuernde Einflussnahme im Projektverlauf verschaffen sollte.

5.1 Ansprechpartner

Ein Projekt kommt voran, wenn die daran Beteiligten wissen, woher sie Informationen erhalten. Das müssen keine offiziellen Ansprechpartner sein, sondern können durchaus Personen sein, die sich im Laufe der Zeit als verlässliche Informationsquellen herauskristallisiert haben.

Oftmals geht es aber bei einem Ansprechpartner um mehr als nur eine Information. Jede Auskunft kann im richtigen Kontext bereits eine Entscheidung sein oder eine Entscheidung zur Folge haben. Damit gibt es zwei verschiedene Formen von Ansprechpartnern: Die, die verbindliche Aussagen zu bestimmten Themen machen und die, die lediglich als Informationsquellen identifiziert wurden und einfach hilfreich sind.

Die belegbare Aussage eines offiziellen Ansprechpartners kann in rechtlichen Streitfällen herangezogen werden, die aus einer anderen Quelle nicht. Das bedeutet, dass sich jeder, der eine projektrelevante Entscheidung aufgrund der Aussage eines Ansprechpartners trifft, vorher fragen muss, welches Gewicht er der Aussage zuordnen darf und ob die Konsequenzen einer falschen Aussage von ihm oder von der Quelle der Information getragen werden müssen.

5.2 Regularien

Einiges, bei weitem nicht alles, sollte in einem Projekt bereits vorab geregelt sein. Anderenfalls können sich an Kleinigkeiten Konflikte entzünden, die sich im Vorwege mit Leichtigkeit hätten vermeiden lassen. Beispiele hierfür sind

- Protokollführung
- Einladungen zu Besprechungen
- Verteiler für Protokolle
- Materialbeschaffung
- Anwesenheitskalender für Projektbeteiligte
- Dokumentenablage und –archivierung

Beispiel

Bei einer Besprechung zwischen Auftraggeber und Auftragnehmer soll ein Protokoll geschrieben werden. Da nicht im Vorwege festgelegt worden ist, dass zum Beispiel der Einladende immer einen Protokollführer stellen soll, hängt das Thema zu Beginn ungeklärt im Raum.

Die Erwartungen unterscheiden sich erheblich voneinander: Der Auftraggeber erwartet vom Auftragnehmer, dass er das Schreiben des Protokolls übernimmt, er wird immerhin für seine Dienstleistungen bezahlt. Der Projektleiter des Auftragnehmers hält es auch für sinnvoll, das Protokoll zu schreiben, denn „Wer schreibt führt". Der Projektmitarbeiter aber, der das Protokoll nun schreiben müsste, möchte das nicht tun, weil er dann an der Besprechung, zu der er als Experte geladen wurde, nicht mehr aktiv teilnehmen könnte. Die beste Lösung wäre hier sicher gewesen, im Vorwege die Partei festzulegen, die für die Protokollführung zuständig sein sollte. Diese hätte sich dann darauf vorbereiten können und eine zusätzliche Person einzig für die Protokollschreibung mitbringen können.

Es gilt für die Definition von Regularien, egal ob infrastruktureller oder spezifischer Natur, eine recht einfache Regel:

So viel wie nötig, so wenig wie möglich.

Regularien sind meist dazu da, um Situationen vorzubeugen, in denen ein Versagen der Kommunikation unangenehme Auswirkungen hätte – Verzögerungen, Konflikte, Mehraufwände. Natürlich steht es jedem frei, in die kommunikativen und sozialen Kompetenzen aller Beteiligten so weit zu vertrauen, dass keinerlei Regularien vorab definiert werden müssen.

Aber in einigen Situationen verhält es sich wie mit dem Fahren auf einer Draisine: Die zwei Beteiligten können perfekt harmonieren, aber wenn die Draisine nicht auf den Schienen steht, wird sie sich trotz stimmiger Kom munikation nur sehr mühsam bewegen lassen. Ein weiterer Sinn von Regularien ist es also, eine Beschleunigung von Prozessen zu bewirken. Sie dienen in diesem Falle nicht dazu, Vorschriften in Form von Einschränkungen zu machen, sondern Hilfestellungen zur Durchführung bestimmter Prozesse zu geben.

5.3 Ressourcenverfügbarkeit

Der Begriff Ressource deckt ein breites und sehr allgemeines Spektrum von materiellen, virtuellen und persönlichen Verfügbarkeiten ab, dass er schon fast zu allgemein ist, um ihn mit ruhigem Gewissen beschreibend zu verwenden. Ressourcen sind zum Beispiel:

- Arbeitsplatzrechner, Software, Drucker, Papier, Ringbinder, Stifte, Telefonanschlüsse, Telefonapparate, Parkplätze
- Softwarelizenzen, Zeiten der Verfügbarkeit eines Arbeitsgerätes, Erreichbarkeit einer Servicestelle
- Persönliche Unterstützung durch Design-, Fach-, Entwicklungs- oder Forschungsabteilung

Zwei Dinge sind für eine gesunde Infrastruktur zu definieren, nämlich zum einen, welche Ressourcen benötigt werden, und zum anderen, wann, wie lange oder wie häufig sie zur Verfügung stehen müssen. Dieses ist bereits im Kapitel über Vertrag und Leistungsbeschreibung angerissen worden, aber im Unterschied dazu geht es jetzt um die tatsächliche Nutzung von Ressourcen im laufenden Projekt, nicht nur um die rechtliche Sicherstellung der prinzipiellen Verfügbarkeit.

Jeder Projektleiter trifft bei der Planung gewisse Annahmen über die Umgebung, in der das Projekt stattfindet. Er sollte sehr genau hinterfragen, ob alle diese Annahmen reine Selbstverständlichkeiten darstellen, oder ob es notwendig sein könnte, diese öffentlich zu machen und benötigte Ressourcen formal und insbesondere zeitgerecht einzufordern.

Der Schaden kann nicht mehr behoben werden, wenn zum Beispiel die Designabteilung zurückmeldet, dass sie erst in vier Wochen in der Lage sein wird, die vorliegenden Konzeptvorschläge in Corporate-Identity-konforme Dokumentenvorlagen umzusetzen. Für eine rechtzeitige Bearbeitung hätte die Beistellung eher angefordert werden müssen – nun sind alle Ressourcen in anderen Projekten gebunden.

5.4 Verwaltung

Ein Projekt, insbesondere ein großes, benötigt eine eigene Verwaltung. Ein großes Projekt stellt sich aus mehreren Hierarchieebenen zusammen, wobei in den unteren Ebenen die Einzelprojekte lokalisiert sind. Darüber finden sich mehrere Managementstufen, die verschiedene Themen zu einem größeren zusammenfassen und die gemeinsame Koordination übernehmen.

Dadurch entsteht mitunter ein kompliziertes Geflecht von Abhängigkeiten, Bedürfnissen und verschiedenen Verdichtungsstufen von Informationen. Es fallen Aufgaben an, die administrativer Natur sind, jedoch nicht mehr eindeutig einer Managementebene oder gar einer einzelnen Person zuzuordnen sind. Oder die neuen Aufgaben wären vielleicht einer Person zuordbar, würden diese jedoch mit einem Arbeitsaufwand konfrontieren würden, der nicht mehr handhabbar wäre.

Hierfür wird eine Projektverwaltung installiert, zum Beispiel in Form eines sogenannten Projektbüros. Es übernimmt die Organisation von Besprechungsräumen, Projektoren, Flipcharts und Büromaterial, lädt Besprechungsteilnehmer ein und stellt Protokollanten, sammelt Reisekostenabrechnungen und Zeitmeldungen ein, übernimmt den Postverkehr, bucht Hotels und organisiert Dienstreisen. Wichtige Termine werden dort verwaltet und Erinnerungen versendet.

In kleinen Projekten müssen solche Themen ebenfalls verwaltet werden. Aber das Projekt organisiert sich hierfür entweder selber, oder es werden zentrale Stellen des Unternehmens dafür in Anspruch genommen. Wie in vielen Fällen gilt: Die Größe eines Projektes hat nur selten einen Einfluss darauf, ob bestimmte Thematiken anfallen, sondern lediglich darauf, wie sie behandelt werden können.

5.5 Offizielle Kommunikationswege

Zur vollständigen Definition einer Projektorganisation gehören, wie oben geschildert, auch die Berichtswege. Reale Kommunikation in einem Projekt ist aber vielschichtiger, findet zwischen mehr Personen statt und transportiert Informationen nicht nur hierarchisch von unten nach oben, wie es auf den Berichtswegen der Fall ist, sondern findet generell zwischen beliebigen Kommunikationspartnern statt.

Wie leicht verständlich ist, bringt Kommunikation, bei der jeder mit jedem über alles spricht, keine Vorteile für ein Projekt. Ziehen Sie hieraus aber noch keine falschen Schlüsse! Kommunikation ist ein sensibles Thema, denn sie hat immer eine soziale Komponente, die nicht unterschätzt werden sollte. Selbst Kommunikation, die nicht der Beschaffung von projektrelevanten Informationen dient, kann sehr wohl einen enormen Nutzen haben. In einem Software-Projekt kann ein einziger Freund im Rechenzentrum in manchen Situationen mehr Wert sein als ein halbes Dutzend guter Programmierer im Team.

Wenn von offiziellen Kommunikationswegen die Rede ist, dann sind damit die zweckgebunden eingerichteten Kanäle gemeint. Sie bestimmen zum Beispiel einen Ihrer Mitarbeiter zum Ansprechpartner für Datenbankfragen und haben damit einen offiziellen Kommunikationsweg definiert. Wird in der Projektverwaltung ein Postfach eingerichtet, in dem Urlaubsanträge angenommen und in die Verfügbarkeitsplanung eingetragen werden, so ist damit ein offizieller Kommunikationsweg definiert. Gibt es beim Auftraggeber einen dem Projekt zugeteilten Experten der Fachabteilung, so ist über ihn ein Kommunikationsweg für Fachfragen definiert.

Ein wesentlicher Aspekt eines offiziellen Kommunikationsweges ist seine Verbindlichkeit. Denn dadurch erst kann er offiziell werden. Der Experte der Fachabteilung gibt verbindliche Aussagen bezüglich der Fachlichkeiten des Projektes. Wenn seine Aussagen zu Entscheidungen im Projekt führen, und die Aussagen und in Folge die Entscheidungen erweisen sich als falsch, so liegt das Verschulden bei ihm und damit beim Auftraggeber (siehe „5.1 Ansprechpartner").

Ein etwas abstrakteres Beispiel: Wird ein Postfach für die Projektmitarbeiter eingerichtet, das Postfach aber nicht regelmäßig geleert und es kommt deshalb zu einer folgenschweren Verzögerung der Versendung eines wichtigen Briefes, so liegt die Schuld sicherlich bei der Projektverwaltung. Ärgerlich ist hierbei nur, dass die Schuldfrage nichts Beruhigendes mehr besitzt, weil die Verantwortung der Folgen im eigenen Haus bleibt.

Es spricht also einiges dafür, sich auch in diesem Falle nicht blind darauf zu verlassen, dass die Verbindlichkeit eines offiziellen Kommunikationsweges Sie vor persönlichem Schaden bewahrt. Das ist zwar im Prinzip korrekt, aber „im Prinzip" ist eine Floskel, die dank Radio Eriwan bereits hinreichend relativiert wurde.

Fragen Sie sich also stets, ob es hinreichend und zielführend ist, sich auf die Funktionsfähigkeit des offiziellen Kommunikationsweges zu verlassen, oder ob Sie sich nach einer sichereren Methode umsehen müssen. Das heißt dann notfalls, dass Sie wichtige Briefe selber zur Post bringen oder neben der Expertenmeinung noch eine zweite zur Absicherung einholen.

5.6 Inoffizielle Kommunikationswege

Neben den offiziellen gibt es in jedem Projekt viele inoffizielle Kommunikationswege. Sie können einen ähnlich hohen Stellenwert wie die offiziellen besitzen, müssen aber besonders behandelt und gepflegt werden.

Inoffizielle Kommunikationswege ergeben sich oft zufällig. Ein Gespräch in der Kaffeeküche, ein Telefonat mit einem technischen Experten über ein komplexes Werkzeuges, ein Gespräch mit dem Hausmeister wegen der automatischen Jalousien. Ein guter Kontakt lädt zur Wiederholung ein, ein schlechter lehrt Sie rechtzeitig, ob Sie sich im Ernstfall an jemand anderen wenden sollten.

Sie können neue Kommunikationswege auch aktiv aufbauen. Fragen Sie sich, wer von Ihnen Informationen brauchen könnte und lassen Sie diese zukommen. Oft ist das ein einfaches CC auf einer Email, ein kurzer Anruf, die Einbeziehung bei einer Fragestellung. Sie lassen Ihre Gesprächspartnern damit wissen, dass Sie sie für kompetent und wichtig halten, und viele werden Ihnen das auf die gleiche Art und Weise danken.

Proaktivität ist ein Schlüsselfaktor für ein erfolgreiches Projekt. Aber Proaktivität bedeutet auch, Informationen zu beschaffen, bevor ein akuter Bedarf eintritt. Und das wiederum bedeutet, dass Sie mit Personen sprechen müssen, die nicht oder noch nicht für die Belange des Projektes zuständig sind. Diese müssten Ihnen keine Auskunft geben, und wenn sie es trotzdem machen, machen sie es, weil es nette Menschen sind. Behandeln Sie diese Personen mit der angemessenen Ehrfurcht und Dankbarkeit. Und vor allem: Pflegen Sie diese Kommunikationswege!

Aber bleiben Sie auf dem Boden der Tatsachen. Inoffizielle Kommunikation bringt Ihnen Informationen, aber sie bleibt unverbindlich. Wenn Sie zu einem Thema eine verbindliche Aussage haben möchten, auf deren Grundlage Sie weiterarbeiten dürfen, so wenden Sie sich an den dafür definierten Ansprechpartner.

5.7 Kommunikationsbündelung

Ein Aspekt von Kommunikationswegen im Allgemeinen und der inoffiziellen im Besonderen ist ihre Abhängigkeit von einzelnen Personen. Die Qualität der meisten Kommunikationskanäle steht und fällt mit dem Verhältnis der Beteiligten zueinander. Eine unkontrollierte Kommunikation, bei der jeder im Projekt bei Bedarf auf einen Ansprechpartner zugeht, wird selten persönlich.

Entwickeln Sie ein Gespür dafür, wer mit wem am besten umgehen kann. Wenn Kommunikation notwendig ist, dann sorgen Sie dafür, dass die richtigen Personen daran beteiligt sind. Das Vorsehen eines projektinternen Ansprechpartners hat zwei weitere Vorteile:

- *Vermeidung überflüssiger Kommunikation*

    Wenn Viele ohne Abstimmung den gleichen Kommunikationskanal benutzen, so werden oft Fragen doppelt gestellt und damit über kurz oder lang auch der Ansprechpartner verärgert.

- *Konsolidierung von Wissen*

    Wenn in einem Projekt viele Personen mit dem gleichen Ansprechpartner reden, so kommt es oft dazu, dass das Wissen sich ungleichmäßig verteilt und auf Ihrer Seite nie in Gänze zugänglich wird.

Abstrakt betrachtet hat ein Kommunikationskanal immer einen besonderen Nutzen, nämlich den Informationsaustausch und damit Wissensangleich zwischen den Beteiligten. Wer viel mit jemand anderem kommuniziert, dessen Wissensstand wird sich irgendwann an den des Kommunikationspartners angleichen. Damit Sie diesen Effekt für Ihr Projekt ausnutzen können, müssen Sie ihn aber gezielt herbeiführen, indem Sie die Kommunikationswege auch von Ihrer Seite aus sinnvoll mit Einzelpersonen besetzen.

Das Risiko muss Ihnen auf der anderen Seite ebenfalls klar sein. Es besteht die Möglichkeit, dass es zu einem Bruch in der Kommunikation kommt, weil die gute Beziehung der beiden Gesprächspartner durch ein Ereignis empfindlich gestört wurde. In diesem Fall müssten Sie schnell für einen Ersatz sorgen, gegebenenfalls auch persönlich intervenieren. Der tatsächliche Schaden ist schwer zu beurteilen, weil nicht im Vorwege klar ist, ob die Kommunikation reparabel gestört wurde, oder ob Sie in der Lage sind, sie schnell und mit geringen Informationsverlusten wieder aufzubauen.

Wenn nur ein Mitarbeiter einen Kommunikationskanal bedient, dann steht Ihnen keine Rückzugsmöglichkeit offen, wenn der Mitarbeiter diesbezüglich ausfällt – aus welchem Grunde auch immer. Das soll nicht heißen, dass Sie die Option zur Kommunikationsbündelung nicht nutzen sollen, denn die Vorteile überwiegen die möglichen Nachteile bei weitem. Außerdem muss ein Zusammenbruch eines Kommunikationskanals nicht bedeuten, dass Sie ihn nicht wieder aufbauen können. Es handelt sich lediglich um eine Widrigkeit, mit der Sie im Fall der Fälle umgehen müssen.

5.8 Instrumentalisierung von Kommunikation

Kommunikation bedarf eines Mediums. Die naheliegenden dabei sind das persönliche Gespräch, das Telefonat und die Email. Nicht mehr ganz so naheliegend, aber trotzdem gebräuchlich sind Memo, Fax oder Post, ein schwarzes Brett, ein regelmäßiger Newsletter oder die Verteilermappe.

Darüber hinaus geht es aber bei der Instrumentalisierung von Kommunikation eher um die Form als um das Medium. Bei persönlichen Gesprächen und Telefonaten zum Beispiel bedeutet das die Festlegung eines Rahmens, in dem das Gespräch stattfinden soll. Wenn Sie eine wöchentliche Telefonkonferenz einrichten, so haben Sie damit Kommunikation instrumentalisiert. Wenn Sie anordnen, dass zu jedem Jour Fixe ein Protokoll geschrieben wird, das an alle Beteiligten und einen zusätzlichen Verteilerkreis versendet werden soll, so haben Sie damit Kommunikation instrumentalisiert.

Instrumentalisierung ist kein Ersatz für „echte" Kommunikation, aber sie ermöglicht, beschleunigt oder erzwingt erst bestimmte Prozesse.

Beispiel

In einem Großprojekt arbeiten verschiedene Teilprojekte an unterschiedlichen Aufgabenstellungen. Leider haben Sie das Gefühl, dass der Informationsfluss zwar zwischen den Hierarchieebenen stimmt, aber nicht horizontal zwischen den Projekten. Sie beschließen daher, mit Hilfe des Projektbüros eine Kaffeeküche einzurichten, die von den Mitarbeitern aller Teilprojekte genutzt werden kann. Das Resultat: Durch die „zufällige" Kommunikation erhalten Sie einen guten Eindruck von den Problemen und Fortschritten der anderen Teilprojekte. Einige Ihrer Mitarbeiter reagieren plötzlich deutlich sensibler bei der Definition der Schnittstellen zu anderen Projekten. Es werden Problemstellungen entdeckt, die aufgrund der eigenen Konzeptionsansätze bei anderen entstehen könnten.

Instrumentalisierung ist ein Hilfsmittel. Normalerweise sollten Informationen von alleine fließen, aber Sie wissen sicher aus eigener Erfahrung, dass das in der Realität oft nicht so ist. Also bedarf es eines adäquaten Mittels, um den Kommunikationsprozess neu aufzusetzen oder ihm an den Stellen auf die Beine zu helfen, an denen er nicht zufriedenstellend funktioniert.

Im obigen Beispiel kam die Instrumentalisierung im Deckmantel eines guten Zweckes, aber gemeinhin ist jede Instrumentalisierung eine zusätzliche Belastung. Sie erzwingt eine bestimmte Form der Kommunikation, oft zu bestimmten Zeiten, zu bestimmten Themen und mit bestimmten Personen. Es gilt hier, ein sinnvolles Maß zu finden, um eine gesunde Kommunikationsergonomie zu gewährleisten.

6 Reporting

Reporting befasst sich mit dem Teil der Kommunikation, der zwangsläufig erfolgen muss, um den Führungshierarchien einen ständigen und hinreichend vollständigen Eindruck vom aktuellen Zustand des Projektes zu geben. Reporting ist entgegen vielen anderen Kommunikationsformen statisch und nicht dynamisch und bedarfsangepasst. Die Kommunikation erfolgt nach einem vorgegebenen Muster, das gezielt bestimmte Informationen einfordert und andere genauso willentlich ausspart.

Reports gehören zu den strukturellen Komponenten des Projektmanagements bzw. der Projektorganisation als Bestandteil derselben. Sie dienen dazu, zwangsläufige Berichtswege zu implementieren und Informationen auf dem Weg in höhere Hierarchieebenen zu verdichten und handhabbar zu machen.

Ein einzelner Report ist in der Praxis aber auch immer individuell gestaltet, ein Instrument, das einen bestimmten Zweck und eine bestimmte Form besitzt. Beides kann in wechselseitiger Abhängigkeit variieren, wobei grundsätzlich schon der Leitsatz „Form follows function" gelten sollte. Diese Folgerichtigkeit ist nicht immer gegeben, worauf aber in der Beantwortung der Sinnfrage noch einmal eingegangen wird.

Zusätzlich gehört zu einem Report zwangsweise ein Vorgang der Nutzung, sowohl von Seiten des Erstellers wie auch des Empfängers. Die Anweisungen zur Anfertigung sind in Dimensionen wie Termin und Form klar formuliert, auf der Empfängerseite herrscht eine Erwartungshaltung an Informationsgrad und Verbindlichkeit, deren Erfüllung Voraussetzung einer sinnvollen Nutzung ist.

Letztlich gilt viel, was zuvor bereits über instrumentalisierte Kommunikation gesagt worden ist, auch hier. Reporting muss sich als Spezialform mit einem besonderen Adressatenkreis verstehen. Um Redundanzen und unnötige Wiederholungen zu vermeiden, wird die Auseinandersetzung deshalb hier nicht mehr in der möglichen Tiefe durchgeführt.

6.1 Berichtsformen

Etwas, das jeder hin und wieder auf dem Tisch liegen hat, ist ein Vorstandsbericht, ein Projekt-Status-Bericht oder eine Executive Summary, damit „ganz oben" bekannt ist, wie es dem Projekt geht und ob die unternehmerischen Ziele auch erreicht werden.

Es handelt sich dabei in der Regel um ein Formular, das eine Reihe von Fragen zur Beantwortung anbietet, oftmals in vorklassifizierter Form:

• „Geben Sie an, wie Sie das Projektrisiko zur Zeit bewerten (1=nicht spürbar, 6=hochkritisch)"

oder

• „Liegt eine Abweichung von Soll- zu Ist-Planung vor? (0= keine Abweichung, 1= < 1 Woche, 2= < 1 Monat, 3 => 1 Monat)"

Eine andere verwendete Berichtsform ist die Kurzzusammenfassung. Diese orientiert sich meist an einer allgemein gehaltenen Vorgehensanweisung, in der eine Aufstellung enthalten ist, auf welche Punkte eingegangen werden soll. Verbunden wird dieses mit einer Angabe über die möglichst nicht zu überschreitende Maximalgröße des Reports.

Oft wird Reporting auch automatisiert, wobei entweder eine spezielle Software oder eine zu diesem Zwecke bereitgestellte Datenbankschnittstelle angeboten wird. Das bietet den Vorteil, dass die Auswertungen für zum Beispiel den Vorstand über viele Projekte gleichzeitig durchgeführt werden können und eine Aggregation bestimmter Parameter ohne zusätzliche manuelle Eingriffe möglich ist.

Allen Berichtsformen ist, wie eingangs beschrieben, die Schematisierung der Informationssammlung und –aufbereitung gemeinsam. In Ober- und Untergrenzen eingebettet, gibt es keine Option zur freien Informationsübermittlung, sondern nur im Rahmen eines vorgegebenen Musters. Es drängt sich hier schnell das Gefühl einer Einschränkung auf, die dem dynamischen Charakter der vermittelbaren Informationen über das Projektgeschehen nicht gerecht werden kann.

6.2 Sinnfrage

Es stellt sich natürlich die Frage, ob formales Reporting sinnvoll ist, oder ob es nicht besser wäre, ein anderes Vorgehen zur Vermittlung der entscheidungsrelevanten Informationen in die Hierarchien zu finden. Die Frage ist nicht einfach zu beantworten und muss – wie so vieles – aus verschiedenen Blickwinkeln betrachtet werden.

Auf der einen Seite sind Reports kaum geeignet, um ein wirklich vollständiges und differenziertes Bild zu geben. Andererseits ist das aber auch nicht ihr vorrangiger Zweck. Je höher die Hierarchieebene des Empfängers eines Reports ist, desto mehr Informationen kommen dort aus den darunter liegenden Hierarchieebenen zusammen. Es wäre utopisch anzunehmen, dass individuelle Reports in der jeweils „angemessenen" Länge dort die notwendige Beachtung fänden. Auch bleibt die Vergleichbarkeit verschiedener Berichte untereinander auf der Strecke, wenn diese nicht durch eine standardisierte Darstellungsform auch vergleichbar aufgebaut sind.

Im Rahmen der Projektinfrastruktur wurden Mittel zur Instrumentalisierung von Kommunikation diskutiert, und dass Kommunikationsergonomie ein maßgebliches Bestreben bei den Instrumentalisierungsbemühungen sein sollte. Reports versuchen genau das durch ihre Formalisierung und Eingrenzung auf die wesentlichen Informationen zu erreichen.

Trotzdem bleibt es ein Problem, dass in Reports Informationen vorgefiltert werden und damit zwangsläufig ein Ausschluss solcher stattfindet, die nicht in das Raster passen. Oft ist es nämlich genau diese eine Stückchen Information, das Sie weitergeben müssten, aber für das im Report kein Platz vorgesehen ist. Insbesondere bei automatisierten Reports über Datenbankschnittstellen haben Sie kaum eine Chance, ihrem Problem mit der nötigen Nachhaltigkeit Gehör zu verschaffen.

Es gibt wenigstens zwei Arten, damit umzugehen:

1. Wenn die Information so wichtig ist, dass sie unbedingt beim Empfänger des Reports ankommen muss, dann schreiben Sie sie gesondert auf und lassen sie ihm zukommen. Oder greifen Sie zum Telefon, klopfen Sie an die entsprechende Bürotür und bitten um ein persönliches Gespräch. Das ist meist erheblich besser, als wenn Ihre Information in den Standards eines Report-Formulars untergeht. Wenn Sie mit dieser Einstellung vorgehen, werden Sie sich auch häufig selber schnell klar darüber, ob und wenn ja welche Bedeutung die Information tatsächlich besitzt.

2. Lassen Sie den Report eskalieren. Es gibt in den meisten Berichten die Möglichkeit, eine Bewertung der aktuellen Situation einfließen zu lassen. Drehen Sie an dieser Schraube, und Sie werden eine Form der Rückmeldung erhalten. Passiert das nicht, dann können Sie den Report auch getrost vergessen – es interessiert sich offensichtlich sowieso niemand dafür.

7 Projektplanung

Im Folgenden geht es um das, was in den Augen vieler einen wesentlichen Teil des Projektmanagements ausmacht. Aber soviel gleich vorweg: Es ist nur eine Facette in einem weitaus größeren Kontext. Wenn Sie sich nur auf Ihre Planung und die Einhaltung der Meilensteine konzentrieren, werden Sie höchstwahrscheinlich scheitern. Aber wenn Sie es nicht tun, wird Ihnen sicherlich das Gleiche passieren.

Verschiedene Fragen drängen sich gleich zu Beginn auf. Wie und was muss geplant werden? Wann muss mit der Planung begonnen werden? In welcher Tiefe wird geplant? Womit wird eine Planung erstellt? Was passiert, wenn die Planung von der Realität überholt wird? In Folge werden einige wichtige Antworten auf diese Fragen und verschiedene Denkanstöße gegeben, damit Sie dem Thema mit der notwendigen Sinnhaftigkeit begegnen können.

7.1 Phasenmodelle

Projekte werden in einzelne Abschnitte aufgegliedert. Ganz besonders gilt das für solche in der IT, die hier auf eine lange ingenieurswissenschaftliche Tradition zurückblickt. In der Literatur finden sich zuhauf Modelle, die Reihenfolgen festlegen, Bezeichnungen zuteilen und sogenannte Ergebnistypen definieren. Es handelt sich hierbei um die Phasenmodelle.

Wichtigstes Instrument zur Scheidung von Phasen sind Meilensteine. Ein Meilenstein definiert sich im Wesentlichen durch eine zwangsweise Bewertung einer bestimmten Projektqualität, meist anhand eines zu erbringenden Ergebnisses. Diese Bewertung ist auf einen bestimmten Zeitpunkt terminiert. Ist sie nicht möglich oder wird die notwendige Qualität nicht festgestellt, dann gilt der Meilenstein als nicht überschritten – die Qualität ist also nicht hinreichend für eine Fortführung des Projektes.

Vergleichend werden Sie vielleicht feststellen, dass die Überprüfung einer Projektqualität an einem Meilenstein nichts ist, das in der Literatur zwingend zu seiner Definition vorgeschrieben wird. Umgekehrt muss man aber die Frage stellen, welchen Zweck ein Meilenstein hat, der in der Re gel vertraglich festgeschrieben wird, wenn ihm keine besondere Bedeutung zur Prozesssteuerung zukommt. Angesichts dessen sollte dieser also einen Prüfzeitpunkt des Projektes markieren, oder aber weggelassen werden. Denn sonst sind Meilensteine lediglich als Meldemarken zu gebrauchen, und dafür bedarf es kaum einer vertraglichen Festschreibung, eine entsprechende Mitteilung reicht aus.

Meilensteine sind fast immer künstliche, definierte, in den seltensten Fällen natürliche Trenner im Projektablauf, deren Bedeutung mit der Konsequenz ihrer Nutzung steht oder fällt. Es gibt in der Praxis viele Projekte, die mit Meilensteinen und deren Entscheidungsrelevanz sehr nachlässig umgehen. Insbesondere wird dann auf eine sorgfältige Überprüfung der Qualität des für die Überschreitung des Meilensteines notwendigen Ergebnisses verzichtet. Statt dessen wird allein die Meldung des Auftragnehmers, das Ergebnis sei erbracht, als hinreichend erachtet. Die Arbeit am Projekt wird ohne Unterbrechung fortgeführt, und damit im Grunde auch ohne Gewissheit über den Qualitätsstand. Das sollte aus verschiedenen Gründen möglichst vermieden werden. In „14 Qualitätssicherung" wird noch genauer auf die Möglichkeiten der Sicherstellung der notwendigen Ergebnisqualität eingegangen.

Phasenmodelle segmentieren sich zwar in der Regel durch Meilensteine, diese sind aber keine zwingende Voraussetzung. Um aber von klar erkennbaren Phasen reden zu können, und nicht nur akademisch darüber zu diskutieren, sollten Meilensteine definiert werden. Wenn dieses Buch also ein praktisch relevanter Ratgeber sein soll, dann lautet die Empfehlung stets, Ergebnisse im Projektverlauf zu finden, die wichtige Wegmarkierungen darstellen, und für eben diese die gewünschte Qualität zu bestimmen und eine Fortführung des Projektes an die Feststellung dieser Qualität zu knüpfen.

Phasen und deren Abfolge im Projekt ergeben sich zum größten Teil durch die Logik der Bearbeitung. Phasenmodelle sind in diesem Sinne, vergleichbar mit vielen philosophischen Konstrukten, keine Erfindungen, sondern im Grunde nur die Formulierung von Wahrheiten, die bereits vorhanden sind.

Trotzdem findet sich in der Literatur eine bunte Mischung von Phasenmodellen, selbst innerhalb des gleichen Themenkomplexes. Das scheint der letzten Aussage zu widersprechen. Anbei zwei davon, um ein Gespür für mögliche Varianten zu geben:

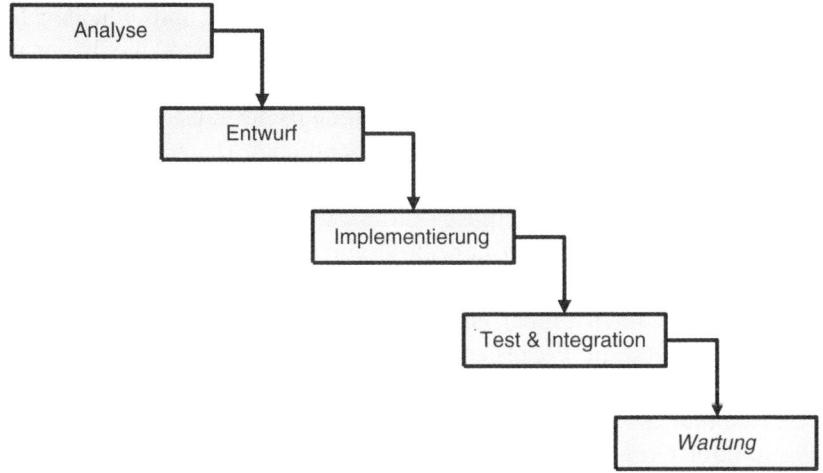

Abb. 7.1. Klassisches Wasserfallmodell des Software-Engineering (W. Royce, 1970)

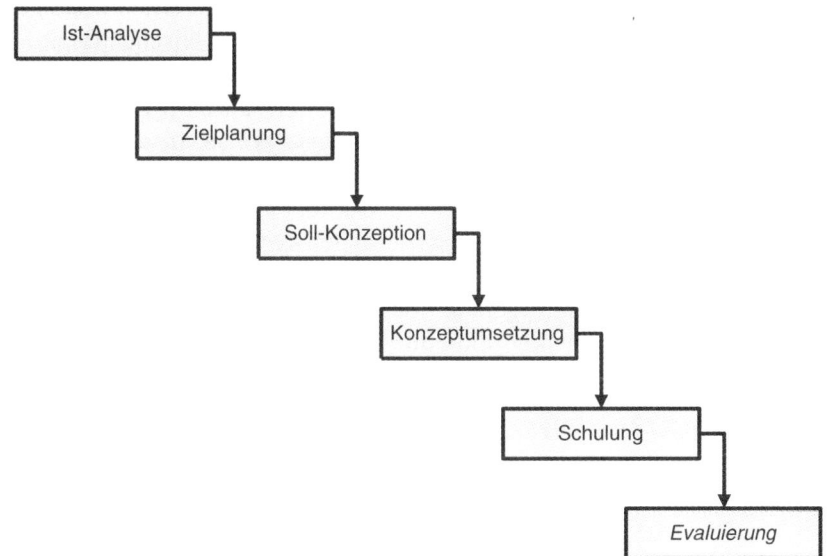

Abb. 7.2. Ein Phasenmodell für Organisationsprojekte

Im Grunde folgen die meisten Phasenmodelle schließlich dem gleichen Schema. Oft entstehen die verschiedenen Phasenmodelle dadurch, dass thematisch bedingte Vorgaben und unternehmenshistorische Präferenzen und Entwicklungen zu eigenen Begrifflichkeiten und individuellen Segmentierungen des Prozesses führen. Die große Zahl unterschiedlicher Phasenmodelle ist daher sicher nicht als Zwangsläufigkeit zu betrachten. Oft hatten auch persönliche, unternehmensstrategische oder abteilungspolitische Abgrenzungsbemühungen einen wesentlichen Beitrag bei deren Entstehung.

Es ist deshalb um so wichtiger, sich in dem Wust von Modellen auf das Wesentliche zu beschränken und diese auf ihre wichtigsten Gemeinsamkeiten bzw. tatsächlichen Merkmale zur Unterscheidung zurückführen zu können. Das ist nicht immer ganz einfach, denn insbesondere bei großen Unternehmen sind die Prozessmodelle für bestimmte Projekttypen von einer schier überwältigenden Mächtigkeit.

Erst einmal ist erleichternd festzustellen, dass die meisten Phasenmodelle in ihrer Grundkonzeption sequentiell sind. Das heißt nicht, dass Rekursionen grundsätzlich ausgeschlossen sind, aber wohl, dass Schleifen im normalen Ablauf erst einmal nicht vorgesehen. Sie stehen lediglich als Option im Falle notwendiger Korrekturen zur Verfügung. Die Iteration ist also in den meisten Konstrukten ein unerwünschtes Element. Weil es aber eines ist, dessen Existenz nicht ruhigen Gewissens ignoriert werden kann, führt es in den meisten Phasenmodellen wenigstens ein Nischendasein.

Deshalb beinhalten die Modelle in der Regel auch in ihrer grafischen Darstellung Pfade, die Iterationen anzeigen. Mehr aber oft nicht. Eine tatsächliche Auseinandersetzung mit der Art und Weise, in der Iterationen begangen werden, findet aber äußerst selten statt. Fragen ergeben sich zwangsläufig in Bezug auf die weitere Gültigkeit des Projektvertrags, die entstehenden Zusatzaufwände, Veränderungen des Projektgegenstands, das weitere Vorgehen und vieles mehr. Dem schon erwähnten Change-Request-Verfahren kommt gerade vor dieser Problematik eine besondere Bedeutung zu, da es eine koordinierte und langfristig ausgerichtete Methode zur Reaktion auf notwendige Änderungen im Projektverlauf darstellt.

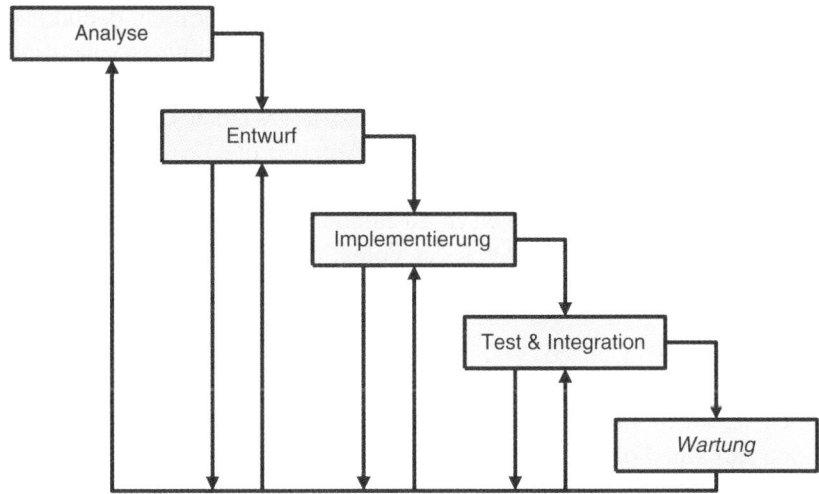

Abb. 7.3. Iteratives Phasenmodell des Software-Engineering

Es gibt für diese merkwürdig erscheinende Inkonsequenz eine recht einfache Erklärung: Wird zwischen einem Auftraggeber und einem Auftragnehmer ein Projektvertrag abgeschlossen, dann ist darin naturgemäß kein Spielraum für Iterationen vorgesehen. Meilensteine werden als harte Übergänge definiert. In keinem heute üblichen Vertrag ist ein Puffer ausgewiesen, um im Vorwege Platz für Iterationen einzuräumen, geschweige denn, dass der zugehörige Prozess der Iterationsdurchführung festgelegt wäre. Machen Sie sich klar, was eine Iteration aus Managementsicht bedeutet. Eine solche Schleife hieße nämlich, dass eine Vertragspartei einen Fehler gemacht hätte - definitorisch, in der Ergebniserbringung oder in der qualitativen Güte. Der Fehler führt dazu, dass ein bisher erbrachtes Ergebnis noch einmal revidiert werden muss. Aber vertraglich wird stets der Erfolg, nicht der Misserfolg verabredet.

Das soll nicht heißen, dass keine impliziten Puffer existieren, um solche Eventualitäten abzufedern. Pauschale Sicherheitsaufschläge finden sich in den meisten Kalkulationen, ihr Fehlen ist eher als Zeichen einer gefährlichen Sorglosigkeit zu sehen. Ihre Existenz ist beiden Vertragsparteien bewusst und wird in der Regel auch akzeptiert. Trotzdem bleibt der Widerspruch zwischen der grundsätzlichen Erkenntnis bestehen, dass Iterationen ein zwangsläufiger Bestandteil eines Projektes seien, und der Umsetzung in der Praxis, zum Beispiel durch Berücksichtigung im Vertrag.

Die obigen Aussagen gelten bedingt auch für Aufwandsprojekte, obwohl diesen im Allgemeinen eine höhere Freiheit in der Ablaufgestaltung zugestanden wird. Aufwandsprojekte zeichnen sich aber nicht dadurch aus, dass dort beliebig viele Schleifen zur Revision des Ergebnisses stattfinden dürfen, sondern lediglich dadurch, dass der Umfang einzelner Abschnitte des Projektes nicht im Vorwege exakt beziffert werden kann. Das ist ein wichtiger Unterschied! Auch an ein Aufwandsprojekt wird in der Regel die Erwartung gestellt, zu einem nachvollziehbaren Termin ein Ergebnis in einer akzeptablen Güte vorweisen zu können. Haben scheinbar willkürliche oder vermeidbare Iterationen zur Folge, dass die Erwartungen wesentlich verfehlt werden, dann kann das auch hier ein Scheitern des Projektes bedeuten.

Es ist also nicht falsch, von einer idealisierten Vorstellung der sequentiellen Projektdurchführung auszugehen. Auf Ebene der Phasenmodelle heißt das, die Iterationsschleifen erst einmal zu ignorieren und sich statt dessen auf die Folge der einzelnen Abschnitte zu konzentrieren. Macht man dieses, so ergibt sich auf einer elementaren Ebene und über nahezu alle anzutreffenden Phasenmodelle ein bestimmter Aufbau, der im folgenden, generisch ausgelegten Modell zusammengefasst wird.

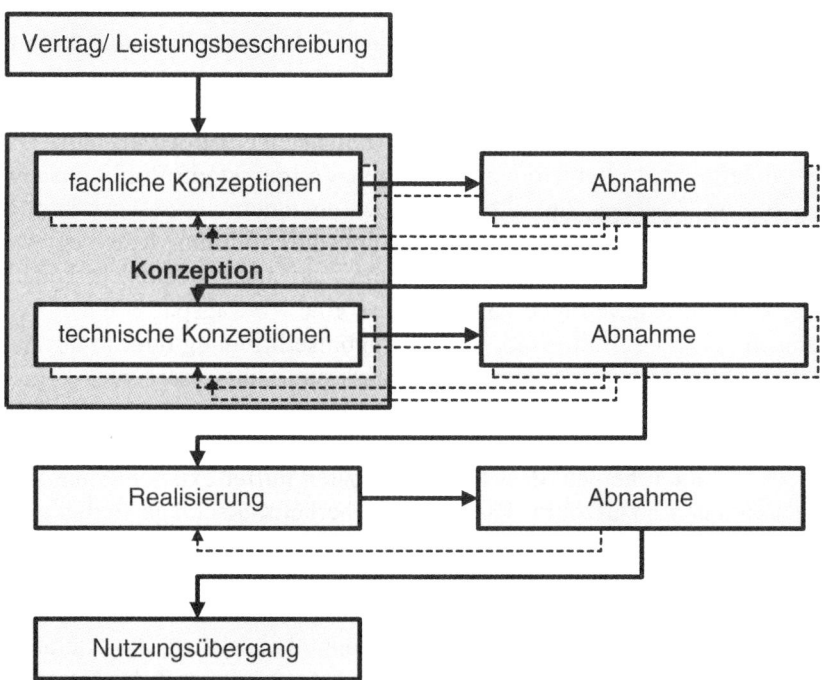

Abb. 7.4. Generisches Phasenmodell

Zu dem Modell sind einige Erklärungen vonnöten, um seinen Aufbau und insbesondere seine wichtigsten Aussagen zu verstehen.

Grundsätzlich gilt für jedes Projekt, dass es mit der Definition seiner selbst beginnen sollte. Das wird in der Regel unter dem Begriff „Projektdefinition" verstanden. Wesentlicher Bestandteil der Projektdefinition ist zum einen die möglichst exakte Bestimmung der Erfolgsfaktoren: Zeitrahmen, Kostengrenzen, Qualitätsanforderungen. Aber auch der Durchführungsrahmen in Bezug auf Teilnehmer, Rollen, Meilensteine, Arbeitsumfeld etc. wird hier festgelegt. Die Projektdefinition ist eine möglichst exakte Beschreibung eines Projektes, das noch nicht einmal begonnen hat. Wie schon zu Beginn von „3 Vertrag und Leistungsbeschreibung" bemerkt, wird die Projektdefinition in der Praxis durch den Vertrag bzw. die Leistungsbeschreibung ersetzt. Deshalb wird hier auch ganz bewusst auf diese beiden Bestandteile abgezielt und die Projektdefinition ausgespart.

Ein Projekt sollte nie mit der Umsetzung oder auch nur Umsetzungsteilen beginnen. Der erste Schritt ist immer ein konzeptioneller, der komplett abgeschlossen sein sollte, bevor mit irgendeiner Form von Realisierung begonnen wird. Es gilt weiterhin, zuerst und isoliert fachliche Klarheit zu gewinnen, falls das Thema des Projekt die Umsetzung fachlicher Vorgaben mit technischen Hilfsmitteln ist. Das gilt für die allermeisten IT-Projekte. Erst nach der fachlichen Auseinandersetzung werden technische Details angegangen. Warum ist ein solches Vorgehen angeraten?

Der Übergang zwischen Fachlichkeit und Technik ist insbesondere ein Übergang zwischen Expertengruppen, die keine gemeinsame Sprache sprechen. Ihr Projektteam hat die Aufgabe, beiden eine Mitarbeit in ihrem speziellen Fachgebiet zu ermöglichen, indem es das Projekt konzeptionell und schrittweise von einer Welt in die andere führt. Der Umstand, dass das Team dabei in der Regel sowohl ein Verständnis für Fachlichkeit als auch Technik entwickelt hat, ändert nichts an der Notwendigkeit, für Ihre Partner in den jeweiligen Projektphasen genau die Sprech- und Darstellungsweisen zu finden, die verstanden werden und sich mit ihnen inhaltlich nur über die Dinge zu unterhalten, zu denen sie etwas beitragen können.

Umgekehrt bedeutet das aber auch für den Projektleiter, eine besondere Verantwortung dahingehend wahrzunehmen, dass er zum Beispiel einschreitet, sobald seine fachlichen Ansprechpartner technische Details festlegen wollen. Im Rahmen der fachlichen Konzeption haben solche Überlegungen nichts verloren, sie nehmen den Fokus von den wichtigen Fragestellungen und treffen Festlegungen, die in ihren Auswirkungen aufgrund der falschen Expertengruppe nicht in Gänze erfasst werden können. Diese Überlegung muss zu jeder Zeit und in jeder Stufe der konzeptionellen Arbeit angestellt werden.

Wie Konzeption verläuft, in welcher Detaillierung und mit welchen Schwerpunkten, ist abhängig von einer ganzen Reihe von Parametern des Projektes, zum Beispiel dessen Größe oder der thematischen Breite. Deshalb kann es durchaus mehrere Stufen fachlicher und auch technischer Konzeption geben. Wichtig hierbei ist stets, dass zum einen jede konzeptionelle Ebene von der folgenden klar abgegrenzt ist, jedes folgende Konzeptionsergebnis hingegen auf dem vorherigen aufbaut. Ist das nicht der Fall, ist auf die Ergebnisse kein Verlass mehr, denn sie sind unvollständig und werden ggf. später inhaltlich, aber an der falschen Stelle, ergänzt.

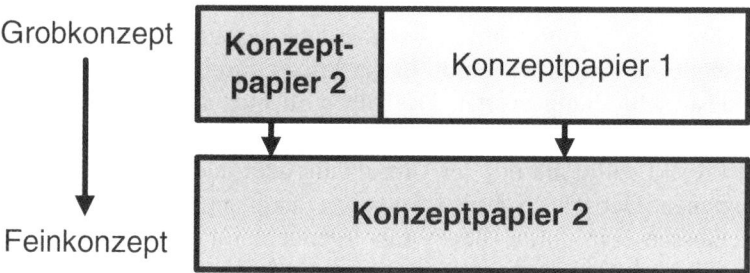

Abb. 7.5. Falscher Aufbau von Konzepten

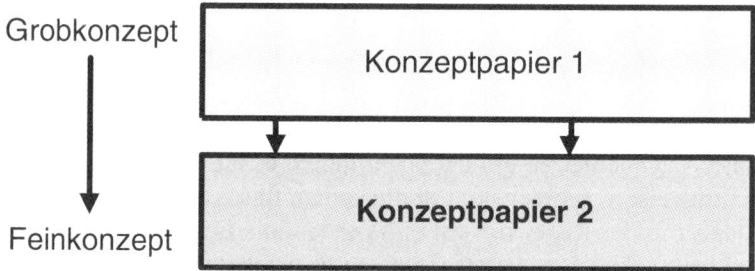

Abb. 7.6. Korrekter Aufbau von Konzepten

Die geforderte Abgrenzung zwischen konzeptionellen Schritten oder allgemeiner jedem Phasenübergang erfolgt als Abnahme. Abnahme bedeutet, dass die Qualität der Ergebnisse des letzten Schrittes formal überprüft wird, was dem harten Meilenstein im zuvor beschriebenen Sinne entspricht. Abnahme muss bedeuten, und das soll noch einmal ganz deutlich betont werden, dass mit dem nächsten Schritt nicht fortgefahren wird, solange nicht die Prüfung zufriedenstellend abgeschlossen wurde.

In der Praxis relativiert sich der Übergang zwischen den durch Abnahmen gegliederten Projektabschnitten. Darauf wird in einigen der folgenden

Kapitel noch genauer eingegangen werden. Grund dafür ist im Wesentlichen, dass eine Abnahme lediglich sicherstellen soll, dass eine hinreichende Qualität für die Fortführung erreicht wurde, Perfektion auf allen Ebenen ist kein sinnvolles Projektziel. Es kann also durchaus sein, dass an einigen Stellen Nachbesserungen durchgeführt werden, die Abnahme aber mit Einschränkungen erteilt und eine Arbeit an den nachfolgenden Projektergebnissen begonnen werden kann.

Eine Abnahme ist nachvollziehbar kein Prozess, der sich über das gesamte Projekt gleichartig darstellt. Abnahme im Zusammenhang mit der Realisierung von Softwaresystemen bedeutet zum Beispiel die Durchführung von fachlichen und technischen Tests zur Überprüfung der zugesicherten Eigenschaften des Systems. Grundlage für jede Überprüfung im Rahmen einer Abnahme sind, und auch an dieser Stelle zeigt sich der Sinn einer verfeinernd aufeinander aufbauenden Konzeptionsarbeit, die konzeptionellen Ergebnisse der vorherigen Projektschritte. Anhand dieser muss bewertbar sein, ob der aktuelle Prüfgegenstand auch die zuvor definierten Anforderungen erfüllt.

Es gibt im IT-Umfeld einige Phasenmodelle, die durch sehr schnelle Zyklen von Konzeption, Umsetzung und Abnahme den Eindruck erwecken, die Regel der aufbauenden Konzeption vor der Realisierung zu umgehen. Das gilt zum Beispiel beim Einsatz von Rapid Prototyping oder im Falle des Extreme Programmings. Aber dieser Eindruck ist nicht korrekt.

Rapid Prototyping, also die begleitende Erstellung einer exemplarischen Implementierung zur Verdeutlichung von Aussehen und Verhalten einer späteren Lösung, setzt voraus, dass zuvor wesentliche Aussagen über spätere Details gemacht worden sind. Dafür genügt in einigen Fällen schon der Vertrag, in der Regel gibt es aber erste konzeptionelle Vorarbeiten, die erledigt sein sollten. Des Weiteren soll hier, zumindest in der korrekten Anwendung des Rapid Prototyping, nur ein Prototyp erstellt werden, der nach Abschluss der Diskussion durch das dann zu implementierende „echte" System ersetzt wird. Er ist ein Wegwerfprodukt. Er ersetzt nicht die Konzeption.

Extreme Programming bedeutet gleichfalls nicht die Ersetzung eines koordinierten Prozesses durch einen willkürlichen. Im Gegensatz zu üblichen Projekten aber, die in der Regel nur ein einziges Mal jede einzelne Phase durchlaufen sollen, wird diese Begrenzung beim Extreme Programming aufgehoben. In kurzen Zyklen, manchmal innerhalb eines einzigen Tages, werden die nächsten Schritte konzeptionell vorbereitet, umgesetzt, getestet und abgenommen. Extreme Programming ist deshalb ein Paradigma, das in Bereichen häufiger Modifikationen oder unklarer, sich erst entwickelnder Zieldefinitionen besondere Berücksichtigung finden kann.

Der Nutzungsübergang als letzter Schritt des generischen Modells ist eher administrativ, da „nur" das Projektergebnis Eingang in die Praxis findet. Das kann aber je nach Projekttyp auch mit erheblichen Aufwänden verbunden sein, und in einigen Fällen schließt sich daran eine weitere Überprüfung der Arbeitsfähigkeit an.

Ein Softwareprojekt zum Beispiel entwickelt eben nicht nur ein Stück Software, sondern verfolgt damit in erster Linie das Ziel, Geschäftsprozesse zu unterstützen. Dazu bedarf es oft mehr, als nur das Programm zur Verfügung zu stellen. Schulungen müssen durchgeführt werden, Informationen verteilt und alte Geschäftsprozesse in neue überführt werden, was mitunter erhebliche organisatorische Umstellungen mit sich bringt.

Ein Reorganisationsprojekt als ein anderes Beispiel soll eine neue, gesunde, effektive und effiziente Organisation implementieren. Diese Merkmale lassen sich nicht direkt im Anschluss an das Projektende, sondern in der Regel erst nach einer hinreichenden Dauer der Evaluierung der neuen Prozesse bewerten.

Der Nutzungsübergang ist des Weiteren für die Beteiligten auch die Phase des Projektabschlusses, was auf Auftragnehmer- wie Auftraggeberseite eine historische Auseinandersetzung mit dem Projektverlauf bedeuten sollte. Viele Unternehmen arbeiten im Sinne eines Knowledge-Managements ihre Erfahrungen auf, um sie für folgende Projekte verwenden zu können. Für viele Aufwandsschätzverfahren ist es zum Beispiel sehr wichtig, die eingangs gemachten Schätzungen mit den tatsächlich entstandenen Aufwänden abzugleichen und die Verfahren auf diese Art zu verfeinern.

Abschließend lässt sich über Phasenmodelle also sagen, dass sie in der Regel dem gleichen Schema aufeinander aufbauender konzeptioneller Abschnitte mit einem abschließenden Realisierungsblock folgen. Getrennt werden diese Abschnitte durch Abnahmen der jeweiligen Phasenergebnisse, wodurch über die Fortführung entschieden wird.

Es muss dabei zwischen der idealistischen und idealisierten Sichtweise unterschieden werden, die die meisten Phasenmodelle auf dem Papier präsentieren, und der oft nachlässigen Weise ihrer Umsetzung in der Praxis. Viele Modelle könnten, würden sie nur gelebt werden, gute Werkzeuge sein, um die Projektdurchführung erfolgreicher zu gestalten und ein Endergebnis zu produzieren, das eine gute Qualität und einen hohen konzeptionellen Wiedererkennungswert durch alle Ebenen aufweist.

7.2 Die Planbestandteile

Die zuvor beschriebenen Phasenmodelle stellen lediglich eine Rahmenstruktur zur Verfügung, innerhalb derer die weitere und vertiefende Planung stattfinden muss. Planung selbst ist aber unabhängig davon, weil sie ganz grundsätzlich erst einmal als elementare Eigenschaft jedem Menschen zugeordnet werden kann.

Denn Sie beginnen mit der Planung, sobald Sie die Aufgabe kennen. Es passiert bereits, bevor Sie einen Stift in die Hand nehmen und die ersten Notizen machen können. Antizipation ist Bestandteil Ihres Menschseins, und indem Sie sich mit der Zukunft des Projektes und der Lösung der Aufgabe auseinander setzen, gehen Ihnen die ersten Gedanken zum weiteren Vorgehen durch den Kopf.

Schreiben Sie sie auf, und Sie haben mit dem offiziellen Teil Ihrer Planung begonnen. Am Anfang wird das nicht mehr als eine einfache Liste sein, zum Beispiel:

- Kick-Off-Termin abstimmen
- Ansprechpartner sammeln
- Projektakte anlegen
- Reiseverbindungen raussuchen
- Mit dem Chef sprechen und strategische Ziele abklären
- Verzeichnisstruktur für Dokumente anlegen
- Mitarbeiterprofile besorgen
- ...

Je mehr Sie sich mit den anstehenden Aufgaben im Projekt auseinander setzen, desto mehr solcher Punkte sammeln sich an. Einige werden erst viel später aktuell werden (Abnahmesitzung organisieren), andere werden Sie das gesamte Projekt über begleiten (Projektadministration). Tragen Sie sie alle zusammen, denn was immer Sie an Aufgaben definieren, wird Zeit kosten. Und Ihre Zeit ist genau das, was Sie mit einer Planung im Blick behalten wollen.

Im Folgenden wird es nur um die sogenannte Aufgabenplanung gehen, deren Zweck die Verteilung aller notwendigen Tätigkeiten zur Erreichung des Projektziels auf die Projektmitarbeiter ist. Darüber hinaus findet sich in der Literatur eine Vielzahl von zusätzlichen Planformen: Kapazitätspläne, Kostenpläne, Ressourcenpläne, usw. Grundsätzlich lässt sich zu allem, was zukünftig benötigt oder gemacht werden muss oder auch einfach nur geschieht, ein Planung erstellen. Betrachten Sie diese Planformen aber vorerst als Nebenprodukte der Aufgabenplanung, was sicher bei genauer Betrachtung etwas unzulässig ist, im Folgenden aber brauchbar simplifiziert.

Fünf Elemente bestimmen den Aufbau einer Planung, auf die in den nächsten Abschnitten genauer eingegangen wird. Diese sind die Aufgaben, Aufwände, Puffer, Bearbeiter und Abhängigkeiten.

7.2.1 Aufgaben

Das wichtigste Element einer Planung sind die zu erledigenden Aufgaben. Hier lässt sich meist für die ersten Phasen bzw. allgemein ausgedrückt die nähere Zukunft noch ein recht exakter Abriss des schrittweisen Vorgehens anfertigen, der aber für die späteren Phasen zunehmend an Klarheit und Detaillierung verliert. Was sich kurzfristig noch auf Basis einzelner Schritte definieren lässt, ist langfristig nur noch auf Ebene von Aufgaben- und Themenblöcken handhabbar.

Planung und Controlling sind Prozesse, die Hand in Hand gehen und einer fortlaufenden Verfeinerung der Planung dienen. Erst im Laufe der Zeit wird die Sicht auf die Dinge, die zu Anfang noch in weiter Ferne lagen, zwangsläufig klarer. Das ist nur natürlich so und sollte nicht als Problem gesehen werden.

Die Devise für die Definition der Aufgaben aber nicht lauten „So vage wie möglich", sondern „So genau wie nötig". Für die kommende Zeit sollten Sie immer sehr genau wissen, welche Arbeitsschritte im Detail anstehen. Aber sollten Sie vorab die ferne Zukunft in derselben Granularität festzulegen versuchen, dann betreiben Sie meist einen überflüssigen Aufwand.

Deutlich wird das zum Beispiel beim Übergang von einem fachlichen Konzept zu einem Design der technischen Umsetzung. Im Fachkonzept werden noch auf Ebene der fachlichen Anforderungen erwartete Eigenschaften und Funktionalitäten unter Auslassung technischer Details beschrieben. Und erst gegen Ende der Erstellung der Funktionsbeschreibung ist in Gänze beschrieben, welche Eigenschaften sich im technischen Design wiederfinden müssen.

Die Ableitung des Designs auf dieser Basis transformiert die fachlichen Vorgaben in ein weiteres Konzept, das nun technische Bausteine und Strukturen festlegt. Es entsteht eine neue Sichtweise des Projektergebnisses, in der Funktionen segmentiert, neu gruppiert, ganz oder in Teilen zusammengeführt, normalisiert und gegebenenfalls auch dupliziert werden.

Aus Sicht des Planenden ist aber vor dem Ende des fachlichen Konzeptes und damit Beginn des technischen Designs kaum eine wirklich genaue Aussage zu treffen, welche Aufgaben für einzelne Mitarbeiter genau durch die Überführung in die Technik entstehen werden. Denn dafür sind grundlegende Designentscheidungen zu treffen, die von vielen internen und ex ternen Einflussfaktoren abhängen, die erst im Verlaufe des Projektes auf-treten. Mal ist es ein hochkomplexer Lösungsweg, eine pfiffige Idee, dann wieder eine Präferenz des Auftraggebers oder eine technische Notwendig-keit zur Gewährleistung bestimmter Performanceanforderungen.

Notfalls kann das also dazu führen, dass Sie nur einen riesigen Aufga-benblock mit dem pauschalen Titel „Design" in Ihrer Planung stehen ha-ben, den Sie erst im Laufe der Zeit Stück für Stück aufbrechen und in klei-nere Schritte zerteilen.

Im Zusammenhang mit Projektstrukturplänen sind sogenannte Aufga-benpakete als kleinste, nicht weiter unterteilbare Komponenten der Pro-jektstruktur definiert. Insbesondere dem Kriterium der Kleinstteiligkeit sollte mit der nötigen Vorsicht begegnet werden. Zum einen ist der Pro-jektstrukturplan kein Ersatz für eine detaillierte Planung, höchstens eine O-rientierungshilfe, um die Aufgabenfindung zu unterstützen. Zum anderen ist ein Projektstrukturplan in der Regel kein sich im Projektverlauf weiter entwickelndes Instrument, sondern meist eine statische Beschreibung. Er kann darüber hinaus aufgrund der Unmöglichkeit, langfristig detaillierte Aussagen über anstehende Aufgaben zu treffen, auch nicht zum Zeitpunkt seiner frühen Entstehung mit hoher Granularität Aufgaben definieren.

Projektstrukturpläne können und sollten also in diesem Kontext durch-aus verwendet werden, um sich über den Projektumfang und dessen Auf-bau Gedanken zu machen, als auch eine passende Sichtweise (funktional, objektorientiert, ablauforientiert) zu finden, die den Projektcharakteristika am ehesten gerecht wird. Sie können benutzt werden, um zu kontrollieren, ob alle Aspekte eines Projektes in Aufgaben umgesetzt wurden. Aber die Aufgabenpakete des Projektstrukturplanes limitieren nicht die Größe der Aufgaben nach unten, die Sie an Ihre Mitarbeiter verteilen werden.

7.2.2 Aufwände

Alle Arbeiten, Aufgaben, Tasks, Aktivitäten, wie immer Sie sie nennen werden, werden Zeit verschlingen. Der entstehende Aufwand muss von Ihnen geschätzt werden, und das ist alles andere als einfach. Sie müssen einige ausgesprochen unsichere Antworten auf die folgenden Fragen fin-den:

- Wie komplex ist eine Aufgabe oder ein Aufgabenblock?
- Wie schnell wird der zugeordnete Mitarbeiter die Aufgabe bearbeiten können?
- bei projektbegleitenden Aufgaben: Wie häufig müssen sie durchgeführt werden?

Es gibt eine Theorie, die besagt, dass Schätzunsicherheiten sich über die gesamte Planung hinweg in der Regel wieder ausgleichen, wenn Sie nicht gerade einen signifikanten systematischen Fehler gemacht haben. Nun, es wäre nicht unbedingt falsch, aber sicher riskant, sich auf diese Aussage zu verlassen.

Ihr verwertbarer Kern ist dann auch ein anderer: Was immer Sie an Aufwänden schätzen, wird sich in der Realität wahrscheinlich etwas anders darstellen. An einigen Stellen werden Sie zu viel, an anderen zu wenig geschätzt haben. Eine Ihrer Aufgaben im weiteren Projektverlauf ist folgerichtig auch der Soll-Ist-Vergleich und die dynamische Anpassung der Planung.

Ein mit jeder Aufwandsschätzung verbundenes Thema ist die Granularität derselben. Lassen Sie sich möglichst nicht dazu verleiten, viertel oder halbe Tage für Aufgaben anzusetzen. Zum einen wären Sie überrascht, wie lange einzelne Aufgabe oft wenigstens brauchen. Zum anderen entstehen in jedem Projekt an unerwarteten Stellen kurzfristig neue Aufwände, die sich dann kompensieren lassen, wenn Sie bei kleineren Aufgaben etwas großzügiger gerundet haben. Außerdem steht und fällt jede Planung mit Ihrem Willen, die Umsetzung zu überprüfen. Je feiner Sie planen, desto mehr Aufwand müssen Sie in die Überprüfung stecken, desto mehr Zeit geht Ihnen wegen der Aktualisierung und Anpassung der Planung später verloren, die Sie vielleicht besser für andere Dinge brauchen könnten.

Es gibt einige Faktoren, die eine gute Schätzung erschweren. Zum einen gibt es stets Aufgaben, für die Sie selbst keine Kompetenzen vorweisen können. Damit können Sie außer einem vagen Gefühl für den damit verbundenen Aufwand wenig ins Feld führen. Das sollte aber nur dann ein Problem sein, wenn Sie damit allein bleiben. Versuchen Sie jemanden zu finden, der Sie unterstützen kann, der die Teile Ihrer Planung überprüft, die in seinen Erfahrungsbereich fallen. Eine wichtige Lektion im Projektmanagement ist der Abschied vom Glauben, man könne sich notfalls auch um alles selbst kümmern. Im Projektmanagement geht es darum, das Angebot an Ressourcen zu nutzen und damit das Beste aus jeder Situation zu machen.

Ein weiteres Problem, auf das Sie in der ersten Planungsphase normalerweise stoßen werden, ist die Existenz einer Aufgabendefinition ohne eine Lösung und die folgerichtige Entstehung von Aufgabenblöcken statt detaillierten Einzelschritten in weiter entfernten Projektphasen. Es empfiehlt sich, die Komplexität der Umgebung zu betrachten, in der die Lösung erarbeitet werden soll, um ein Gespür für den Aufwand

- zum Finden einer Lösung,
- zu deren Dokumentierung und

* schließlich Umsetzung

zu entwickeln. Je besser Sie die Zeit vor Projektbeginn genutzt haben, um Informationen zu sammeln und sich mit dem Thema und der Projektumgebung auseinander zu setzen, desto besser wird Ihre Schätzung an dieser Stelle sein.

Viele Details kristallisieren sich erst im Laufe des Projektes heraus. Hier ist das sprichwörtliche Schulterzucken angebracht: Das ist eben so, und das Management von Projekten wäre nicht eine so spannende Sache, wenn Sie sich bereits am Anfang in ein gemachtes Nest setzen könnten. Darüber hinaus gibt es aber durchaus Aufwände, die von vornherein absehbar sind.

Zerlegen Sie den Prozess in so viele einzelne Schritte wie möglich. Sie werden feststellen, dass es einige Aufgaben gibt, die immer Zeit benötigen, die lediglich mit der Projektkomplexität skaliert werden müssen. Wenn Sie zum Beispiel einen Posten für Qualitätssicherung ansetzen, dann machen Sie bestimmt keinen Fehler. Das einzige, was Sie bei solchen Aufgaben beisteuern müssen, ist die von Ihnen dafür zur Verfügung gestellte Zeit pro Woche.

Nicht jede Aufgabe im Projekt hat eine solche Dynamik, die es Ihnen festzulegen erlaubt, wie lange ihre Bearbeitung dauern soll. Insbesondere einzelne, einmalige Aufgaben können Sie nicht beliebig mit mehr oder weniger Zeit versorgen. Zu viel Aufwand würde nie benötigt werden und wäre damit überflüssig, zu wenig wäre eben das – zu wenig.

Machen Sie sich bewusst:

> Manche Dinge brauchen ihre Zeit, andere brauchen Ihre Zeit.

Im ersteren Fall nimmt die Aufgabe sich die notwendige Zeit zu ihrer Erledigung. Sie haben hier keine Freiheiten. Im letzteren Fall jedoch haben Sie Spielraum, um Zeit für andere Aufgaben herauszuholen, wenn Ihr Planungsrahmen einmal enger sein sollte. Aber alles hat seinen Preis, und wo immer Sie sich entscheiden, Aufwände einzusparen, dort haben Sie folgerichtig weniger Zeit zur Verfügung. Wenn Sie zum Beispiel nur noch einen Tag pro Woche für Projektcontrolling und –berichte vorsehen, dann sollte das Projekt auch so strukturiert werden, dass Sie damit auskommen.

7.2.3 Puffer

In Planungen wird in der Regel ein Puffer eingerechnet. Sie sollten versuchen, ihn als Notwendigkeit zu betrachten. Normalerweise handelt es sich um einen Prozentsatz, der auf den Aufwand aufgeschlagen wird und für Eventualitäten zur Verfügung steht. Etwa 10% sind hier nicht ungewöhn

lich. Das mag im ersten Moment einem Streben nach einer fairen und ehr-
lichen Planung widersprechen, hat aber mehrere gute Gründe:

- *Auftraggeber-Auftragnehmer-Verhältnis*

  Ein Projekt lebt davon, dass die Chemie zwischen Auftraggeber und
  Auftragnehmer stimmt. Wenn ein Projekt eine enge Planung ohne Spiel-
  räume hat, so müssen alle Beistellungsleistungen von Auftraggeberseite
  zeitgerecht zur Verfügung stehen. Ist das nicht der Fall, so muss vom
  Auftragnehmer ein formaler Hinweis auf die Terminverzögerung einge-
  reicht und die Konsequenzen deutlich gemacht werden. Es gibt hier wenig Möglichkeiten, gleichzeitig die Planung einzuhalten und noch flexibel auf Verzögerungen zu reagieren. Wenn dagegen Spielraum für
  Kulanz in Form eines Puffers vorhanden ist, so lassen sich solche Verzögerungen kompensieren, ohne die Stimmung zu verderben.

- *Zweckbindung*

  Es ist allgemein bekannte und auch weitgehend akzeptierte Praxis,
  Puffer in Planungen einzubauen. Sie werden in der Regel nicht gesondert ausgewiesen, sondern verschwinden in den Aufwandzahlen des
  Vertrages. Hin und wieder wird ein Puffer jedoch auch explizit aufgeführt, ist dann aber oft zweckgebunden, zum Beispiel für fallweise A-
  nalysen von Randthemen. So können Aspekte von Aufwandsprojekten
  auch in einer Festpreisumgebung entstehen. Wird der Puffer dann genutzt, so wird der Umfang der Nutzung festgehalten. Ein Verbrauch ü-
  ber die Puffergröße hinaus ist nicht möglich und muss neu verhandelt
  werden.

- *Kompensation der Projektdynamik*

  Kein Projekt folgt unmittelbar seiner Planung, sondern bewegt sich i-
  dealerweise auf einem dynamischen Pfad, der nahe der vorab geschätzten Aufwände liegt. Projektintern sind Puffer also ein wichtiges Instrument, um unerwartet anfallende Mehraufwände zu kompensieren, um
  Leerlaufzeiten abzufangen, die bedingt durch Abhängigkeiten bei Verschiebungen im Projektplan entstehen oder um den kurzfristigen Ausfall
  von Mitarbeitern durch zum Beispiel Krankheiten abzufedern. Diese
  Sichtweise ist für die hier behandelte Auseinandersetzung mit der Aufgabenplanung die wichtigste.

Puffer gibt es in mehreren Dimensionen, die miteinander verknüpft werden können:

- *Aufgabe*

  Ein Puffer kann an eine Projektphase, eine einzelne Aufgabe, ein Thema oder auch an das gesamte Projekt gebunden sein. Ist die Aufgabe abgeschlossen, so sollte der Puffer in den allgemeinen Pool übergehen. Er sollte nicht dazu verwendet werden, damit Einzelne oder Gruppen sich im Projektverlauf darauf ausruhen.

- *Nutzer*

  Ein Puffer kann einer Person, einer Gruppe oder dem ganzen Projekt zugeteilt werden. Dort muss er mitnichten bleiben! Es ist manchmal sinnvoll, Aufgaben von einer auf eine andere Person zu übertragen, wenn die Arbeitsauslastung oder –geschwindigkeit sich als unterschiedlich herausstellt. Betrachtet man einen Puffer als das Nichtvorhandensein von Aufgaben, so kann das Verschieben einer Aufgabe von A nach B als das Verschieben eines Puffers von B nach A angesehen werden.

Puffer sind ein Mittel, um Eventualitäten begegnen zu können, die damit eingeplant, aber eben nicht vorab bekannt sind. Ein Puffer ist Ausdruck der Akzeptanz dieser Eventualitäten und der Bereitschaft, ihnen nicht mit harten vertraglichen Mitteln zu begegnen, sondern sie als Bestandteil des normalen Projektgeschäftes zu betrachten. Wenn die Größe eines Puffers jedoch über diesen Zweck hinaus dimensioniert wird, wird er von einem sinnvollen zu einem Betrugswerkzeug, das dann nur noch der Höhung des Profites dient.

Im Zusammenhang mit Netzplantechniken, zum Beispiel PERT (Program Evaluation and Review Technique), ist ebenfalls von Puffern die Rede. Diese entstehen jedoch auf andere Art und Weise, nämlich zwangsläufig und rechnerisch. Es gibt in einem Netzplan einen sogenannten „kritischen Pfad", der sich dadurch auszeichnet, dass alle Vorgänge darauf direkt hintereinander abgewickelt werden. Es können sich hier insbesondere keine Wartezeiten durch Abhängigkeiten von anderen Vorgängen ergeben.

Ist umgekehrt ein Vorgang nicht auf dem kritischen Pfad, dann kann es sein, dass für seine Bearbeitung mehr Zeit zur Verfügung steht, als er planerisch tatsächlich benötigen würde. Diese zusätzliche Zeit wird dann im Kontext der Netzpläne als Puffer bezeichnet. Ihm fehlt also insbesondere der Absichtscharakter, er ist nicht durch eine willentliche Entscheidung begründet.

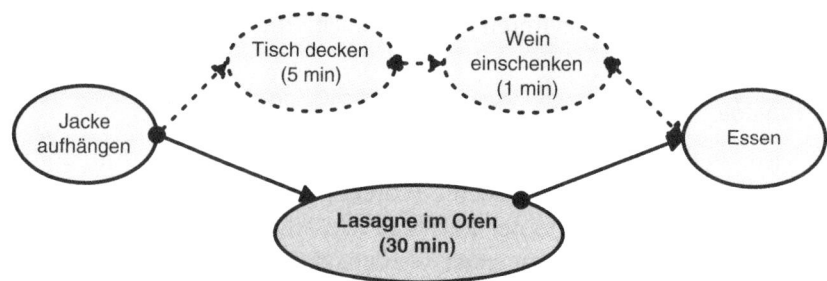

Abb. 7.7. Kritischer Pfad und Puffer in Netzplänen

Die Lasagne im Ofen markiert den kritischen Pfad. Nach dem Aufhängen der Jacke kann 30 Minuten später gegessen werden. Ist die Tischdecke schmutzig und muss noch ausgewechselt werden oder die Weinflasche geht nicht problemlos auf, dann hat das in der Regel kaum Auswirkungen auf den Zeitpunkt des Essens. Hier existiert ein rechnerischer Puffer von 24 Minuten. Wird aber der Backofen auf zu kleiner Stufe eingeschaltet und die Lasagne braucht deswegen länger, dann kann das geplante Projektende, sprich der Essentermin, in keinem Fall mehr eingehalten werden. Diese Aussage besitzt im Kontext des kritischen Pfades der Netzpläne absoluten Charakter.

Ein Puffer, wie er in diesem Buch verwendet wird, kann benutzt werden, um dem kritischen Pfad ein wenig von seiner Brisanz zu nehmen.

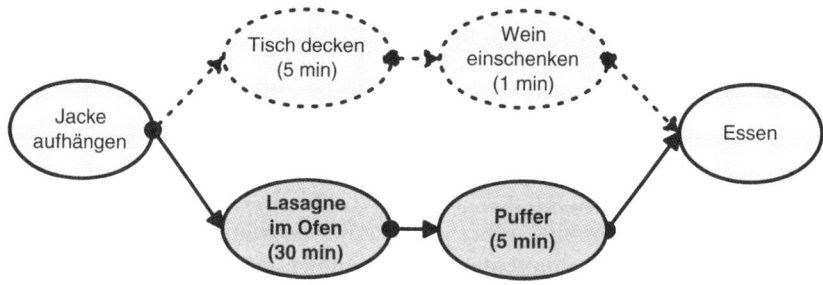

Abb. 7.8. Zusätzlicher Puffer zur Entschärfung des kritischen Pfades

Durch das Einfügen des zusätzlichen Puffer von fünf Minuten im Pfad der Lasagne-Zubereitung wird erreicht, dass das Essen auf 35 Minuten nach Aufhängen der Jacke terminiert ist. Geht alles glatt, dann kann nach einer halben Stunde gegessen werden. Wird tatsächlich der Ofen zu niedrig eingestellt, dann reichen hoffentlich die fünf Minuten Puffer aus, um trotzdem planmäßig mit dem Essen anfangen zu können.

7.2.4 Bearbeiter

Wenn Sie eine Planung erstellen, so müssen die Aufgaben, die definiert worden sind, auch von bestimmten Personen, in der Regel den Projektmitarbeitern, erledigt werden. Dafür steht Ihnen nur ein begrenztes Kontingent an Mitarbeitern zur Verfügung, oft in den Konzeptions- deutlich weniger als in den späteren Umsetzungsphasen.

Die Anzahl der Mitarbeiter zu einem bestimmten Zeitpunkt reglementiert die Art und Weise, wie die Planung vorgenommen werden kann. Jedwede Parallelisierung der Abarbeitung von Aufgaben kann nur in dem Maße erfolgen, wie Mitarbeiter zu bestimmten Zeitpunkten verfügbar sind.

Des Weiteren werden Sie keine uniformen Generalisten, sondern eine heterogene Gruppe von Mitarbeitern mit mitunter sehr speziellem Expertenwissen und auch persönlichen Neigungen, Stärken und Schwächen zu führen haben. Das resultiert in weiteren Einschränkungen in Bezug auf die Zuteilung von Aufgaben.

Auf die verschiedenen Schwierigkeiten und Thematiken im Umgang mit Mitarbeitern und einer ihnen gerecht werdenden Verteilung von Aufgaben bei der Erstellung der Planung wird im weiteren Verlauf dieses Buches noch genauer eingegangen.

7.2.5 Abhängigkeiten

Wenn Sie ein Haus bauen, können Sie nicht mit dem Dachstuhl beginnen, bevor nicht die tragenden Wände, auf die Sie ihn setzen wollen, fertig sind. In einem IT-Projekt sollten Sie nicht mit dem Anlegen der Tabellen beginnen, bevor nicht ein Datenbankmodell vorhanden ist. In einem Reorganisationsprojekt sollten Sie nicht mit der Einweisung der Mitarbeiter in die neuen Prozesse beginnen, bevor diese nicht abschließend verabschiedet worden sind. Das sind nur drei Beispiele für logische Abhängigkeiten zwischen verschiedenen Aufgaben, die in Ihrer Planung berücksichtigt werden müssen.

Hieraus ergibt sich eine weitere wichtige Perspektive jeder Planung, die die reine Aufwandssicht ergänzt und einen massiven Einfluss auf die Folge der Aufgaben und die Parallelisierung von deren Abarbeitung hat. So wie die Anzahl der verfügbaren Mitarbeiter einen Grenzwert für die gleichzeitige Behandlung von Themen vorgibt, so beschränken die vorhandenen Abhängigkeiten die Flexibilität der Planung weiter.

Sie sollten die definierten Aufgaben sammeln und sie ohne Berücksichtigung der ihnen zuzuordnenden Aufwände in Beziehung zueinander setzen, um feststellen zu können, wie hoch das Parallelisierungspotenzial ma ximal ist. Ansonsten kann es im Falle einer schlechten planerischen Vorbereitung dazu kommen, dass mehr Mitarbeiter im Projekt sind als beschäftigt werden können. Das kann im Vorfeld vermieden werden, wenn die Abhängigkeiten in die Planung mit einfließen.

Die meisten Werkzeuge zur Erstellung einer Projektplanung ermöglichen die Definition von Abhängigkeiten von zum Beispiel der Form „darf erst beginnen nach Aufgabe X", „muss enden mit Aufgabe Y" oder „muss beendet sein bis Datum Z". Wenigstens für die wichtigen Meilensteine und größeren Aufgabenblöcke sollte davon Gebrauch gemacht werden.

Darüber hinaus gibt es Abhängigkeiten, die sich nicht durch die logische Abfolge der Aufgaben oder die Zahl der Bearbeiter ergeben, sondern durch zum Beispiel die Zahl von verfügbaren und benötigten Ressourcen oder externe Bearbeitungsdauern. Auch diese sind zwangsläufig steuernde Parameter in der Planung und gehören zu den zu berücksichtigenden Abhängigkeiten.

7.3 Entstehung der Planung

Die Planbestandteile sind noch nicht die Planung, aber sie bestimmen in hohem Maße, was planbar ist und wo die Grenzen liegen. Die Planung selber bewegt sich im durch die Planbestandteile abgesteckten Rahmen. Es lässt sich jedoch nicht klar bestimmen bzw. vorgeben, wann tatsächlich „die Planung" entsteht, statt dessen muss man eher von einem sukzessiven Formungsprozess sprechen.

Die Erstplanung ist prinzipiell abgeschlossen, sobald alle Aufgaben in logischer Abfolge und in Beziehung zueinander auf der Zeitachse untergebracht sind und Sie mit dem Projekt starten können. Dafür gibt es in der Regel aber nicht nur eine einzige mögliche Lösung, sondern durchaus verschiedene, die sich durch in Kauf genommene Risiken und Annahmen über zukünftige Entwicklungen voneinander unterscheiden. Oft sind die Unterschiede auch durch wesentliche Projektparameter bestimmt, wie zum Beispiel die Zahl und Verfügbarkeit von Mitarbeitern oder wichtige Termine eines Unternehmens wie der Geschäftsjahreswechsel.

Die deutlichsten Wegmarkierungen setzen Meilensteine. Innerhalb der durch diese definierten Phasen ist der Planungsaufwand jeweils auf die Erbringung eines bestimmten Teilergebnisses zur Überwindung des Meilensteines konzentriert. Das ist im Sinne einer Reduzierung der Planungskomplexität in Teilkomplexitäten ein sinnvolles Vorgehen, und so sollten Meilensteine nicht nur als zu überwindendes Hindernis, sondern durchaus als Hilfestellung und Erleichterung wahrgenommen werden.

Generell gilt für eine Planung, dass, wo immer möglich, Aufgaben vorgezogen werden sollten, die Sie als kritisch ansehen. Je früher Sie feststellen können, ob bei ihrer Ausführung ein Problem entsteht, desto mehr Spielraum haben Sie zu dessen Lösung noch zur Verfügung. Das lässt sich natürlich nur in dem Maße durchsetzen, wie die Abhängigkeiten der Aufgaben untereinander, sowie die zur Verfügung stehenden Mitarbeiter und deren Kompetenzen dieses auch zulassen.

Ein weiterer Tipp lautet: Planen Sie intern, früher fertig zu werden. Hier geht es nicht darum, Puffer vorzusehen, sondern im Rahmen der Möglichkeiten des Projektes und seiner Mitarbeiter zu einem früheren Zeitpunkt als erst bei Erreichen des Meilensteins ein Ergebnis erarbeitet zu haben. Das setzt voraus, dass Sie möglichst lange an diesem intern definierten Meilenstein festhalten, diesen mit den zur Verfügung stehenden Mitteln einzuhalten versuchen, und erst dann auf den ursprünglichen Termin zurückfallen, wenn das Projekt oder die Mitarbeiter sonst darunter leiden müssten.

Die gewonnene Zeit sollten Sie nutzen – nicht, um wie ein Stier mit gesenktem Kopf auf die nächste Phase zuzupreschen, sondern um sich und Ihren Mitarbeitern etwas Ruhe zu gönnen und den Phasenübergang schonender zu gestalten. Der Motivationsschub kann erheblich sein.

So können Sie zum Beispiel Teile der Qualitätssicherung zum Phasenende vorziehen und den gesamten Abnahmeprozess wohltuend strecken. Sie können einzelne Mitarbeiter auf Schulungen schicken, kürzer arbeiten lassen oder auch Tage komplett frei geben. Ein Projektleiter hat eine erhebliche Macht im positiven Sinne, die meisten nutzen diese nur nicht.

Ein sehr schöner Sinnspruch hierzu lautet: Es ist besser, nachher um Verzeihung, als vorher um Erlaubnis zu bitten. Wenn es um Ihr Team geht und Sie nicht offensichtlich das Projekt mit Ihrer Handlungsweise gefährden, dann spricht einiges dafür, diese Einstellung auch in der Praxis auszuleben. Und wenn es nicht richtig war, wird Ihnen höchstwahrscheinlich trotzdem niemand den Kopf abreißen.

7.4 Worst-Case/ Best-Case

Viele Projektleiter neigen dazu, entweder eine pessimistische Worst- oder seltener auch eine optimistische Best-Case-Planung durchzuführen. Beide Alternativen bringen schwerwiegende Nachteile mit sich, wenn diese Planung als Grundlage für die anfängliche Aufwandsermittlung verwendet wird.

Eine Worst-Case-Planung birgt die Gefahr, dass der Auftraggeber ver-
ärgert wird, wenn er feststellt, dass der tatsächliche Aufwand gegenüber
dem kontrahierten wesentlich niedriger ausfällt. Das ist für ihn nicht nur
finanziell, da er für den Aufwand ja zahlen muss, sondern auch zeitlich ein
Problem. Zum einen erhält er, und das ist sicher nachvollziehbar, keinen
entsprechenden Gegenwert für sein Geld. Interessanterweise erhält er das
Ergebnis aber oft trotzdem später. Das mag unlogisch klingen, aber die Erklärung ist recht einfach.

Ursächlich ist ein Effekt, den Sie sehr genau im Auge behalten sollten.
Eine Worst-Case-Planung stellt mehr Zeit zur Verfügung, als tatsächlich
für eine qualitativ hinreichende Bearbeitung benötigt wird. Zu wenig Beschäftigung und der resultierende Leerlauf kann für die Motivation und
damit Arbeitsleistung eines Teams genauso schädlich sein wie der umge-
kehrte Fall. Ein Worst-Case-Szenario kann im schlimmsten Fall im Sinne
einer sich selbst erfüllenden Prophezeiung genau so eintreten, wie Sie es
geplant haben. Der Mangel an Motivation im Team führt dann nämlich dazu, dass die sich einstellende Arbeitsmoral den Projektfortschritt so stark
abbremst, dass er sich von ganz alleine an ihre Planung anpasst. Ein großes
Problem entsteht dann, wenn das Leistungsniveau zu einem späteren Zeitpunkt wieder angehoben werden müsste.

Mit etwas Glück können Sie die Folgen Ihrer pessimistischen Planung
kaschieren. Aber wenn der Auftraggeber feststellt, dass er übervorteilt
wurde, wird er nicht nur hinterfragen, ob er für mehr Aufwand bezahlen
muss, als angefallen ist, sondern auch, ob dann nicht wenigstens der Projektverlauf hätte beschleunigt werden können. Wird er dagegen konstatie-
ren, dass Sie „abgegammelt" haben, dann wird das auf das Auftraggeber-
Auftragnehmer-Verhältnis eine fatale Wirkung haben.

Eine Best-Case-Planung ist meist das Ergebnis einer Herangehensweise,
die für alle Arbeitsschritte und Aufgaben nur die Zeit ansetzt, die der
Schätzende dafür persönlich brauchen würde. Aber Menschen sind nicht
gleich, und was dem einen leicht von der Hand geht, dafür braucht ein anderer die doppelte oder dreifache Zeit. Das sagt erst einmal nichts über die
Qualität des Ergebnisses aus, es dauert nur ganz einfach länger.

Wenn unter solchen Annahmen ein Projekt gestartet wird, so hat das zur
Folge, dass Sie einen permanenten Termindruck in die Arbeit hineinbrin-
gen. Versuchen Sie sich in Ihre Mitarbeiter hinein zu versetzen: Wer gut
und schnell arbeitet, der möchte dafür auch eine Form der Belohnung erhalten. Sie haben keine Möglichkeit, auch nur einen Ihrer Mitarbeiter zu
belohnen, statt dessen müssen Sie sie zusätzlich antreiben, ihnen eine Aufgabe nach der nächsten zuteilen und hoffen, dass nicht eine unglückliche
Konstellation eintritt, die sie zusätzlich zurückwirft.

Wenn Sie Glück haben, werden Ihre Mitarbeiter zu Ihnen stehen und die Sache gemeinsam mit Ihnen zu einem erfolgreichen Abschluss bringen. Wenn Sie aber Pech haben, wird sich eine fatalistische Stimmung in Ihrem Projekt einstellen, die dazu führt, dass die Arbeitsleistung nicht notwendig steigt, sondern ganz im Gegenteil abfällt.

Beide Szenarien, Worst- wie Best-Case, sind letztlich unrealistisch. Nicht alles geht schief, dafür wird einiges besser laufen als erwartet. Woher wollen Sie schon zu Beginn des Projektes wissen, was mehr oder weniger Zeit brauchen wird? Wären wir Hellseher, wäre Projektmanagement kaum als Kunst zu bezeichnen.

Statt dessen geht eine gute Planung von einer alles durchdringenden Durchschnittlichkeit aus. Keine Orientierung an den eigenen Fähigkeiten, keine Absicherung dagegen, dass Sie vielleicht die schlechtesten Mitarbeiter des ganzen Unternehmens zugeteilt bekommen oder im Gegenteil ein Team von Genies zur Verfügung haben. Wenn Sie dann Ihre Planung abgeschlossen haben, haben Sie faire Startbedingungen definiert. Sie gehen dann davon aus, dass Sie das Projekt wahrscheinlich in der vorgesehenen Zeit zu einem Abschluss bringen, dass alle Beteiligten ausge-, aber nicht überlastet sind, und dass ein gutes Team auch von seiner eigenen Qualität profitieren wird.

7.5 Projektplanung und Mitarbeiter

Jede Projektplanung definiert die Arbeitszeit nicht für anonyme Drohnen, sondern für Individuen mit all ihren persönlichen Potenzialen und Defiziten, Ecken und Kanten und vor allem ihren ganz eigenen Vorstellungen davon, was gut und schlecht für sie ist. Das in autoritärer Art und Weise zu ignorieren kann im weiteren Projektverlauf zu einigen Problemen führen, die sich durch wenige einfache Maßnahmen wenigstens abmildern, wenn nicht sogar gänzlich vermeiden lassen.

7.5.1 Aufgabe und Verantwortlichkeit

Das Ziel eines Projektleiters sollte es immer sein, dass seine Mitarbeiter sich mit jeder ihnen zugeteilten Aufgabe identifizieren, so dass sie bereit sind, für die Qualität und zeitgerechte Ergebniserbringung die Verantwortung zu übernehmen.

Das erste und darüber hinaus ein sehr einfaches Mittel, um einen Mitarbeiter in die Verantwortung zu bringen, ist seine Einbindung in den Planungsprozess. Fragen Sie ihn, ob er mit

- seinen Aufgaben und
- dem verfügbaren Aufwand

einverstanden ist. Achten Sie darauf, dass Sie nicht nur eine stereotype und bedeutungslose Zustimmung, sondern ein echtes Commitment erhalten. Wenn Sie die Möglichkeit haben, setzen Sie sich mit allen Ihren Mitarbeitern zusammen, verteilen gemeinsam die Aufgaben und stimmen die Aufwände ab.

Es geht hier jedoch mitnichten um die Implementierung eines demokratischen Prozesses! Bereiten Sie sich hinreichend auf ein solches Treffen vor. Definieren Sie die Aufgaben und die zu erwartenden Aufwände im Vorwege. Versuchen Sie, alle Aufgaben gerecht und nicht nach dem Prinzip zu verteilen, dass der, der am lautesten ruft, gewinnt. Es gibt die sprichwörtlichen Sahnestücken genauso wie Aufgaben, die niemand gerne macht, weil sie entweder langweilig oder aber schwierig sind. Es muss von vornherein klar sein, dass alle Aufgaben einen Verantwortlichen brauchen.

Der Verteilungsprozess sollte von Ihnen auch zur Feinabstimmung der Planung genutzt werden. Machen Sie den Teammitgliedern klar, dass Sie von Ihnen erwarten, dass sowohl zu niedrig angesetzte Aufwände wie auch zu hohe von ihnen angemerkt werden sollten. Die gemeinsame Besprechung der Planung sollte nicht dazu dienen, um Aufwände lediglich zu erhöhen, sondern um diese generell an die Bedürfnisse der Mitarbeiter anzupassen. Dieser Anspruch eröffnet Potenzial nach oben genauso wie nach unten.

Primäres Ziel ist aber die freiwillige und bewusste Annahme einer Aufgabe durch die Projektmitarbeiter und insbesondere eine Zustimmung zum damit verbundenen zeitlichen Rahmen zur Ergebniserbringung. Seien Sie sich deshalb immer des Unterschiedes zwischen Verantwortungszuweisung und Verantwortungsübernahme bewusst. Letztere muss Ihr Ziel sein.

7.5.2 Urlaub, Krankheit, Fortbildung

Drei Einflussfaktoren müssen Sie in jeder Planung berücksichtigen. Jedes Projektmitglied kann krank werden, hat ein Recht auf Urlaub und einen Anspruch auf Fortbildung, oft genug sogar aus einer simplen projektbezogenen Notwendigkeit heraus.

Die Verfügbarkeit eines Mitarbeiters beträgt deswegen auch nicht einfach die Zahl der Werktage in jedem Monat über die Projektlaufzeit, sondern eine Zahl, die deutlich geringer ausfällt. Der Richtwert sind hier ungefähr 17 bis allerhöchstens 20 Tage, sofern Sie keine genaueren Informationen erhalten können.

Urlaub lässt sich einplanen. Fragen Sie Ihre Mitarbeiter, ob und wann sie einen Urlaub geplant haben und versuchen Sie, diesen vorzusehen. Geben Sie sich notfalls auch mit vagen Aussagen zufrieden, und versuchen sie, Ihre Planung im sensiblen Zeitraum flexibel zu halten. Aber ignorieren Sie nie dieses Problem, oder Sie steuern sehenden Auges in den Untergang. Sie werden die Motivation in Ihrem Team nicht halten können, indem Sie sämtliche aufkommenden Urlaubsansprüche auf „die Zeit danach" verlegen.

Umgekehrt haben aber die Urlaubsansprüche eines Mitarbeiters auch keinen absoluten Charakter. Es ist legitim, frühzeitig und in Absprache miteinander einen Urlaub an die Meilensteine des Projektes oder an den Urlaub anderer Projektmitarbeiter anzupassen. Das kann eine schmerzhafte Erfahrung für beide Seiten sein, aber auch die Bewältigung von Konfliktsituationen gehört zu den Aufgaben eines Projektmanagers.

Fortbildung ist nicht nur ein Mittel zur Mitarbeiterbindung, –motivation und –entwicklung, sondern darüber hinaus auch oftmals die schnellste Möglichkeit, in einem Projekt dringend benötigte Kompetenzen aufzubauen. Nutzen Sie den Prozess der Planungsabstimmung und Verteilung der Aufgaben an Ihre Mitarbeiter, um festzustellen, ob eine solche Fortbildung notwendig ist und sehen Sie sie in Ihrer Planung vor.

Prüfen Sie außerdem die Mitarbeiterprofile vorab und stellen Sie fest, ob in den Zielvereinbarungen und Entwicklungsmaßnahmen eine Fortbildung vorgesehen ist. Oftmals neigen Mitarbeiter dazu, Absprachen mit Disziplinarvorgesetzten als bekannt vorauszusetzen und die Erfüllung zwangsläufig zu erwarten. Das stellt Sie vor ein Problem, wenn Sie damit unerwartet im Projektverlauf konfrontiert werden.

Schwer zu planen ist die Krankheit eines Mitarbeiters. Hier gibt es wenig Möglichkeiten, im Vorwege Sicherheit über die Zukunft zu erlangen. Der Gesundheitszustand jedes Mitarbeiters ist seine Privatsache, und selbst, wenn viele langwierige Krankheiten sich lange vorab ankündigen, sollte die Frage danach ein Tabu sein. Kurze Krankheiten wie zum Beispiel eine Grippe sollten Sie mit den Puffern abfangen können, lässt sich hingegen bei Eintritt der Krankheit eines Mitarbeiters die Langfristigkeit derselben absehen, so ist es Ihre fallweise Entscheidung, ob Sie einen Ersatz brauchen oder den Ausfall des Mitarbeiters bis zu dessen Genesung kompensieren wollen bzw. können.

Hier tritt der Sinn von Puffern deutlich zutage. Sie haben eine Unsicherheit über die Werktage jenseits der Berechnungsbasis von zum Beispiel 18 Tagen pro Monat hinaus. Diese können Sie in einem Puffer abbilden, den Sie im Falle von nicht vorab vorgesehenem Urlaub, von Fortbildungen und Krankheiten angreifen können.

Machen Sie Ihren Mitarbeitern aber auch klar, dass ein zugeordneter Puffer kein Privatbesitz ist. Er ist eine auf eine Person abgebildete Eventualität, die aber bei Verfügbarkeit der Person mit Aufgaben gefüllt wird. Sollte ein anderer Projektmitarbeiter länger ausfallen, so werden die freien Puffertage anderer benutzt, um sein Fehlen auszugleichen.

7.6 Projektplanungs- und –steuerungssysteme (PPSS)[3]

Heutzutage wird regelmäßig Software zur Unterstützung der Projektplanung und –steuerung verwendet. Das wohl prominenteste Beispiel ist das bekannte Microsoft Project™, das mittlerweile sogar in verteilten Projekten über Internet-Schnittstellen Verwendung findet. Zu diesem Produkt gibt es sehr viele Alternativen, die vielleicht nicht durch Bekanntheit, aber sicher ebenso durch ihre Leistung bestehen können.

Die meisten unterstützenden Werkzeuge ähneln sich thematisch und funktional erheblich. Sie verwenden in der Regel Gantt-Balkendiagramme zur Darstellung der Ablauffolge der Aufgaben, können Ressourcen verwalten, Abhängigkeiten darstellen, Kosten errechnen, Reports generieren und vieles mehr. Unterschiede ergeben sich meist erst durch die Orientierung auf ein bestimmtes Anwendungsfeld, was zu einer stärkeren Vorprägung der Nutzungsmöglichkeiten und –verfahren führt.

Es gibt einen ursächlichen Zusammenhang zwischen dem zu betreibenden Aufwand zur Nutzung jeden Werkzeuges und dessen Grad an Generalisierung, der auch für PPSS gilt. Grundsätzlich lässt sich die Aussage treffen, dass je stärker eine Software versucht, allen Domänen gerecht zu werden, in denen es prinzipiell Anwendung finden könnte, je höher also ihr Grad der Generalisierung ist, desto mehr muss der Benutzer selber Hand anlegen, um eine Anpassung an sein spezielles Problemfeld zu erreichen. Im Falle von PPSS bedeutet das zum Beispiel, dass ein System, das nur dafür ausgelegt ist, Bauherren zu unterstützen, durch seinen Fundus an Domänen-spezifischen Funktionalitäten dort leichter und schneller zu verwenden ist als zum Beispiel ein allgemein gehaltenes PPSS, in dem sämtliche Spezifika manuell eingetragen werden müssen. Es gibt dort nämlich keine Vorgänge „Fundament" oder „Dachstuhl", die bereits exemplarisch

---

[3] Hier wird auch oft die Abkürzung PMS für Projekt-Management-System verwendet, wovon hier aber aufgrund der differenzierten Auseinandersetzung mit dem Begriff Projektmanagement Abstand genommen wird. Statt dessen wird auf die Funktionalität als Werkzeug der Projektplanung und –steuerung eingegrenzt.

vorstrukturiert wären und nur noch aktiviert und mit Werten belegt werden müssten.

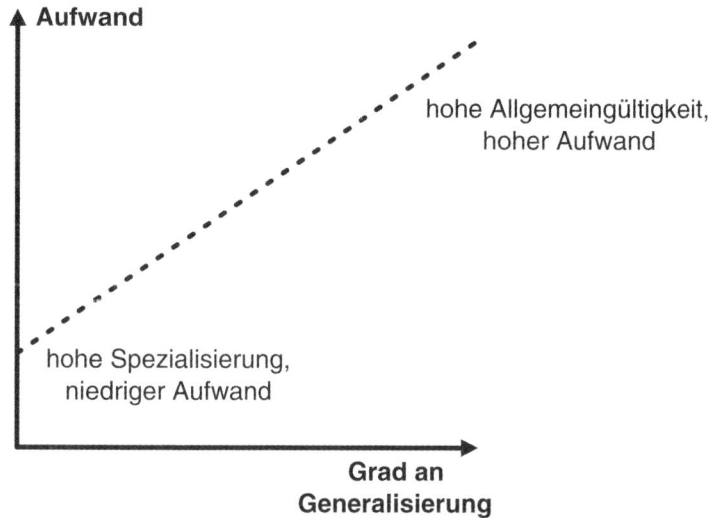

Abb. 7.9. Zusammenhang zwischen Generalisierung und Aufwand zur Nutzung

Ein weiteres Problem bei PPSS ergibt sich bei der Auseinandersetzung mit der konkreten Nutzenfrage. Der Funktionsumfang solcher Systeme ist, wie schon angedeutet, sehr groß. Insbesondere die Nutzung zu Zwecken abseits der Definition und Positionierung von Arbeitspaketen und deren Zuordnung auf die Projektbeteiligten eröffnet eine ganze Welt zusätzlicher Möglichkeiten. Es können zum Beispiel die Kosten verfolgt, der kritische Pfad isoliert und bearbeitet, Abweichungen visualisiert oder Trendanalysen durchgeführt werden.

Selbst die reine Aufgabenplanung kann in erheblichen qualitativen Abstufungen erfolgen. Im einen Fall zum Beispiel werden Aufgaben in korrekter chronologischer Reihenfolge, mit prozentualer Angabe von Mehrfachbelastungen durch gleichzeitig bearbeitete Aufgaben und unter Berücksichtigung aller Abhängigkeiten aufgetragen. Im anderen Fall reicht es aus, die Aufgaben eines abgrenzbaren Themenblocks, zum Beispiel des Grobkonzepts, stumpf hintereinander zu reihen und später die entstandenen Aufwände nur bei der bearbeiteten Aufgabe abzutragen. In diesem Fall werden Reihenfolge und Logik der Abarbeitung dem Mitarbeiter überlassen, mit Ende der Phase sollten alle gelisteten Aufgaben erledigt sein. Im ersteren Fall hingegen ist der komplette Ablauf vorgeschrieben, Abweichungen können dafür unmittelbar festgestellt werden.

Tabelle 7.1. Exakte Planung ohne Freiheitsgrade

Vorgang	Woche 1 (Aufwand in %)					Woche 2 (Aufwand in %)				
Vorwort	40	50	10							
Einleitung	60	50	50	40						
Mittelteil			20	25	65	90	90	65	25	20
Schluss								15	20	15
Qualitätssich.			20	10	10	10	10	20	30	40
Vorstandsbericht		25							25	
Reisekosten					25					25

Tabelle 7.2. Planung mit Freiheitsgraden

Vorgang	Woche 1 (Aufw. in Tagen)	Woche 2 (Aufw. in Tagen)
Vorwort	1	
Einleitung	2	
Mittelteil	4	
Schluss		0,5
Qualitätssich.		1,5
Vorstandsbericht		0,5
Reisekosten		0,5

Welche Empfehlung sollte hier ausgesprochen werden? Was sind die steuernden Parameter für die Planungsbreite (im Gegensatz zur Planungstiefe, die sich auf den Detaillierungsgrad bezieht)? Was bedeutet eine mehr oder weniger breite Planung für die Praxis?

Wie in so vielen anderen Fällen muss auch hier erst einmal festgestellt werden, dass es keine generelle Empfehlung geben kann. Denn diese hängt letztlich davon ab, unter welchen Voraussetzungen geplant wird. Die wesentlichen Fragen beziehen sich auf:

- *Informationsbedarf*

    Wer will über den Projektfortschritt informiert werden? Welche Informationen sind dazu bereitzustellen und demzufolge auch zu sammeln oder deren Verarbeitung vorzubereiten? Was ist notwendig, damit der Projektleiter und andere Nutzer der Projektplanung sinnvolle und vor allem auch hilfreiche Informationen erhalten?

    Projektplanung kostet Zeit. Es sollte nicht unterschätzt werden, wieviel Aufwand trotz, manchmal auch gerade aufgrund der Verwendung eines PPSS entsteht. Es muss ein legitimes Ansinnen jedes Projektleiters sein, diese Aufwände möglichst gering zu halten, so dass zwar eine Planung entsteht, die den Bedürfnissen des Projektes gerecht wird, anderer

seits aber keine Aufwände erbracht werden, die der Kosmetik dienen, a-
ber dem Projekt keinen weiteren Nutzen bringen.

- *Projektgröße*

    Nicht jedes Projekt rechtfertigt die komplette Ausnutzung des Funk-
    tionsportfolios eines PPSS. Insbesondere kleine Projekte können
    manchmal mit einer einfachen Tabelle erheblich einfacher, manchmal
    auch übersichtlicher geplant und gesteuert werden als mit der komple-
    xen Schwerfälligkeit eines großen PPSS.

- *Kenntnisstand*

    Machen Sie sich das Leben nicht zu schwer. Es steht nicht zu erwar-
    ten, dass jeder in der Lage ist, die Möglichkeiten eines PPSS in Gänze
    auszuschöpfen. Das gilt auch für Projektleiter. Wenn Sie davon ausge-
    hen müssen, dass für die hohe Kunst der Projektplanung erst ein zwei-
    wöchiger Lehrgang absolviert werden muss, und dass die halbe Tages-
    arbeitszeit stets für die Anpassung der Planung aufgewendet werden
    muss, dann machen Sie in sinnvoller Weise Abstriche. Das kann zum
    Beispiel auch bedeuten, dass Sie manche Informationen in anderen Me-
    dien aufbereiten, mit denen Sie besser umgehen können, zum Beispiel
    Kostenschätzungen oder Kapazitätsverläufe in einer Tabellenkalkulati-
    on.
    Vergessen Sie außerdem nicht, dass die Planung nicht nur Ihnen ge-
    hört. Sie gehört zum Projekt, und damit einer ganzen Reihe von Interes-
    senten. Sie ist in erster Linie ein Mittel zur Informationsgewinnung und
    Dokumentation. Und das muss sie auch noch dann sein, wenn Sie per-
    sönlich einmal nicht in der Lage sind, sie fortzuschreiben. Es darf an
    diesen Informationen keinen persönlichen Besitz geben, denn wenn Sie
    während eines Projektes zum Beispiel zwei Wochen in den Urlaub fah-
    ren, was Ihr gutes Recht ist, darf deswegen nicht sämtliche strukturierte
    Fortschreibung der Planung darniederliegen.

All das verlangt nach einem Umgang mit einem PPSS, der zwar Infor-
mationsbedürfnisse befriedigt, aber nicht zu einer Planung führt, die nur
noch von einer erleuchteten Expertengruppe verstanden und genutzt werden kann oder die Sie von wichtigeren Aufgaben abhält.
Viele Projektleiter benutzen darüber hinaus die Projektplanung als
Schutz: „Ich habe doch alles bis ins letzte Detail geplant, wie kann jetzt
noch etwas schiefgehen?". Begehen Sie nicht diesen Irrtum, sondern hören
sie dort auf zu planen, wo die Planung ihre offensichtliche Nützlichkeit
verliert. Wer viel plant, macht deswegen nicht weniger Fehler, denn letztlich scheitern Projekte nicht auf dem Papier, sondern im wirklichen Leben,

und aus ganz anderen Gründen als einer unzureichenden Planung. Wenn Sie sich haarklein darüber im Klaren sind, was genau getan werden muss, dann bedeutet das noch lange nicht, dass es auch so eintritt. Wenn Sie Ihre Zeit dann damit verschwenden, die Soll-/ Ist-Abweichungen zu dokumentieren, anstatt das Problem zu lösen, dann sind Sie nicht geschützt, sondern tragen ganz im Gegenteil in höchstem Maße die Mitschuld an der Misere.

Der große Nutzen von PPSS liegt in ihrer Fähigkeit, auf einer einzigen Plattform projektrelevante Informationen zueinander in Beziehung zu setzen. Die Systeme bieten ein allgemeines oder auch Domänen-spezifisches Rahmenwerk an, das genutzt wird, indem es vom Planenden im Sinne eines Customizing mit Werten gefüllt wird. Ressourcen, Kostenfaktoren oder Reportvorlagen werden zu wiederverwendbaren Strukturelementen, die über Aufgaben, deren Folge und Abhängigkeiten schließlich Leben und Korrelation erhalten. PPSS ziehen damit all die Informationen auf eine gemeinsame Basis, die naturgemäß schon zueinander in Beziehung stehen, sonst aber über unterschiedliche Dokumente hinweg erst von Hand konsolidiert und bewertet werden müssten.

Die Mächtigkeit von PPSS ist gleichzeitig deren größter Nachteil. Denn der enorme Grad an Machbarem führt zwangsläufig zur individuell zu beantwortende Frage nach der Grenze einer sinnvollen Anwendung. Kaum ein PPSS wird in seiner Funktionsbreite von allen Nutzern in Gänze verstanden, geschweige denn auch benötigt. So komplett, gut und detailliert damit auch eine Projektplanung und –steuerung erfolgen könnte, so sehr muss dem Unterfangen andererseits ein Riegel vorgeschoben werden, wenn Kosten und Nutzen nicht mehr in sinnvollem Verhältnis zueinander stehen.

Generell gilt, dass die Funktionalitäten, für deren Nutzung sich der Projektleiter entschieden hat, konsequent angewendet werden müssen, alle anderen werden ebenso konsequent ausgespart. Schaden wird nur durch eine halbherzige Nutzung angerichtet, nicht durch eine klare Beschränkung auf einen reduzierten Funktionsumfang.

8 Risikomanagement

Für jedes Projekt sollte ein Risikomanagement stattfinden. Darunter ist der strukturierte, proaktive und präventive Umgang mit den projektgefährdenden Faktoren zu verstehen. Das kann vom Fehlen von Kopierpapier bis zur Möglichkeit der Überflutung der Tiefgarage reichen und mag, wie das zweite Beispiel zeigt, nur indirekt mit dem Projekt zusammenhängen. Ein Risiko ist eine Eventualität, die eintreten kann, aber nicht muss. Es ist möglich, ihr eine Eintrittswahrscheinlichkeit zuzurechnen, aber das verknüpfte Problem ist noch nicht existent. Es „schläft", ohne Garantie, dass es jemals erwachen wird. Findet aber keine bewusste Auseinandersetzung mit potenziellen Problemen statt, dann trifft ein solcher Härtefall das Projekt unvorbereitet und unter Verursachung des größtmöglichen Schadens. Das zu verhindern ist Ziel des Risikomanagements.

Der Prozess des Risikomanagements setzt sich aus mehreren Schritten zusammen, namentlich der Findung der vorhandenen Risiken, deren Bewertung und schließlich der Definition von geeigneten Maßnahmen zur Minderung der Wahrscheinlichkeit oder Milderung der Folgen bei Eintritt eines Problemfalles.

8.1 Risikofindung

Sie haben in jedem Fall als Ausgangspunkt der Findung von Risiken die Projektplanung. In ihr sind alle Aufgaben und Termine definiert, die berücksichtigt werden müssen, um schließlich das Projekt abschließen zu können. Jede Aufgabe hat Voraussetzungen, zum Beispiel die Verfügbarkeit bestimmter Ressourcen oder die vorherige Bearbeitung anderer Aufgaben. Es lassen sich hier ohne weiteres Risiken identifizieren, die dazu führen können, dass die Projektplanung nicht wie vorgesehen umgesetzt werden kann.

Darüber hinaus gibt es aber viele Einflussfaktoren auf das Projekt, die in einem globaleren Kontext entstehen und wenig mit den von Ihnen geplanten Aufgaben und deren Ausführung zu tun haben. Das wäre zum Beispiel das Risiko, dass der Auftraggeber das Projekt einstellt, ihm das Geld aus geht oder eine Neuorientierung eintritt. Arbeitsmittel könnten nicht oder nicht zeitgerecht zur Verfügung stehen, eine benötigte Qualität eines Arbeitsmittels ist nicht gegeben, ein wichtiger Fürsprecher für ein Projekt fällt aus. Es ist nicht möglich, solche Ereignisse bestimmten Aufgaben zuzuordnen, sie haben eine Bedeutung für das gesamte Projekt. Eine Orientierung nur an den Aufgaben würde entweder zu einer redundanten Berücksichtigung oder zu einer Nichtberücksichtigung führen.

Ergebnis der Risikofindung ist erst einmal lediglich eine wertfreie Auflistung sämtlicher Eventualitäten, die einen negativen Einfluss auf die Zielerreichung haben könnten. Sie müssen den Weltuntergang hier genauso wenig wie den Verlust eines Radiergummis aufführen, aber alle spürbaren und nicht gänzlich unwahrscheinlichen Ereignisse sollten hier Eingang finden. Die Risikofindung sollte die Frage „Was kann alles schief gehen?" beantworten.

Risiken können in folgende Klassen fallen:

- *personelle*

  Ausfall eines Mitarbeiters oder Ansprechpartners, Verlust eines Fürsprechers, verspätete Verfügbarkeit eines Mitarbeiters, ...

- *wirtschaftliche*

  Wirtschaftlicher Ausfall des Auftraggebers/ Auftragnehmers, Kürzung des Budgets, Beschränkung der Ressourcen, Verteuerung eines Planungspostens, ...

- *logistische*

  Kompletter Ausfall einer wichtigen Ressource, Notwendigkeit der gemeinsamen Nutzung einer Ressource mit anderen, ...

- *planerische*

  Aufgaben dauern länger als vorgesehen, Beistellungen erfolgen nicht zeitgerecht, die Projektdefinition ändert sich

Es ist für die Qualität der Risikofindung wichtig, diese nicht im stillen Kämmerlein durchzuführen. Aufgrund ihrer Natur als kreative Leistung profitiert sie in starkem Maße von Synergien. Um diese gruppendynamischen Effekte ausnutzen zu können, haben Sie verschiedene Möglichkeiten zur Verfügung, vom Workshop bis zum Fragebogen. In der Literatur zu diesem Thema finden sich viele, in unterschiedlichen Projektsituationen anwendbare Verfahren.

Setzt man sich mit dem Thema Risikomanagement in der Literatur auseinander, so stößt man oft auf eine Aufteilung in die zwei Schritte Risiko identifikation und Risikoanalyse, von der hier aber aus zwei Gründen Abstand genommen wird. Zum einen wird oftmals die Risikoanalyse mit der –identifikation gleichgesetzt im Sinne einer „Analyse des Projektes auf vorhandene Risiken". Durch die hier verwendeten Begriffe Risikofindung und –bewertung wird eine klare sprachliche Trennung vorgenommen.

Zum anderen wird die Risikoanalyse in anderen Kontexten als die Untersuchung und Klassifizierung der Risiken nach Gesichtspunkten wie Art des Risikos, Zeitpunkt des möglichen Auftretens, monetärer Schaden usw. verstanden. Diese Art der Analyse ist, das wird im hier beschriebenen, pragmatischeren Ansatz des Umgangs mit Risiken klar, möglicherweise interessant und informativ, aber nicht nötig.

Die vorgestellte Risikofindung und –bewertung bereitet die abschließende Definition von Maßnahmen vor, und hierfür ist eine anderweitige Klassifizierung von Risiken wie oben beschrieben höchstens von statistischem Interesse. Wichtig ist in erster Linie ein möglichst vollständiger Überblick über die Risiken – Priorisierungen in der Behandlung ergeben sich als Ergebnis der Bewertung.

8.2 Risikobewertung

Ergebnis der Risikofindung ist nur eine Liste mit Risiken. Für die weitere Nutzbarmachung dieser Informationen wird in einem weiteren Schritt jedes Risiko bewertet. Die zwei Dimensionen, in denen ein Risiko klassifiziert wird, sind zum einen die Wahrscheinlichkeit seines Eintritts, zum anderen die Höhe des in diesem Fall zu erwartenden Schadens. Es gibt Risikomodelle, die Schaden nur finanziell definieren, zum Beispiel im Investmentbanking. Im Falle von Projektrisiken geht das aus naheliegenden Gründen nicht. Das führt dazu, dass eine subjektive Skala verwendet werden sollte, die sich eher aus dem empfundenen Schadensverhältnis der Risiken zueinander als auf Grundlage von quantifizierbaren Eigenschaften ergibt.

Für die im Folgenden beschriebene Art der Risikobetrachtung (auch: Portfolioansatz) soll die unten abgebildete Matrix als Ausgangspunkt fungieren:

Abb. 8.1. Matrix zur Risikoklassifizierung

Versuchen Sie, jedes identifizierte Risiko in der Matrix zu positionieren. Vermeiden Sie dabei Schönfärberei, nur um zu verhindern, dass Sie genötigt wären, sich mit der resultierenden Maßnahme auseinander zu setzen.

Die Grenzen zwischen den Bereichen sind fließend. Da eine Quantifizierung, insbesondere auf der Schadensachse, schwer fällt, geben Sie Ihrem Bauchgefühl eine Chance. Es macht mehr Sinn, identifizierte Risiken im Verhältnis zueinander in die Matrix einzutragen. Schieben Sie sie wie Nadeln auf einer Pinnwand hin und her, bis Sie das Gefühl haben, das Bild ist stimmig. Der Prozess der Bewertung ist damit insbesondere nicht linear, sondern iterativ, bis er schließlich ein konsensfähiges Ergebnis produziert.

Daher sollten Sie auch die Bewertung von Risiken nicht allein durchführen. Insbesondere die Gefahr der, möglicherweise unbewussten, Verdrängung von Risiken in Maßnahmenquadranten, in die sie eigentlich nicht hineingehören, wird damit weitgehend ausgeschlossen. Des Weiteren holen Sie sich bei Beteiligung der anderen Teammitglieder auch ein Commitment für die im Folgenden vorzubereitenden oder zu ergreifenden

Maßnahmen. Sie stehen mit den unliebsamen Konsequenzen des Risiko-managements nicht allein.

8.3 Maßnahmen

Auf Basis der Risikobewertung müssen Sie abschließend entsprechende Maßnahmen ergreifen oder vorbereiten. Je weiter ein Risiko dabei rechts oben in der Bewertungsmatrix liegt, desto vordringlicher sollte seine Behandlung angegangen werden. Es gibt Faktoren, die eine Umpriorisierung zur Folge haben können, zum Beispiel die zeitliche Nähe eines Risikos. Aber grundsätzlich sollten Sie sich bemühen, das Risikomanagement zu einem so frühen Zeitpunkt zu beginnen, dass sich diese Problematik nicht aufdrängt.

Fallen Risiken in bestimmte Quadranten des oben vorgestellten Bewertungsschemas, so gelten folgende Regeln:

- *keine Maßnahme*

  In dem Fall, dass weder die Wahrscheinlichkeit des Eintritts noch der dann angerichtete Schaden von Belang sind, ignorieren Sie das Risiko erst einmal. Sie können auch dann noch damit umgehen, wenn der unwahrscheinliche Fall eintritt. Sollte sich an Ihrer Einschätzung des Risikos im Projektverlauf etwas ändern, dann können Sie zu diesem Zeitpunkt noch Maßnahmen ergreifen.

- *Maßnahmen ergreifen*

  Wenn sowohl der zu erwartende Schaden als auch die Wahrscheinlichkeit dafür hoch sind, müssen Sie sofort reagieren.

  Wenn es Ihnen schwierig erscheint, geeignete Maßnahmen zu finden, hilft Ihnen vielleicht eine vereinfachende Sichtweise: Um bei dem Schaubild zu bleiben, muss die Maßnahme nämlich lediglich geeignet sein, das Risiko in eine der anderen Klassen verschiebt. Entweder also senken Sie die Wahrscheinlichkeit des Eintritts in hohem Maße, oder Sie sorgen dafür, dass der zu erwartende Schaden nur noch gering ist.

  Wenn also zum Beispiel aus ihrem gemeinsamen Dokumentationsrechner beim Einschalten am Morgen jeden Tages kleine Rauchwölkchen steigen, dann steht zu erwarten, dass er demnächst ausfallen wird. Sie können nun entweder den Rechner reparieren lassen, wodurch Sie die Wahrscheinlichkeit des Ausfalls stark gesenkt hätten, oder Sie machen stündlich Sicherungen des Datenbestandes und stellen einen Aus weichrechner in den Nebenraum. In diesem Fall wäre der Schaden bei Eintritt des Risikos sehr gering.

- *Maßnahmen vorbereiten*

  Auch wenn ein zu erwartender Schaden nur gering ist, so sollten Sie etwas vorbereitet haben, falls mit seinem Eintritt mit hoher Wahrscheinlichkeit zu rechnen ist. Wenn Sie zum Beispiel einen unzuverlässigen Ansprechpartner haben, dessen Beistellungen mit hoher Wahrscheinlichkeit nicht zeitgerecht erfolgen werden, dann können Sie für den kritischen Zeitraum eine Alternativplanung aufstellen. Erfolgt die Beistellung nicht, so können Sie kurzfristig ausweichen, und Ihre Mitarbeiter überbrücken die Zeit sinnvoll mit anderen Aufgaben.

- *Risiko beobachten*

  Manchmal nehmen Sie ein Risiko einfach in Kauf, weil die Kosten für Gegenmaßnahmen im Verhältnis zur geringen Eintrittswahrscheinlichkeit zu hoch wären. Es ist aber unbedingt erforderlich, das Risiko im Auge zu behalten, um zu kontrollieren, ob sich Tendenzen abzeichnen, die die Eintrittswahrscheinlichkeit erhöhen. Diese gilt es frühzeitig zu erkennen und sofort zu reagieren.

Selbstverständlich spricht nichts dagegen, dass Sie ganz unabhängig von der Klassifikation Maßnahmen ergreifen, wenn Ihnen der Schaden im Verhältnis zum von Ihnen zu betreibenden Aufwand unverhältnismäßig hoch erscheint. Die regelmäßige Sicherung von elektronischen Arbeitsunterlagen ist ein gutes Beispiel dafür. Wenn Sie sich dagegen entscheiden, sollte dem eine Auseinandersetzung mit Kosten und Nutzen vorangegangen sein, verbunden mit der Suche nach möglichen günstigeren Alternativen.

Versuchen Sie außerdem, mehrere Fliegen mit einer Klappe zu schlagen. Zum Beispiel lässt in einem Softwareprojekt die regelmäßige Archivierung von Daten Sie bei einem Rechnerausfall, einem unbeabsichtigten Löschen der Datenbestände oder einem fehlerhaften Datenbankupdate wieder auf die Beine kommen und ermöglicht Ihnen gleichzeitig, alte Datenstände wieder herzustellen, wodurch bei Reklamationen historische Aussagen möglich werden.

Die Maßnahmen, die sie definiert haben, werden Bestandteil der Planung. Damit wird Risikomanagement, in einer simplifizierenden Betrachtung, nur zu einem zusätzlichen Bestandteil des Planspiels, das ohnehin zu Beginn des Projektes stattfinden muss. Risikomanagement ist aber mitnichten eine Aufgabe, die nur ein Mal am Anfang des Projektes erfolgt, sondern zählt zu den begleitenden Maßnahmen. Nehmen Sie sich regelmä ßig wieder die Ergebnisse der Risikofindung und -bewertung vor und stellen sich die Frage, ob diese

- noch vollständig sind und
- ob die Beurteilung von Schaden und Eintrittswahrscheinlichkeit noch stimmt.

Sollte sich ein neues Bild ergeben, dann ist es an Ihnen, in angemessener Weise zu reagieren.

8.4 Risikomanagement in der Praxis

In der Praxis findet ein strukturiertes und bewusstes Risikomanagement meist nicht statt. Es ist durchaus üblich, sich für besondere und offensichtliche Gefahren, denen das Projekt ausgesetzt ist, eine Strategie zu überlegen. Die Auseinandersetzung mit den Projektrisiken endet aber regelmäßig an diesem Punkt, was zur Folge hat, dass

- kein Überblick über mögliche (und eventuell vermeidbare) Risiken besteht,
- keine gemeinsame und abgestimmte Strategie entwickelt wird,
- Synergien im Projektteam meist ungenutzt bleiben und
- keine Überwachung von Risiken im Projektverlauf stattfindet.

Dabei ist Risikomanagement keineswegs eine Aufgabe, die viel Zeit benötigt und wesentliche Aufwände verzehrt, die an anderer Stelle dringend benötigt würden. Zum einen kostet nur die erste Durchführung einer Risikofindung und –bewertung viel Zeit, aber auch dafür reicht meist bequem ein Vormittag. Zum anderen kann ein gutes Risikomanagement im Projektverlauf viel Zeit einsparen, wenn es tatsächlich zum Eintritt eines identifizierten Problemfalls kommt.

Vergegenwärtigen Sie sich das am Beispiel des Rechnerausfalls noch einmal. Wenn keine Datensicherungen durchgeführt wurden, bedeutet der Verlust des Rechners mitunter auch den Verlust sämtlicher Daten, und damit gegebenenfalls aller Ergebnisse, die das Projekt bis zu diesem Zeitpunkt erbracht hat. Wird keine Risikofindung durchgeführt, dann erfolgt vielleicht nie eine Auseinandersetzung mit der Frage, ob überhaupt standardmäßig gesichert wird. Es wird also auch – bis zum Verlust der Daten – niemandem auffallen, dass keine Sicherungen stattfinden.

Das Risikomanagement würde in diesem Falle also nicht nur dazu dienen, eine wirksame Maßnahme installiert zu haben, die die Katastrophe verhindert. Es hätte außerdem ursächlich dazu geführt, dass überhaupt der hohe Grad eines Risikos festgestellt wird. Bei der Bewertung hätte das Fehlen einer Datensicherung zu einer hohen Risikoeinstufung und in Folge zur Definition einer Maßnahme geführt. Die Auseinandersetzung mit den Projektrisiken kann also zusätzlich auch dem Erkenntnisgewinn über die Umgebung dienen, in der das Projekt stattfindet.

Es spricht also einiges dafür, das Thema Risikomanagement gemeinsam, strukturiert und nachhaltig anzugehen. Insbesondere die Aufbereitung in der Bewertungsmatrix führt mit einer erstaunlichen Klarheit vor Augen, wo nachweislich Maßnahmen erforderlich sind. Sie hat faktischen Charakter. Gleichzeitig können mit ihrer Hilfe frühzeitig Aufgaben definiert, geplant und verteilt werden.

9 Projektcontrolling und Plananpassung

Eine Planung muss in Frage gestellt werden. Erst damit wird sie zu einem lebenden Instrument bei der Durchführung eines Projektes. Aus Prozesssicht bedeutet das, einen ständigen Soll- und Ist-Vergleich durchzuführen, die Ergebnisse nüchtern und konsequent aufzunehmen und in geeigneter Form in eine aktualisierte Planung einfließen zu lassen.

Projektcontrolling hat viele Facetten. Es handelt sich nicht um eine isolierte Tätigkeit, sondern zerfällt sowohl zeitlich als auch in seinen Möglichkeiten in viele verschiedene Bestandteile. In Verbindung mit Planung und Steuerung ergibt sich ein Regelkreis, dessen Prozessschritte miteinander in mehrfacher Weise wechselwirken. Der Gegenstand des Projektcontrollings, nämlich die Arbeitsleistung der am Projekt beteiligten Personen, macht dieses zu einer diffizilen und fehleranfälligen Aufgabe.

Im Folgenden wird das Projektcontrolling in seinen Kernbereichen und Zielen betrachtet und die Problembereiche genauer beleuchtet.

9.1 Ermittlung der Kontrollgrößen

Der erste Schritt im Projektcontrolling dient der Ermittlung der relevanten Planungsparameter. Ganz einfach ausgedrückt wird der Projektfortschritt festgestellt. Daran sind aber einige Fragestellungen und Probleme geknüpft, die sich im Wesentlichen darauf beziehen, wie und wann die Ermittlung stattfindet.

9.1.1 Art der Ermittlung

Auf welche Art und Weise gelangen Sie an die Informationen, auf deren Grundlage Sie Abweichungen von oder die Korrektheit Ihrer Planung verifizieren können? In welcher Detaillierungstiefe müssen Sie über den Projektfortschritt informiert sein?

Grundlage der Überprüfung Ihrer Planung kann nur die Planung selbst sein. Ob Sie sich nun von oben nach unten, links nach rechts oder quer hindurch hangeln, ist eine Präferenz, über die Sie selber entscheiden mögen. Das Ziel jedoch muss klar sein. Sie müssen wenigstens wissen,

- ob und mit welchem tatsächlichen Aufwand Aufgaben in der planerischen Vergangenheit abgeschlossen wurden,
- wie hoch Aufwände für begleitende Tätigkeiten gewesen sind (Projektmanagement, Qualitätssicherung, ...),
- ob alle Aufgaben begonnen wurden, die laut Planung hätten begonnen sein sollen.

Je nachdem, wie Sie die Aufgaben verteilen und wie klar Sie die Bearbeitungsreihenfolge und Zeitaufteilung vorgeben, haben Sie unterschiedliche Möglichkeiten der Informationsbeschaffung. Grundsätzlich lässt sich hier zwischen einem aktiven und einem passiven Vorgehen unterscheiden.

Passive Ermittlung bedeutet erst einmal nur, dass nicht Sie die Informationen beschaffen, sondern diese von Ihren Mitarbeitern geliefert werden. Es gibt dabei zwei grundsätzliche Möglichkeiten der Umsetzung. Entweder werden Sie von jedem Mitarbeiter informiert, wenn dieser einen Arbeitsschritt abgeschlossen hat und mit dem nächsten beginnt. Meldet er sich nicht, so heißt das für Sie, dass seine laufende Aufgabe noch nicht abgeschlossen ist. Treten Probleme auf, so spricht er Sie rechtzeitig an und Sie können weitere Schritte besprechen.

Bei der alternativen Umsetzung meldet sich der Mitarbeiter nur dann, wenn eine Aufgabe nicht zeitgerecht abgeschlossen werden kann. Hören Sie nichts von ihm, so bedeutet das, dass er die Planvorgaben einhalten konnte und mit der Bearbeitung der jeweils nächsten Aufgabe weiter macht. Im Falle von Problemen kommt der Projektmitarbeiter auch in diesem Falle direkt auf Sie zu und sie erarbeiten gemeinsam eine Lösung.

Die passive Ermittlung setzt, das wird sofort klar, eine sehr idealistische Sichtweise voraus. In einem beiderseits vertrauensvollen und stabilen Verhältnis der Zusammenarbeit zwischen Projektleiter und Mitarbeitern funktioniert dieses Vorgehen, aber seien Sie sich der Nachteile immer bewusst!

Sie wissen nie sicher, wie weit die Bearbeitung einer Aufgabe vorangeschritten ist und ob Ihre Planung überhaupt eingehalten wird. Wird der zur Verfügung stehende Zeitraum für die Erledigung der Aufgabe überschritten, so erfahren Sie das eventuell nicht mit genügend Reaktionszeit vorab, sondern eventuell erst, wenn es zu spät ist. Sie brauchen Mitarbeiter, denen Sie zutrauen, dass Sie sich bei absehbaren Verzögerungen und unerwarteten Problemstellungen auch rechtzeitig an Sie wenden und nicht versuchen, das Problem selbst zu lösen oder zu vertuschen.

Bei einer aktiven Ermittlung hingegen gehen Sie selber auf die Mitarbeiter zu und holen Informationen zum Bearbeitungsstand ein. Es macht Sinn, hierbei nach dem Detaillierungsgrad der erfragten Information zu unterscheiden. Der einfachste orientiert sich nur an der Erledigung der zugewiesenen Aufgaben und dem aktuell bearbeiteten Thema. Dabei sollten Sie es aber mitnichten belassen. Sammeln Sie zusätzliche Informationen:

- Gab es unerwartete Schwierigkeiten bei der Bearbeitung von Aufgaben?
- Haben sich neue Aufgaben ergeben?
- Sind auf Grundlage der gemachten Erfahrungen zukünftig Schwierigkeiten bei anderen Aufgaben zu erwarten?
- Wann wird voraussichtlich die aktuelle Aufgabe abgeschlossen sein?

Insbesondere die letzte Frage ist wichtig, weil sie Ihnen ermöglicht, die Planung auch proaktiv anzupassen, statt später nur Schadensbegrenzung zu betreiben. Ihr Projektcontrolling sollte sich immer auch an Tendenzen und nicht nur an Fakten orientieren.

9.1.2 Zeitpunkt der Ermittlung

Es ist sehr verbreitet, die Fortschrittskontrolle regelmäßig, zum Beispiel im Wochentakt, durchzuführen. In zeitkritischen Situationen wird dann mitunter die Frequenz erhöht, so dass schließlich der Projektleiter jeden Tag die aktuellen Zahlen abfragt.

Aber Projektleitung ist keine exakte Wissenschaft, und wie zuvor bereits beschrieben, geht es in erster Linie darum, dass Sie ein gutes Gefühl dafür kriegen, was wie schnell oder gut lief, läuft oder laufen wird. Machen Sie sich klar, dass Ihre Mitarbeiter nicht schneller arbeiten, wenn Sie ihnen ständig vor Augen führen, wie wenig Sie ihnen zutrauen. Denn jede Kontrolle kann letztlich auch als eine Abrede von Fähigkeiten interpretiert werden.

Versuchen Sie statt dessen, sich eine situative Verhältnismäßigkeit anzueignen. Wenn Sie Ihrem Team vertrauen, dann lassen Sie es arbeiten und versuchen, im gelegentlichen, zwanglosen Gespräch einen aktuellen Eindruck von ihrem Fortschritt zu erhalten. Haben Sie das Gefühl, die Geschwindigkeit stimmt nicht, dann haken Sie nach.

Ihre Überprüfung muss Ihnen letztlich ein Gefühl der Übersicht vermitteln. Sie sollten nicht einfach formalen Vorgaben genügen, denn dann haben Sie nicht ansatzweise verstanden, worum es beim Projektcontrolling eigentlich geht. Es dient dazu, dass Sie sich ein Bild vom Status Ihres Projektes machen. Wenn Sie zu einem beliebigen Zeitpunkt dieses Gefühl vermissen, dann sorgen Sie dafür, dass Sie es wieder erhalten.

Eine stumpfe regelmäßige Kontrolle kann eine trügerische Sicherheit verleihen, insbesondere, wenn die Zeiträume hinreichend lang sind, um wesentliche Veränderungen zwischen zwei Prüfungen zu ermöglichen. Im

Laufe einer Woche zum Beispiel kann eine Aufgabe, die mit zwei Tagen in Ihrer Planung angesetzt wurde und bei der letzten Prüfung „fast fertig" war, bereits sieben Tage verbraucht haben und damit ihre Toleranz um ein Vielfaches überschritten haben.

Sehen Sie sich Ihr Team an! Reicht ein zwangloses Treffen, um den Projektfortschritt festzustellen und die nächsten Schritte anzugehen? Oder befinden Sie sich in einer kritischen Phase oder sind gerade erst im Begriff, Ihre Mitarbeiter kennen zu lernen? Machen Sie sich Ihre Situation bewusst und entscheiden Sie dann. Ändern Sie Ihr Schema, wenn sich die Rahmenbedingungen ändern, wenn zum Beispiel Ihr Projekt aus einer terminlich engeren Phase wieder in ruhigeres Fahrwasser kommt oder umgekehrt.

9.2 Soll- und Ist-Vergleich

Der Begriff des Soll- und Ist-Vergleichs ist wohl jedem intuitiv zugänglich. Dahinter verbirgt sich aber mehr als nur das Nebeneinanderstellen von Zahlen und Terminen. Der Soll- und Ist-Vergleich ist faktisch wertlos, wenn er nur dazu dient, Abweichungen zur bisherigen Planung festzustellen. Zusätzlich muss eine Bewertung der Abweichung stattfinden, um die folgende Anpassung der Planung in geeigneter Weise vorzubereiten.

Es ist zum Beispiel leicht nachvollziehbar, dass die Verschiebung eines Termins bei hinreichendem Puffer und mitten in einer Phase weniger schwerwiegend ist, als wenn dieses gegen Projektende oder unmittelbar vor Erreichen eines wichtigen Meilensteins eintritt. Die Schwere einer Abweichung muss an mehreren Parametern gemessen werden:

- *Verhältnis zur Projektgröße*

  Verzögert sich in einem Projekt mit einer sehr langen Laufzeit der Abschluss eines Arbeitsschrittes um zum Beispiel eine Woche, so ist das in der Regel gut zu verkraften. Bei sehr kurzen Projektlaufzeiten fällt eine Verschiebung von einer Woche allein schon deswegen ins Gewicht, weil es sich finanziell bereits um eine signifikante Größe im Verhältnis zum Projektvertrag handelt. Wo also in kleineren Projekten Verzögerungen von ein oder zwei Tagen tolerabel sind, da weisen große Projekte eine erheblich höhere Leidensfähigkeit auf.

- *Verhältnis zur Aufgabengröße*

  Wenn eine Aufgabe zum Beispiel mit einer Woche eingeplant war, sich aber eine Streckung auf zwei Wochen ergibt, so muss im Einzelfall entschieden werden, ob das nachvollziehbar und akzeptabel ist oder ob die festgestellte Abweichung besondere Maßnahmen nach sich ziehen muss. Wenn sich ein Mitarbeiter zum Beispiel als nicht geeignet für die Bearbeitung einer Aufgabe herausstellt oder generell ein langsameres Tempo vorlegt, als Sie dieses bei der Erstellung Ihrer Planung angenommen hatten, so mag das dazu führen, dass die gesamte Planung angepasst werden muss.

- *verbleibendes dynamisches Potential der Planung*

  Wie oben schon beschrieben, ist nicht jeder Zeitpunkt im Projektverlauf gleichermaßen unbedenklich. Haben Sie noch genügend Puffer, der angegriffen werden kann, so ist eine Verzögerung unproblematisch. Sie kann quasi als eingeplant betrachtet werden. Sollte sie aber statt dessen absehbar dazu führen, dass sich andere Aufgaben über Meilensteine hinausschieben, dann ist die Abweichung kritisch. Die resultierenden Maßnahmen müssen einschneidende Veränderungen der Planung mit sich bringen.

Die Frage, die Sie sich bei jeder Abweichung stellen müssen, lautet also, ob diese tolerabel ist und kompensiert werden kann, oder ob sich an dieser Stelle ein ernsthaftes Problem auftut. Hüten Sie sich insbesondere davor, pauschal jede Verschiebung als mittlere Katastrophe anzusehen. Betrachten Sie diese statt dessen als normal und versuchen, ein Gespür für die wirklichen Problemfälle zu entwickeln.

9.3 Anpassung der Planung

Jede Planung ist falsch. Das Projektcontrolling dient in diesem Sinne nur dem Nachweis des Ausmaßes der Abweichung. Das ist, wie zuvor schon beschrieben, jedoch kein Grund zur Zerknirschung, sondern einfach die Realität, die man hinnehmen und mit der man umgehen lernen sollte.

Ob Plananpassungen Teil des Projektcontrollings sind, ist eine akademische Diskussion. Da aber allein die bisherigen Ausführungen kein vollständiges Bild des Prozesses geben, muss dieser mit der Plananpassung zu einem logischen Abschluss gebracht werden. Diese wiedrum stellt sich im Projektverlauf anders dar als die reine Planung in „7 Projektplanung". Eine Plananpassung ist der Griff in die laufende Maschine mit dem Ziel, den entstandenen Schaden effizient und nachhaltig zu korrigieren und ein Wiederaufsetzen zu ermöglichen. Das ist ein Schritt der in „2.4 Dynamik" beschriebenen, fortwährenden Suche nach Fixpunkten im Projektverlauf.

Für die Anpassung einer Planung gibt es verschiedene Möglichkeiten, die sorgsam in ihren Möglichkeiten und Vor- und Nachteilen abzuwiegen sind.

- *Anpassung von Aufwänden*

  Respektiv bleibt Ihnen nie etwas anderes übrig, als entstandene Aufwände in Ihrer Planung so einzutragen, wie sie aufgetreten sind. Als Reaktion wird sich entweder ein Puffer vergrößern oder vermindern. Das ist sein Zweck. Haben Sie darüber hinaus von Ihren Mitarbeitern Aussagen darüber erhalten, wie lange die gerade bearbeitete Aufgabe voraussichtlich noch dauern wird, so können Sie diese Prognose gleichfalls in Ihre Planung einfließen lassen. Sehen Sie sich in diesem Falle genau das Verhalten Ihrer Puffer an!

  Fragen Sie sich bei einer schmerzhaften Verminderung eines Puffers, ob dadurch Ihr Problem auch wirklich gelöst ist. Denn es geht bei der Anpassung einer Planung immer darum, danach eine neue Prognose über den weiteren Projektverlauf erstellt zu haben, so dass die zukünftige Entwicklung wahrscheinlich nur noch geringfügig davon abweichen wird. Die Kompensierung mit Hilfe eines Puffers kann kurzfristig dafür sorgen, dass Sie den Effekt einer Verschiebung in Ihrer Planung nicht mehr unmittelbar spüren, das eigentliche Problem, zum Beispiel die falsche Einschätzung der Arbeitsgeschwindigkeit eines Mitarbeiters, damit aber nicht gelöst haben.

- *Verlagerung von Aufgaben auf andere Mitarbeiter*

  Es gibt die Möglichkeit, Aufgaben von einem Mitarbeiter auf einen anderen zu verlagern. Sie werden in der Regel ein breites Spektrum an Leistungsfähigkeit und Arbeitsgeschwindigkeit bei Ihren Mitarbeitern feststellen. Das bedeutet für Sie, dass einige Mitarbeiter ihren Puffer nicht nutzen, sondern statt dessen eher ausbauen und dann zusätzliche Zeit zur Verfügung haben. Diese sollte genutzt werden, um ihnen andere Aufgaben zuzuweisen.

  Manche Mitarbeiter neigen dazu, die schnelle Erledigung von Aufgaben dadurch zu kompensieren, dass sie als „Selbstbelohnung" einen gemütlicheren Stil an den Tag legen, selbstgewählte Aufgaben einschieben oder sich intensiver um ihre Fortbildung kümmern. Das ist in einem vernünftigen Umfang durchaus gerechtfertigt und sollte auch von Ihnen gefördert, wenn nicht sogar gefordert werden, aber primäres Ziel ist die Sicherstellung des Projekterfolgs. Das heißt, dass bereits zu Beginn des Projektes klargestellt werden muss, dass Sie jedem die Zeit geben, die er braucht, aber nicht ohne Ihre Zustimmung mehr. Das ist eine Notwendigkeit und sollte nicht als besondere Härte verstanden werden.

- *Verschiebung von Meilensteinen*

Die Verschiebung von Meilensteinen kann ein sehr drastisches, aber wirksames Mittel sein, um eine Planung anzupassen. Wenn Sie zu dem Schluss kommen, dass ein wichtiger Termin nicht mehr gehalten werden kann, dann ist es nur ehrlich und konsequent, in Abstimmung zwischen Auftraggeber und Auftragnehmer, einen Meilenstein zu verschieben.

Die Verschiebung eines Meilensteines ist oft nicht ohne weiteres möglich. Folgephasen verkürzen sich, und Puffer dieser Phasen werden schon angegriffen, bevor die Arbeiten an den Aufgaben begonnen wurden. Eventuell müssen einzelne Schritte, zum Beispiel der Test eines Projektergebnisses, gekürzt werden, was auf Kosten der Qualität gehen kann.

Macht man sich jedoch bewusst, dass das offizielle Erreichen eines Meilensteines fast nie sein gleichzeitiges Erreichen für alle Projektmitarbeiter bedeutet, so relativiert sich das Problem. Einige Mitarbeiter werden bereits mit Aufgaben beschäftigt sein, die schon in die Folgephase gehören, während andere noch die letzten Arbeiten der aktuellen Phase zu ihrem Abschluss bringen. Der Übergang von einer Phase in die nächste ist arbeitsseitig ein fließender, so dass die Verschiebung eines Meilensteines im günstigen Falle nicht mehr als ein formaler Vorgang ist, der wenig Einfluss auf das Projektende oder den weiteren Projektverlauf besitzt.

Das scheint auf den ersten Blick dem Prinzip des harten Meilensteines wie in dem Abschnitt über Phasenmodelle dargestellt zu widersprechen. Tatsächlich bleibt der bedingende und vertragsrelevante Charakter der Abnahme des Phasenergebnisses davon aber unberührt. Eine anstehende Abnahme bedeutet aber nicht, dass sämtliche Arbeit ruht, bis die Abnahme erteilt ist. Das wäre in höchstem Maße unökonomisch.

Ein Sonderfall tritt ein, wenn sich außer einem Meilenstein auch das Projektende verschiebt. Dann handelt es sich in der Regel um einen Eskalationsfall, auf den weiter unten noch genauer eingegangen wird.

Wenn Sie Ihre Planung angepasst haben, sollten Sie einen sicheren Blick, eine gute Prognose für die nächste Zukunft haben. Das bedeutet auch, dass die jeweils nächste Anpassung immer nur kleine Veränderungen und nur in Ausnahmefällen eine komplette Überarbeitung der Planung bedeutet. Ist dem nicht so, dann kann dieses oft als Hinweis auf besondere Schwierigkeiten gewertet werden, in denen ein Projekt möglicherweise steckt.

Eine Maßnahme, die Ihnen zusätzliche Informationen und Klarheit bei der Anpassung der Planung geben kann, ist die Historisierung. Um möglichst zu vermeiden, dass Sie von regelhaften Veränderungen der Planung irgendwann überrollt werden, halten Sie die Historie vor. Vieles wird Ihnen sicher im Gedächtnis haften bleiben, weil Sie die Planung selber anpassen, aber manche Veränderungen sind schleichend, und einige Tendenzen werden erst im Überblick sichtbar. Die Auswertung solcher Tendenzen gibt Ihnen oftmals wichtige Anhaltspunkte darüber, was Sie von Folgeschritten erwarten dürfen und an welchen Stellen sich Ihre Planung regelmäßig entgegen Ihren Erwartungen entwickeln wird.

Die meisten professionellen Werkzeuge zur Erstellung von Planungen bieten mehr oder weniger komfortable Möglichkeiten, die Veränderungen im zeitlichen Verlauf des Projektes nachvollziehbar zu machen. Zur Not würde aber sogar eine handschriftliche Planung hinreichend sein, sofern Sie nur dafür sorgen, dass Format und Struktur über den Projektverlauf immer vergleichbar aufgebaut sind.

9.4 Eskalation

Nicht jede Veränderung können Sie kompensieren. Würden Sie zum Beispiel nur mit zusätzlichen Mitarbeitern einen Termin noch halten können, oder wird eine Verschiebung des Projektendes zwangsläufig, so sind dem Projektleiter schließlich die Hände gebunden. Die ihm zur Verfügung stehenden Mittel sind nicht mehr hinreichend oder seine Entscheidungsbefugnisse werden überschritten.

In diesem Falle ist eine Eskalation unumgänglich. Ziel des Projektleiters muss es sein, schnell eine praktikable und vor allem langfristige Lösung für sein Problem zu finden. Das sind drei Kriterien, die in politischen Diskussionen zwischen Auftraggeber und Auftragnehmer oftmals aus den Augen verloren werden. Hier wird besonders deutlich, wie stark das Projekt auf der einen Seite zwar abhängig von finanziellen, terminlichen und juristischen Erwägungen ist, wie wenig die beiden Bereiche jedoch auch eine gemeinsame Sprache sprechen.

An eine Eskalation anschließend finden sich meist lange Diskussionen, in denen die Schuldfrage zu klären versucht wird, die Übernahme der entstehenden Kosten oder die Art und Weise, in der Termine verschoben und Ressourcen neu allokiert werden müssen. Das sind wichtige Themen, aber ihre Klärung zieht sich meist lange hin und richtet aus Projektsicht oft mehr Schaden an als sie hilft.

Es gibt eine Vielzahl von Gründen oder verfolgten Zielen für eine Eskalation:

- *zusätzliche Mitarbeiter*

  Wenn zusätzliche Mitarbeiter noch sinnvoll eingesetzt werden können, um ein Ziel zu erreichen, sollten sie zu einem geeigneten Zeitpunkt
  kurzfristig in das Projekt eingebracht werden. Das ist für keinen der
  Beteiligten eine leichte Aufgabe, und die Nachteile können durchaus zu
  einer Kompensierung der zusätzlich verfügbaren Arbeitsleistung führen.

  Zuerst einmal müssen die neuen Mitarbeiter wirklich zeitgerecht zur
  Verfügung stehen. Das muss nicht sofort nach der Eskalation passieren,
  sondern zu dem Zeitpunkt, der sich am besten dafür eignet. Gehen Sie
  hier nie nach der Methode „Viel hilft viel" vor, sondern suchen Sie nach
  dem Zeitpunkt im Projektverlauf, der sich am ehesten dazu eignet, weiter parallelisiert und damit beschleunigt zu werden. Versorgen Sie ihn
  nur mit so vielen zusätzlichen Mitarbeitern, wie Sie auch mit Arbeit versorgen können.

  Die Aufwände für Projektmanagement, –planung und –controlling
  sowie Kommunikation steigen mit jedem Mitarbeiter stärker als einfach
  nur linear. Zusätzlich entstehen signifikante Aufwände, um bei neuen
  Teammitgliedern die nötigen Kompetenzen für die Erledigung der ihnen
  zugewiesenen Aufgaben aufzubauen. Je nach Verweildauer und vor allem Vorqualifizierung Ihrer zusätzlichen Unterstützung im Projekt muss
  hier sehr genau abgewogen werden, ob sich wirklich ein Zugewinn an
  Arbeitsleistung ergibt.

  Und schließlich haben Sie es auch mit den Befindlichkeiten der neuen
  und der Mitarbeiter, die bereits im Team sind, zu tun. Es kann sein, dass
  die neuen sich als Arbeiter zweiter Klasse und willkürlich eingesetzte
  Feuerwehrleute fühlen. Vielleicht haben sie die Einstellung, dass sie nur
  aushelfen müssen, weil Ihr bisheriges Team es „nicht gebracht" hat.
  Möglicherweise betrachten sie ihre neue Arbeit als Nebenbeschäftigung
  und arbeiten parallel noch für andere Projekte. Ihr bestehendes Team
  wird hingegen mit einer Situation konfrontiert, in der es sich erst wieder
  finden und neu formieren muss. Der Umgang mit diesen sozialen Strömungen stellt den Projektleiter vor einige Anforderungen, die meist nur
  überlebt, aber seltener gemeistert werden.

  Die Forderung nach zusätzlichen Mitarbeiter sollte also mit Vorsicht
  geäußert werden. Manchmal ist es besser, in Absprache mit dem Team
  in einem befristeten Kraftakt den Projektzug wieder auf die Gleise zu
  setzen, um schließlich mit normaler Geschwindigkeit wieder gen Ziel-
  bahnhof fahren zu können.

- *Verschiebung von Meilensteinen*

Die Verschiebung von Meilensteinen an sich ist, wie zuvor schon beschrieben, oft ein geringeres Problem. Bei einer geschickten Verteilung der Aufgaben auf die Mitarbeiter lässt sich ein weicher Übergang über Meilensteine hinweg realisieren, der die Verschiebung des Meilensteins selbst in einem gewissen Rahmen unkritisch macht.

Es sollte aber nicht außer Acht gelassen werden, dass es außerhalb Ihres Projektes auch eine Welt gibt, in der andere Personen ihre Termine auf den abgesprochenen Meilenstein ausgerichtet haben. In diesem Fall können Sie den Meilenstein nicht nach eigenem Gutdünken verschieben, sondern müssen dieses zum Ziel der Eskalation machen. Gehen Sie also auch mit der scheinbaren Leichtigkeit der Meilensteinverschiebung nicht willkürlich oder leichtfertig um, sondern erst nach reiflicher Abwägung der möglichen Folgen.

- *Verschiebung des Projektendes*

Das drastischste Mittel zur Korrektur eines verzögerten Projektverlaufs ist die Verschiebung des Projektendes. Unabhängig von den Gründen dafür sind die Folgen in vielen Bereichen spürbar.

Das Auftraggeber-Auftragnehmer-Verhältnis leidet immer unter einer solchen Maßnahme. Ist die Verschiebung ein Verschulden des Auftragnehmers, so ist das sicher naheliegend, weil ein offensichtlicher Vertrauensbruch vorliegt. Aber auch, wenn der Auftraggeber der Verursacher ist, trübt sich das Zusammenspiel zwischen den beiden Vertragspartnern. Grund ist das unangenehme formale Vorspiel vor einer derart extremen Maßnahme. Damit das Projekt trotzdem möglichst wenig davon betroffen wird, ist es wichtig, Projektverantwortung und vertragliche Verantwortung sauber zu trennen (siehe „4.1 Funktionale Sichtweise").

Die Verschiebung des Projektendes ist ein zweischneidiges Schwert. Auf der einen Seite ist es das beste Mittel, um mit den Erfahrungen, die im Projekt gemacht worden sind, eine bessere Prognose über die zukünftige Entwicklung machen zu können, den Druck aus dem Projekt zu nehmen und schließlich ein gutes Ergebnis in einem vernünftigen Zeitrahmen abliefern zu können.

Andererseits ist der Einfluss auf die Chemie zwischen den Vertragspartnern meist fatal, und die Verschiebung des Projektendes muss deshalb insbesondere ein Medikament sein, das bei seinem ersten Gebrauch wirkt. Es ist leicht einzusehen, dass es kein Mittel ist, das „immer mal wieder" eingesetzt werden darf. Statt dessen ist es wichtig, beim ersten Versuch bereits einen neuen Plan vorzustellen, der wirklich hinreichend ist, um aus der momentanen Notlage herauszukommen und damit in keine neue mehr zu geraten. Gerade Letzteres wird oft vernachlässigt. Statt dessen werden nur bereits vorhandene Verzögerungen im Projektverlauf aufgerechnet und an das bisherige Projektende angehängt.

Statt dessen muss eine sorgfältige Analyse der Verzögerung vorgenommen werden. Sind dort Regelmäßigkeiten feststellbar, so müssen diese auch auf den aktualisierten Projektplan abgebildet werden. In diesem Fall lag ein wesentlicher Fehler der alten Planung nicht im Übersehen von Eventualitäten und damit nicht erwarteten Aufwänden, sondern in einer Fehleinschätzung der Größe von schon geplanten Aufwänden. Liegt hier eine Systematik vor, so muss diese unbedingt erkannt und berücksichtigt werden.

- *Kürzung der Projektergebnisse*

  Ein weiteres Eskalationsziel ist die Verringerung des Umfangs des Projektes. Dieses Ziel lässt sich oft schlecht mit den Vorstellungen des Auftraggebers vereinbaren. Das liegt aber vielfach nicht daran, dass nicht tatsächlich Teile des Projektergebnisses gestrichen werden könnten, sondern dass bei den Beteiligten keine saubere Differenzierung zwischen den wichtigen und den nachrangigen Projektergebnissen vorgenommen wird oder werden kann.

  Um das Eskalationsziel einer Kürzung der Projektergebnisse zu erreichen, ist es für den Projektleiter besonders wichtig, eine klar verständliche Strategie vorzubereiten. Anders als bei einigen Maßnahmen, deren Folgen intuitiv zugänglich sind, müssen hierbei die verschiedenen Aspekte einer Streichung verständlich dargestellt werden:

  - Zu kürzende Projektergebnisse

    Die betroffenen Aspekte des Projektes müssen klar abgegrenzt werden. Es darf weder der Eindruck entstehen, sie seien ohnehin unwichtig gewesen und ihr Wegfall werde das Gesamtergebnis nicht verändern, noch das schale Gefühl, dass bei einer böswilligen Auslegung der Streichungen kaum mehr etwas vom ursprünglichen Projektziel übrig bleibt.

  - Auswirkungen

    Stellen Sie dar, was die Streichung bedeutet. Es ist nicht immer erkennbar, wie sich ein Gesamtkonzept tatsächlich verändert, wenn sich ein Detail anders darstellt. Eine solche Beschreibung hat für Sie den Vorteil, dass Sie sich nach der Analyse sicher sein können, dass Sie keine Seiteneffekte übersehen haben. Dem Auftraggeber sollte dieses dann neben dem Blick auf die Auswirkungen auch das Gefühl geben, dass Sie die Materie tatsächlich durchdrungen haben.

• Alternativen

Wird ein Projektergebnis eingeschränkt oder gestrichen, so bedeutet das selten, dass es damit überhaupt nicht mehr gebraucht wird. Ein Software-Projekt zum Beispiel transformiert meist Teile von realen Geschäftsprozessen in technisch automatisierte Abläufe. In diesem Kontext muss für den Auftraggeber ersichtlich sein, wie er den Teil seines Geschäftsprozesses, der nicht mehr in der ursprünglich geplanten Form realisiert wird, trotzdem abwickeln kann. Entweder wird das eine rein organisatorische, nicht automatisierte Lösung sein, oder Sie sind in der Lage, ihm technische Unterstützung zur Verfügung zu stellen, die zwar weniger komfortabel, dafür günstiger und doch hilfreich bleibt.

• Ausblick

Eine Streichung zum aktuellen Zeitpunkt muss nicht bedeuten, dass das Projektergebnis nie mehr im ursprünglich vorgesehenen Umfang implementiert wird. Es ist gut, einen Blick in die Zukunft anzubieten, der eine spätere Migration auf die ursprünglich geplante Lösung in Verbindung mit dem entsprechenden Zeitrahmen anbietet.

• *Beistellleistungen*

In der Beschreibung von Puffern wurde bereits erwähnt, dass sie unter anderem dazu dienten, um Verzögerungen durch die nicht zeitgerechte Erbringung von Beistellleistungen in einem vernünftigen Maße zu kompensieren. Wenn die kurzfristige Verwendung der Puffer nicht hinreichend ist, ist der Projektleiter verpflichtet, zur Einforderung der Beistellungen zu eskalieren.

Hierbei werden letztlich zwei Ziele gleichzeitig verfolgt. Zum einen geht es darum, die Beistellung zu erreichen, denn ohne sie kann das Projekt faktisch nicht weitergeführt werden. Zum anderen geht es darum, die bereits entstandene Verzögerung kompensieren zu können, wobei verschiedene der oben aufgelisteten Maßnahmen benutzt werden können. Dafür bedarf es aber einer formal korrekten Handhabe, deren Grundlage die Einforderung der nicht erbrachten Beistellleistung ist.

Grundsätzlich lässt sich sagen, dass jede Form der Eskalation mit vielen Nachteilen behaftet ist, insbesondere in Bezug auf ihre Auswirkungen auf das Auftraggeber-Auftragnehmer-Verhältnis. Sie sollte daher sehr kontrolliert und nur nach reiflicher Überlegung durchgeführt werden. Die vorge schlagenen Maßnahmen müssen zielführend und langfristig ausgelegt sein, damit jede erste Eskalation möglichst auch die letzte bleibt.

Jedoch sollten Sie sich nicht scheuen zu eskalieren, wenn ohne dieses Mittel die vertragsgemäße Fortführung des Projektes nicht mehr möglich ist. Und in genau dieser Hinsicht sollte selbst die Eskalation als normaler Bestandteil des Aufgabenportfolios des Projektleiters betrachtet werden. Sie muss, wenn die Zeit dafür richtig ist, genauso durchgeführt werden wie ein Teammeeting, die Verteilung von Aufgabenpaketen oder die Erstellung eines Statusberichtes.

9.5 Feedback

Die Durchführung eines Projektes ist eine gemeinsame Aufgabe. Der Projektleiter ist nicht der einzig Beteiligte daran, und wenn auch in der Regel er die Planung und das Projektcontrolling vornimmt, so betreffen seine Maßnahmen doch alle im Projekt. Er hat über die Notwendigkeit hinaus, seine Mitarbeiter mit einer aktualisierten Planung zu versorgen, auch die Verpflichtung, ihnen ein Feedback zu ermöglichen.

Synergie basiert auf dem Umstand, dass mehrere Personen gemeinsam bessere Ergebnisse erbringen, als ihnen dieses in Summe, aber alleine, möglich gewesen wäre. Die Übernahme der Funktion des Projektleiters bedeutet nicht, dass sich damit automatisch alle planerische Kompetenz in einer Person konzentriert und die anderen im Team hierfür nicht mehr benötigt würden. Es wäre ausgesprochen ungeschickt, ja gar vermessen, die Kompetenzen der Mitarbeiter nicht zu nutzen und sie statt dessen zu Ausführungsgehilfen und Befehlsempfängern zu degradieren. Aber analog der ersten Besprechung der ursprünglichen Projektplanung bedeutet das auch hier nicht, dass allen Einwänden entsprochen wird, sondern es erfordert lediglich die Bereitschaft, diese selbstkritisch aufzunehmen und gegebenenfalls die Planung auch noch einmal anzupassen.

Insbesondere bei gravierenden Maßnahmen ist es angeraten, sich vorher im Team rückzuversichern, dass das Vorhaben auch auf allgemeinen Konsens trifft. Wenn Sie beim Auftraggeber schon den Vorschlag abgegeben haben, das Projektende zu verschieben, nur um erst dann festzustellen, dass einige Ihrer Mitarbeiter nicht mehr über das ursprüngliche Projektende hinweg in Ihrem Projekt arbeiten werden, haben Sie ein Problem, das sich im Vorwege hätte vermeiden lassen können.

10 Mitarbeiterauswahl

Oft lässt man sich zu der Ansicht verleiten, dass es doch recht einfach sein sollte, den richtigen Mitarbeiter für ein Projekt zu finden. Da wird eine aussagekräftige Anforderung geschrieben, und kurze Zeit später liegt ein ebenso aussagekräftiges Profil auf dem Schreibtisch. Dieses kann studiert werden, und wenn der Mann oder die Frau die nötigen Kompetenzen besitzt, dann steht einem Einsatz nichts im Wege.

Traurigerweise wird oft genau so verfahren. Das wird aber weder den Erfordernissen im Projekt, noch den daran beteiligten Menschen gerecht. Das Versäumnis ist darüber hinaus meist ein vorsätzliches, denn es ist durchaus möglich, anders vorzugehen. Aber der Umgang mit Menschen und die intensive Auseinandersetzung mit ihnen ist eine Fähigkeit, die erlernt werden muss und bei vielen Vorgesetzten nur rudimentär ausgebildet ist. Und angesichts dieser Unfähigkeit werden Methoden angewendet, von denen sie sich beharrlich einreden, sie seien in gleicher Weise zielführend. Das ist sicher korrekt, solange das Ziel nur die Aufstellung einer namenlosen Besetzung für ein Projekt ist. Wenn es aber darum geht, langfristig ein Team zu formen, bedarf es zwangsläufig eines anderen Vorgehens.

10.1 Das Mitarbeiterprofil

Einstieg in den Prozess der Mitarbeiterauswahl ist das Profil des Mitarbeiters. Der Begriff muss jedoch zwangsläufig aus mehreren Richtungen betrachtet werden. Aus der Sicht des Projektleiters bedeutet das in erster Konsequenz nämlich die Formulierung der Kompetenzen eines zukünftigen Mitarbeiters.

Hierbei sollte umsichtig gehandelt werden. Es hat keinen Sinn, Phantasiegebilde zu konstruieren, wie man sie sonst nur in Stellenangeboten liest, in denen das erbetene Leistungsspektrum aus einer schier endlosen Auflistung von technischen Abkürzungen und zwanzig Jahren Berufserfahrung bei jugendlicher Flexibilität besteht. Für die zielführende Anforderung eines Mitarbeiters ist es wichtig, zu priorisieren und die wirklich bedeutsamen Eigenschaften und Kompetenzen zu definieren.

Gewinnen Sie für sich Klarheit darüber, was Sie von einem Kandidaten wenigstens erwarten müssen, damit er eine bestimmte Position besetzen kann. Schreiben Sie diese Minimalanforderung nieder, denn sie muss unbedingt durch das Profil abgedeckt werden.

Alles darüber hinaus ist Politik oder Luxus. Aber es ist gleichzeitig eine Form von Kosmetik, auf die Sie keinesfalls verzichten sollten. Denn es wäre nicht ehrlich, so zu tun, als würde Sie ein Minimalprofil immer ans Ziel führen. Sie werden ihre Forderung unter Berücksichtigung der vorhandenen Firmen- oder Verteilungskultur in geeigneter Weise überzeichnen müssen. Wichtig aber ist: Behalten Sie das ursprüngliche Minimalprofil, um später einen Abgleich vornehmen zu können.

Der zweite Schritt im Auswahlprozess sollte der Empfang eines existierenden Profils sein, das Sie auf Ihre Anforderung hin erhalten. Wie oben beschrieben, ist der unmittelbare Abgleich mit Ihren minimalen Bedürfnissen für die zu besetzende Position wichtig, um die grundsätzliche Eignung feststellen zu können. Wenn Sie hierbei keine volle Überdeckung vorfinden, so bedeutet das für Sie zwangsläufig die Einleitung einer von mehreren möglichen geeigneten Maßnahmen:

- Zurückweisung des Profils und Anforderung eines anderen Mitarbeiters oder
- Überarbeitung der Planung unter der Annahme, dass der zur Verfügung gestellte Mitarbeiter bestimmte Kompetenzen erst erwerben muss

In beiden Fällen wird das auf der gehobenen Führungsebene auf wenig Gegenliebe stoßen. Aber machen Sie sich bewusst, dass ein Projekt, das im Verlauf die Planungsgrenzen über Gebühr beansprucht, dort noch viel weniger Freunde finden wird. Der Unterschied: Vor dem Projekt können Sie noch die Weichen stellen. Wenn Sie aber stillschweigend unter nicht praktikablen Randbedingungen starten, haben Sie am Ende die alleinige Verantwortung für ein Scheitern des Projektes zu übernehmen.

Doch selbst, wenn der Mitarbeiter gemäß seines Profils Ihre Anforderungen erfüllt, haben Sie das Ende des Auswahlprozesses noch nicht erreicht. Der wichtigste Schritt ist das persönliche Gespräch, auf das im kommenden Abschnitt im Detail eingegangen wird. Insbesondere qualitative Einschätzungen werden erst jetzt ermöglicht.

Für die Formulierung der erwarteten Kompetenzen eines Mitarbeiters gilt, dass es oftmals schwierig oder auch unnötig ist, diese im Detail festzuschreiben. Insbesondere in größeren Projekten macht die längere Laufzeit und die reine Anzahl an Aufgaben eher einen bestimmten Typ Mitarbeiter als einen klar definierbaren Experten erforderlich. Es kommt dann zu Profilanforderungen vom Typ:

- „... Erfahrungen mit einem aktuellen CAD-System, Automotive, möglichst Aggregatedesign..."
- „... sollte Kenntnisse in Asset-Management oder Derivate allgemein haben, Bank-Projekterfahrung erwünscht..."
- „... Erfahrung in konzeptionellem Design und Software-Architektur sollte vorhanden sein, Client-Server hinreichend, Großrechner wäre ideal..."

Hiermit werden weniger exakte Vorgaben als vielmehr Orientierungshilfen gegeben. Es ist dann wichtiger, das richtige Bauchgefühl über den Mitarbeiter zu erhalten, als eine Profilabdeckung, die wie die sprichwörtliche „Faust aufs Auge" passt. Dazu im folgenden Abschnitt mehr.

10.2 Das persönliche Gespräch

Um die Eignung eines zukünftigen Mitarbeiters festzustellen, ist das persönliche Gespräch die beste Alternative. Es gibt hierbei eine Menge von Themen, die Sie unbedingt anschneiden sollten, bei anderen Dingen ist es wichtig, dass Sie sich um einen Eindruck bemühen. Dieser Eindruck ist zwangsläufig subjektiv, deswegen sollten Sie sich nicht nur darauf verlassen, ob Sie einen neuen Mitarbeiter mögen oder nicht. Zum einen könnten Sie durchaus mit Ihrer Meinung, unabhängig davon, wie sie ausfällt, allein stehen, zum anderen gibt es andere Parameter, die gleichfalls eine gewichtige Rolle bei Ihrer Entscheidung spielen sollten.

Und seien wir ehrlich: Ob Sie einen Mitarbeiter wirklich ablehnen können oder nicht, hängt nicht zuletzt auch davon ab, ob Sie damit rechnen können, rechtzeitig einen Ersatz zu erhalten. Die Wahl der richtigen Strategie liegt letztlich bei Ihnen. Aber es hat ja niemand behauptet, dass Mitarbeiterauswahl einfach wäre.

Der Auswahlprozess hat darüber hinaus zwei Seiten: Auf der einen das Projekt, vertreten durch den Projektleiter, auf der anderen der potenzielle Mitarbeiter. Das Projekt wählt den Mitarbeiter, aber der Mitarbeiter sollte auch das Projekt wählen. Das bedeutet für Sie, dass Sie ihm alle Informationen und Pläne über seine Verwendung offen legen sollten, soweit Sie schon abschbar sind, damit die Entscheidungsgrundlagen am Ende auf beiden Seiten vorhanden sind. Das hat nur in zweiter Linie etwas mit Logik oder guter Methode zu tun, sondern in erster Konsequenz mit Fairness.

10.2.1 Kompetenzen

Im Gegensatz zu der, bestenfalls sogar bewerteten, Auflistung der Kompetenzen im Mitarbeiterprofil, bietet sich im Gespräch die Möglichkeit, die tatsächliche Tiefe des Wissens in wichtigen Bereichen kennen zu lernen. Das hat zwei verschiedene Dimensionen:

1. Für den Projektleiter von vorrangigem Interesse sind die Kompetenzen zur Erledigung der zugedachten Aufgaben. Da es sich oftmals um Spezialwissen handelt, über das der Projektleiter selbst nicht notwendigerweise verfügt, ist es schwer, durch Frage und Antwort Klarheit zu erlangen. Eine gute Methode ist daher ein Gespräch über das Projekt und eine oberflächliche Erörterung der Aufgabenlösung selbst. Es ist unter anderem eine gute Möglichkeit, Aussagen über ganz andere Eigenschaften des zukünftigen Mitarbeiters zu erhalten, zum Beispiel Kritikfähigkeit, Lösungsorientierung oder Kommunikationsverhalten.
2. Die wenigsten Mitarbeiter werden die gesamte Zeit des Projektes isoliert an nur einem Thema arbeiten. Statt dessen werden sie bedarfsabhängig andere Aufgaben wahrnehmen müssen, werden kurzfristig ihre Kollegen vertreten und dabei Aussagen über ihnen neue Themen machen. Das gehört zu den Erwartungen, die ein Projektleiter an seine Mitarbeitern stellen darf. Die kategorische Weigerung, sich auf andere Thematiken einzulassen, ist in jedem Fall als kritisch zu betrachten.

Im Hinblick auf die Breite der Verwendbarkeit eines Mitarbeiters sollte das persönliche Gespräch hier genutzt werden, um weitere Kompetenzen zu finden, um die Eignung für andere Aufgaben festzustellen. Diese Eignung kann oft aus Interessen aus dem privaten Bereich kommen oder bisher nur theoretisch vorhanden sein und nie eine Bewährungsprobe in der Praxis erhalten haben.

Es gibt viele Gründe, warum Informationen nicht in einem Mitarbeiterprofil vorhanden waren. Angesichts dieser Tatsache ist es für Sie wichtig, sich ein eigenes Bild von dem Maß an Expertise auf der einen und weiteren Kompetenzen auf der anderen Seite zu machen.

10.2.2 Langfristige Perspektive

Machen Sie sich immer wieder bewusst, dass jeder Ihrer Mitarbeiter ein Individuum ist. Als solches hat er eigene Pläne und ein Leben, das er versucht, nach seinen eigenen Vorstellungen zu gestalten und es und sich darin zu entwickeln.

Fragen Sie also nach den Karriere- und Lebenszielen. Oft werden Sie ganz erstaunliche Dinge hören, die ganz und gar nicht Ihren eigenen Erwartungen entsprechen. Es gibt sicher viele, die eine geradlinige, klassische Karriereplanung entlang der Hierarchieebenen haben. Aber der Begriff Karriere hat heute viel von seiner Führungsorientierung verloren, und vielfach sind hier auch ganz andere Schemata zu finden. Die Expertenlaufbahn ist für viele eine echte Alternative.

Andere sind genau dort zufrieden, wo sie sich befinden. Werte wie Familie und Freizeit haben einen hohen Stellenwert, insbesondere bei Teamkollegen, die schon länger im Geschäft sind. Hier liegt der Fokus im Projekt dann oft auf einem harmonischen Umfeld und der Möglichkeit, zusätzliche fachliche Kompetenzen zu erlangen. Die hierarchische Karriere ist wenig reizvoll, weil zu grobe Einschnitte in das Privatleben davon zu erwarten wären.

Sie brauchen diese Informationen in jedem Fall. Ein Mitarbeiter, der über einen längeren Zeitraum in einem Projekt arbeitet, erwartet eine Gegenleistung für seine Arbeitskraft, die über die reine finanzielle Entlohnung hinausgeht. Es soll hier nicht erörtert werden, ob das in jedem Fall gerechtfertigt ist, aber als reine Feststellung hat es Bestand und muss deshalb berücksichtigt werden.

Und so ist es klug, die Lebens- und Karriereplanung der Mitarbeiter zu berücksichtigen und die personelle Verwendung so zu kanalisieren, dass sie neben den Projekt- auch den eigenen Bedürfnissen dient. Ein motiviertes und effizientes Team entsteht selten durch Zufall.

10.2.3 Mittelfristige Perspektive

Im Gegensatz zur langfristigen Lebens- und Karriereplanung ist die mittelfristige Entwicklungsperspektive eines Mitarbeiters meist sehr konkret. Oft gibt es klare Absprachen zwischen ihm und seinem Personalverantwortlichen, worin die nächsten Schritte festgelegt wurden.

Danach müssen Sie auf jeden Fall fragen. Die Verwendbarkeit eines Mitarbeiters hängt nicht zuletzt davon ab, wie lange und in welcher Form Sie über ihn verfügen können. Wenn schon absehbar ist, dass er noch während Ihres Projektes an neue Aufgaben herangeführt wird oder häufig auf Fortbildungen ist, müssen Sie überprüfen, ob er den Projektbedürfnissen unter diesen Voraussetzungen gerecht werden kann.

Andererseits ist es beim Vorliegen konkreter Planungen der nächsten Entwicklungsschritte eines Mitarbeiters auch an Ihnen, ihn dabei zu unterstützen. Es wäre falsch und auch nicht ganz fair, seine Absprachen mit sei nem Personalverantwortlichen zu ignorieren und nur „business as usual" zu machen.

An die mittelfristige Perspektive sind im Gegensatz zur langfristigen meist klare und sehr bewusste Erwartungen geknüpft. Diese zu enttäuschen kann Sie einen hohen Preis kosten.

10.2.4 Interessen

Gehen Sie nicht davon aus, dass jeder Mitarbeiter, lediglich den ihm zugeschriebenen Kompetenzen folgend, nichts lieber macht als das, was er offiziell am besten kann. Statt dessen fragen Sie ihn auch, was er gerne machen würde.

Versuchen Sie, das Spektrum der Themen vor ihm auszubreiten. Jedes Projekt bietet eine Vielzahl von Aufgaben. Nur weil es für viele schwer vorstellbar ist, freiwillig die Position des Qualitätssicherers zu übernehmen, muss das nicht bedeuten, dass nicht gerade dieser Mitarbeiter es gerne einmal ausprobieren würde. Wenn Sie einen Programmierer haben, der in das Datenbankdesign einsteigen möchte, so spricht außer einem engen Terminplan erst einmal nichts dagegen, ihm die Chance zu geben. Wenn Sie ein Reorganisationsprojekt leiten und sich einer Ihrer Organisationsberater bereit erklärt, eine e-Learning-Lösung als Alternative zu einer Präsenzschulung zu evaluieren, dann sollten sie darauf eingehen, anstatt wie geplant einen zusätzlichen Experten dafür anzufordern.

Eigenantrieb ist die beste Motivation, manche sagen gar, es sei die einzige. Wenn Sie auf eine solche Triebfeder stoßen und Sie für das Projekt nutzen können, so greifen Sie zu. Es ist gesünder, anfangs unzureichend vorgebildete Mitarbeiter mit neuen Themen zu betrauen, solange sie die nötige Energie und Lernbereitschaft mitbringen, als die gleichen Mitarbeiter auf Positionen zu setzen, die zwar am besten auf ihre bestehenden Kompetenzen zugeschnitten sind, sie aber in Langeweile versinken lassen.

10.3 Die Aufgaben

Die Mitarbeiterauswahl dient der Findung von geeigneten Personen für die Bearbeitung sämtlicher im Projekt anfallenden Aufgaben. Welche das sind, sollte Ihnen vorab schon grob, aber trotzdem für den gesamten Projektverlauf bekannt sein. Die von Ihnen letztlich gewählten Mitarbeiter müssen es Ihnen ermöglichen, sämtliche Themenbereiche sinnvoll besetzen zu können, so dass die Planung und der Endtermin schließlich zusammen finden. Für Mitarbeiter, die erst im Projektverlauf hinzukommen werden, müssen Sie mit Annahmen arbeiten, aber das Ergebnis muss das gleiche sein.

Ihre Themen- zu Mitarbeiter-Matrix sollte demzufolge keine weißen Flecken aufweisen, bei denen Sie nicht in der Lage sind, einer Aufgabe einen verantwortlichen Mitarbeiter zuzuweisen. Dann ist bei Ihrem Auswahlprozess etwas schief gegangen. Behalten Sie das unbedingt im Hinterkopf.

Denn die Mitarbeiterauswahl wird zwar, wie schon beschrieben, nicht immer allein aufgrund von harten Fakten und Kompetenzen durchgeführt, sondern aufgrund vieler weicher Faktoren wie Teamverträglichkeit, Motivation, Interessenlage oder Sympathie. Oder sie ergibt sich aus der einfachen Notwendigkeit, überhaupt jemanden zu haben als gar keinen Mitarbeiter. Egal wie die Mitarbeiterauswahl also stattfindet, am Ende muss die Vollständigkeit der benötigten Kompetenzen festgestellt werden. Ist dem nicht so, müssen Sie diese durch geeignete Maßnahmen während des Projektes aufbauen und die definierten Maßnahmen als Bestandteil der Planung aufnehmen.

Ein letzter Tipp lautet: Sie sollten im Sinne eines Backups überlappende Profile bevorzugen, denn der Ausfall eines Mitarbeiters durch Krankheit oder Fluktuation sollte Sie nicht immobilisieren. Wenn Sie dann eine Alternative für die Besetzung einer Aufgabe haben, besitzen Sie einen hohen Flexibilitätsvorteil.

10.4 Der Zeitpunkt

Nicht jede Kompetenz und damit auch nicht jeder Mitarbeiter wird von Anfang an im Projekt benötigt. Das gilt insbesondere für Spezialisten. Auch hier stoßen Theorie und Praxis regelmäßig in unbarmherziger Weise aufeinander. Ein Experte ist in der Regel eine schwer erhältliche Ressource. Er wird oft und gerne von Projekten angefordert, was bedeutet, dass Sie ihn meist nur für einen relativ kurzen Zeitraum zur Verfügung haben. Da aber viele Projekte sich innerhalb der Projektphasen im zeitlichen Fluss befinden, lässt sich oft der Termin des Bedarfs nicht mit abschließender Sicherheit im Vorwege fixieren.

Oft werden Spezialisten dann auch zu einem früheren Termin im Projektverlauf angefordert als sie tatsächlich benötigt würden und über einen längeren Zeitraum gebucht als die Aufgabe dann tatsächlich dauert. Das nimmt Ihnen den planerischen Druck. Das Risiko, dass der Experte zum richtigen Zeitpunkt vielleicht nicht mehr verfügbar wäre, wird klein gehalten. Das ist aber nur der Fall, wenn es Ihnen auch tatsächlich gelingt, den Spezialisten über einen längeren Zeitraum als im Kern benötigt zu buchen.

Das größte Problem, vor dem Sie stehen, ist aber meist ein anderes: Jeder Projektmitarbeiter, und das gilt insbesondere für Experten, kostet Sie Projektbudget. Damit dieses nicht verschwendet wird, müssen Sie den Mitarbeiter sinnvoll einsetzen können, und zwar auch außerhalb seiner Kernkompetenz. Wenn Sie also das Gefühl haben, dass Sie den Mitarbeiter auch vor und nach seinem eigentlichen Einsatz als Spezialist sinnvoll nutzen können, und umgekehrt der Mitarbeiter mit einer anderweitigen Verwendung keine Probleme hat, dann spricht außer horrenden Stundensätzen nichts dagegen, zuzugreifen. Dieses Einverständnis sollte aber in jedem Fall von Ihnen erfragt werden, weil sich aus der besonderen Stellung als Experte mitunter auch Erwartungshaltungen über die Form der Verwendung ableiten, die Sie nicht einfach ignorieren können.

In finanzieller Hinsicht idealtypisch haben Sie deshalb einen spezialisierten Mitarbeiter auch nur genau so lange, wie er Ihnen wirklich helfen kann. Im Wesentlichen werden Sie also mit einem Kernteam arbeiten, das zu ausgewählten Zeitpunkten mit zusätzlichen Ressourcen erweitert oder teilweise ausgetauscht wird, womit das gesamte Projekt termingerecht überbrückt werden soll.

Für die Mitarbeiterauswahl bedeutet das, dass sie ein fortlaufender, nicht nur auf den Anfang des Projektes beschränkter Vorgang wird. Die Regeln und Verfahren zur Ermittlung eines geeigneten Kandidaten begleiten Sie potenziell über den gesamten Prozess hinweg.

10.5 Externe Mitarbeiter

Es gibt verschiedene Gründe für die Anforderung externer Mitarbeiter:

1. fehlende Kompetenz intern

Ein externer Mitarbeiter wird in das Projektteam aufgenommen, um dringend erforderliches Know-how einzubringen.

2. fehlende Ressourcen intern

Ein externer Mitarbeiter unterstützt das Team, weil ansonsten eine Aufstockung auf die Sollzahl nicht möglich wäre.

3. Wirtschaftlichkeit

Aufgrund der zeitlich begrenzten Natur einer speziellen Aufgaben ist es günstiger, einen externen Mitarbeiter hierfür einzukaufen, als langfristig eine Person im eigenen Unternehmen dafür zu beschäftigen.

Externe Mitarbeiter sitzen oft auf dem sprichwörtlichen Schleudersitz. Von ihnen wird hohe Leistung verlangt, ihre Arbeitszeiten werden strenger kontrolliert als die der internen Mitarbeiter, sie erhalten keine Schulungen, keinen Urlaub, und es wird von ihnen erwartet, dass sie alle Kompetenzen, wegen derer sie eingestellt wurden, auch mitbringen.

Dafür sind sie auf der anderen Seite meist erheblich teurer als interne Mitarbeiter, verweigern auch einmal mit dem Hinweis auf ihre eigentliche Aufgabendefinition die Mitarbeit bei anderen Themen, und je nach Vertragsgestaltung kann es vorkommen, dass sie von einem Tag auf den anderen verschwinden oder plötzlich auf Teilzeit umstellen.

Aber gerade deswegen ist es sehr wichtig, externe Mitarbeiter mit der gleichen Sorgfalt und unter sehr ähnlichen Gesichtspunkten auszuwählen, wie Sie es bei internen machen würden. Das mag auf den ersten Blick paradox erscheinen, da man eher erwarten sollte, gerade hier rein sachliche Kriterien zur Auswahl anzusetzen. Stellen Sie sich doch aber bitte die Frage, wie ihr liebster externer Mitarbeiter aussähe!

Sie werden zu dem Ergebnis kommen,

- dass Sie keine Lust haben, ihn ständig kontrollieren zu müssen, sondern statt dessen eine vertrauensvolle Zusammenarbeit aufbauen möchten,
- dass Sie jemanden in das Team aufnehmen möchten, der vom Charakter und der Kommunikationskultur her hineinpasst und
- dass Sie einen verlässlichen Partner brauchen, und nicht eine wandelnde Zeitbombe, die genau dann explodiert und Sie allein mit den Trümmern zurücklässt, wenn Sie den Mitarbeiter am dringendsten gebraucht hätten.

Zusammenfassend kann man sagen, dass Ihnen ein externer Mitarbeiter ebenso wichtig sein sollte wie ein interner. Für den Auswahlprozess bedeutet das, dass fehlende Werte wie Team-, Kommunikations- oder Kritikfähigkeit oft eher zur Ablehnung eines Mitarbeiters führen sollten, als graduelle Unterschiede in der fachlichen Kompetenz.

Ein wichtiges Detail würde unterschlagen werden, wenn nicht angesprochen würde, dass das Verhältnis von internen zu externen Mitarbeitern oft schwierig ist. Das liegt in vielen Fällen daran, dass selbstständige Externe in der Regel erheblich mehr verdienen als ihre festangestellten Kollegen, obwohl sie doch augenscheinlich die gleiche Arbeit verrichten. Versuchen Sie frühzeitig, die Entstehung einer solchen Einstellung zu verhindern und ein differenzierteres Bild zu schaffen.

Wenn externe Mitarbeiter über Drittfirmen in das Projekt eingebracht wurden, dann besteht ohnehin durch deren dortiges Anstellungsverhältnis nur ein geringer Unterschied zwischen ihnen und den internen Mitarbeitern. Das sollte ohne Probleme zu vermitteln sein.

Sind die externen Mitarbeiter selbstständig, so bringt das für diese allerlei Risiken und Eigenverantwortlichkeiten mit sich. Ein selbstständiger Unternehmer muss für seine Fortbildung selber aufkommen, und macht er das nicht, so kann er schnell den Anschluss verlieren. Er trägt ständig das Risiko, kurzfristig nicht mehr gebraucht zu werden und Zeiten der Nichtbeschäftigung aus eigenen Mitteln überbrücken zu müssen. Es gibt keine Karriereoptionen, die ihm außerhalb seiner angebotenen (und insbesondere auch angenommenen) Dienstleistungen zur Verfügung stehen würden.

Machen Sie Ihren Mitarbeitern klar, dass die Selbstständigkeit eine Option ist, die prinzipiell auch ihnen offen steht. Der Umstand, dass sie fest angestellt arbeiten, sollte demzufolge als eine bewusste Entscheidung für diesen Zustand und gegen die Selbstständigkeit hingestellt werden. Es kann den externen Mitarbeitern nicht vorgeworfen werden, dass sie hier eine andere Entscheidung getroffen haben.

Grundsätzlich gilt trotzdem für jeden Externen in stärkerem Maße als für interne Mitarbeiter, dass von ihm kontinuierliche und hochwertige Qualität erbracht werden soll. Es handelt sich bei seiner Beschäftigung nicht um eine Maßnahme zur Stützung des Arbeitsmarktes, sondern um eine kalkulierte Zuführung von externen Ressourcen. Ein klares, wirtschaftliches Interesse wird verfolgt, nämlich durch die Bezahlung eines externen Mitarbeiters einen Vorteil einzuholen, der die Kosten für diesen Mitarbeiter mindestens aufwiegt.

10.6 Kritische Betrachtung

In der Praxis ist die Auswahl von Mitarbeitern leider meist ein überwiegend fremdgesteuerter Prozess, der sich bestenfalls auf die Angabe von erwünschten Kompetenzen reduziert. Nur selten stellt er sich als qualifizierter Auswahlprozess dar, so dass am Ende mit einem guten Team das Projekt begonnen werden kann. Kompetentes Personal ist in fachlich komplexen Umfeldern oft eine rar gesäte Ressource. Manchmal geht es weniger darum, einen geeigneten denn überhaupt einen Mitarbeiter zu erhalten.

Aber hüten Sie sich vor unnötigem Fatalismus! Selbst in schwierigen Situationen gibt es meist mehr als eine Lösung. Bevor Sie einen Mitarbeiter annehmen, von dem Sie das Gefühl haben, dass er

- nicht in das Team passt,
- zu langsam arbeitet,
- keine hinreichenden Kompetenzen besitzt und
- nicht lange oder oft genug verfügbar ist,

erwägen Sie in jedem Fall, ihn abzulehnen. Diese Entscheidung ist nicht einfach, da sie bedeutet, die Lücke mit den bestehenden Mitarbeitern schließen zu müssen, wenn Sie nicht zeitnah personellen Ersatz erhalten. Aber die Aufnahme jedes Mitarbeiters ist eine Kosten-Nutzen-Entscheidung, die zugunsten des Mitarbeiters ausfallen sollte. Tut sie das nicht, so ist es nicht nur Ihr Recht, sondern sogar Ihre Verpflichtung, die nötigen Schritte zu unternehmen und gegebenenfalls eine Ablehnung auszusprechen.

Ein anderes Problem sind Mitarbeiter, die zur normalen Kapazitätserhöhung, aber zu früh oder zu spät in Ihr Projekt kommen. Das wird die Regel sein. Im ersten Fall wird das dazu führen, dass Ihre Planung darunter leidet, dass eine Ressource zwar zu früh vorhanden ist, auf der anderen Seite aber trotzdem bis zur Erledigung der Aufgabe benötigt wird. Hier müssen Sie flexibel reagieren, proaktiv Aufgaben definieren und die Planung entsprechend anpassen. Es gilt zu verhindern, dass der Mitarbeiter unnötig kostbare Aufwände verschwendet, die den Deckungsbeitrag bzw. das Budget des Projektes auffressen.

In dem Fall, dass ein Mitarbeiter zu spät in das Projekt kommt, sind die Auswirkungen schwieriger abzumildern. Aber auch hierfür gibt es verschiedene Maßnahmen, die im Abschnitt über Projektcontrolling genauer dargelegt sind.

Zusammenfassend lässt sich sagen, dass ein idealer Projektverlauf von einem Mitarbeiter-Auswahlprozess begleitet wird, der die Zusammenführung von Projekt und Mitarbeiter intensiv und gründlich vorbereitet. Und so wünschenswert dieser Vorgang ist, so sehr muss er in der Praxis oft relativiert werden.

11 Projektleben

Ein Projektteam muss eine lange gemeinsame Zeit mit möglichst geringen Reibungsverlusten überstehen. Das Empfinden des Projektlebens wird durch viele Parameter bestimmt, die der Projektleiter beeinflussen oder wenigstens berücksichtigen muss. Wie immer gibt es auch hier verschiedene Blickwinkel, die eingenommen werden müssen, um ein Problem von allen Seiten betrachten zu können – die Entscheidung ist dann eine individuelle.

11.1 Arbeitsrahmen

In diesem Abschnitt wird schwerpunktmäßig auf Aspekte der Arbeitszeit und des –ortes eingegangen, also solche, die einen erheblichen und sehr direkten Einfluss auf die Mitarbeiterbefindlichkeit haben. Dies wird hier unter dem Begriff Arbeitsrahmen zusammengefasst, denn aus der Außensicht werden dadurch die wesentlichen Umgebungsparameter einer Jobbeschreibung gegeben. Die interne Gestaltung wird in den nachfolgenden Abschnitten behandelt.

11.1.1 Arbeitszeiten

Die meisten Arbeitnehmer haben normale Arbeitszeiten. Sie fangen mit dem Gros der anderen Arbeitnehmer morgens an und gehen am späten Nachmittag nach Hause. Das ist das Bild, das gegenwärtig ist, wenn die Frage nach den Arbeitszeiten aufkommt.

Tatsächlich aber stellt die Projektdurchführung mitunter besondere Anforderungen an die Belastbarkeit der Mitarbeiter. Jedes Projekt lebt im Spannungsfeld aus gleichzeitiger thematischer Abhängigkeit und Rücksichtnahme auf die bestehenden Geschäftsprozesse, zwischen Arbeits- und Ruhezeiten der unternehmerischen Umwelt. Zum Beispiel kann der Zugriff auf produktive Ressourcen zu Testzwecken nicht zu beliebigen Tageszeiten stattfinden, sondern muss so erfolgen, dass der normale Tagesbetrieb nicht belastet wird.

Zum anderen gibt es bestimmte Tätigkeiten, die in ein größeres Ganzes eingebettet sind. Die regelmäßige Überprüfung eines nächtlich stattgefundenen Auswertungslaufs einer Software muss vor dem Beginn des Tagesbetriebs durchgeführt werden, um bei Fehlern rechtzeitig reagieren zu können. Darüber hinaus kann es in solchen Kontexten auch zu Bereitschaftsdiensten kommen, die vielleicht nicht notwendigerweise die Anwesenheit erfordern, aber auch nicht als Freizeit bezeichnet werden können, zum Beispiel zur Überwachung einer automatisierten Produktionsstraße.

Solche Arbeitszeiten sind mit der notwendigen Nüchternheit zu betrachten. Auf der einen Seite sollte es das Bemühen jedes Projektleiters sein, seinen Mitarbeitern normale Arbeitszeiten zu ermöglichen, den typischen „9 to 5"-Arbeitstag. Denn Projektarbeit heißt nicht zwangsläufig, dass das Zeitfenster regelmäßig außerhalb dessen der meisten anderen Arbeitnehmer liegen muss.

Auf der anderen Seite gibt es ganz klare Notwendigkeiten, denen Genüge getan werden muss. Der Projektleiter kann dann keine Diskussion über die Aufgabe an sich führen, sondern höchstens über die Art und Weise, in der ihre Erledigung umgesetzt wird.

Es ist daher die Aufgabe des Projektleiters, die folgenden Maßnahmen anzugehen:

1. Verhinderung der Verschiebung der Arbeitszeit, indem alternative, aber gleichwertige Maßnahmen vorgeschlagen werden.
2. Modifizierung der Verschiebung der Arbeitszeit in Abstimmung zwischen Auftraggeber und Projektmitarbeitern zur beidseitigen Zufriedenheit.
3. Herbeiführung einer gerechten Verteilung der Belastung. Zuweisung der Aufgabe an Mitarbeiter nach verschiedenen Parametern: Kompetenz, Familienstand, Bereitschaft, bisheriger Einsatz, zukünftige Verfügbarkeit.

Die Nummerierungsfolge gibt auch eine Priorität in den Bemühungen des Projektleiters vor. Es sollte stets versucht werden, die für die Mitarbeiter freundlichste Lösung zu finden, die in der jeweiligen Situation gerade möglich ist.

11.1.2 Überstunden

Jeder Mitarbeiter hat eine vertraglich vereinbarte Arbeitszeit. Diese beträgt in der Regel zwischen 35 und 40 Stunden pro Woche – das macht 7 bis 8 Stunden pro Tag. Damit wäre eigentlich schon alles gesagt. Oder nicht?

Die Realität sieht anders aus. In der Projektarbeit wird gerne stillschweigend hingenommen, dass „hier eben mehr gearbeitet" wird. Aber gibt es dafür wirklich eine nachvollziehbare Argumentationsgrundlage?

Tatsächlich ist es doch eher so, dass Missmanagement und erschreckend falsche Planungswerte dazu führen, dass um die Einhaltung jedes Termins gerungen werden muss, was dann häufig auf Kosten der Mitarbeiter und ihrer Freizeit geht. Die Folgen sind zwar bekannt, werden aber gerne ignoriert oder heruntergespielt: Motivationsverlust, schlechte Arbeitsergebnisse, eine hohe Fluktuation und Probleme im sozialen und familiären Umfeld.

Meist wird dann darauf verwiesen, dass Überstunden ja mit dem Gehalt abgegolten seien, und dass selbiges dann auch so hoch sei, dass man ruhig mehr erwarten könne. Das sei eben so.

Hier liegen zwei grundlegende Denkfehler vor.

1. Erwartung von Überstunden als normale Arbeitsleistung

Überstunden sind keine normale Arbeitsleistung. Sie hätten dann weder ihren Namen, noch wäre in den Arbeitsverträgen eine Wochenarbeitszeit fixiert. Überstunden sind eine Ausnahmeerscheinung, die vermieden werden sollte. Wenn ein Arbeitnehmer also regelmäßig 50 Stunden in der Woche arbeiten soll, dann ist ein entsprechender Arbeitsvertrag mit ihm abzuschließen. Tut er das ohne vertragliche Grundlage, dann macht er insbesondere nicht das, wofür er eingestellt wurde, und er wird dementsprechend auch nicht für seinen Job bezahlt, sondern für einen, der für ihn eine höhere Belastung bedeutet. Er wird um die Früchte seiner Arbeit betrogen.

2. Erwartung von mehr Ergebnis durch mehr Stunden

Hier kann auf Tom de Marco verweisen werden, der diesen Themenkomplex schon hervorragend ausgeleuchtet hat. Selbst wenn ein Team jeden Tag zehn Stunden statt der normalen acht arbeitet, so bringt es langfristig trotzdem kaum mehr Ergebnisse. Zwei Effekte spielen hier ein Rolle:

Zum einen holen sich Mitarbeiter gestohlene Zeit, und genau hierum geht es, auf die eine oder andere Weise wieder zurück. Zum anderen ist die Erbringung eines Ergebnisses auch immer in Verbindung mit der notwendigen Qualität desselben zu betrachten. Diese lässt sich bei einer langfristigen Überbelastung der Mitarbeiter nicht aufrecht erhalten. Die Folge sind notwendige Nachkorrekturen, die die scheinbar gewonnene Zeit wieder zunichte machen.

Wie also muss ein korrekter Umgang mit Überstunden aussehen? Es ist Bestandteil unserer Arbeitswirklichkeit, dass hin und wieder die Notwendigkeit zur Erbringung von Überstunden entsteht. Die jedem Projekt innewohnende Dynamik führt dazu, dass immer wieder entspannte Phasen sich mit schweißtreibenden abwechseln. Aber das sollte zwei Folgen zeitigen, nämlich zum einen Überstunden in arbeitsreichen Abschnitten, aber umgekehrt auch einmal weniger Stunden an Tagen, die einfach nicht mehr Arbeit zu bieten haben.

Denn ist das Tagewerk geschafft, spricht wenig dagegen, davon zu profitieren. Es fällt erheblich leichter, zu anderen Zeiten mehr Einsatz zu bringen, wenn bekannt ist, dass

- die Anstrengung nicht permanent, sondern nur zur Überwindung des aktuell anstehenden Mehraufwandes da ist,
- im Mittel die vertraglich abgestimmte Arbeitszeit gilt und
- Überstunden nie willkürlich oder aus Prinzip, sondern immer nur aus einer nachvollziehbaren Notwendigkeit heraus anfallen.

11.1.3 Wochenendarbeit

Arbeit am Wochenende ist als ein Extremfall von Überstunden zu betrachten. Der Unterschied ist lediglich, dass Wochenendarbeit nicht einmal dazu führen muss, dass rechnerisch Überstunden anfallen. Was daraus aber trotzdem eine besondere Härte macht, ist das Empfinden des betroffenen Mitarbeiters selbst.

Das Wochenende ist schützenswert. Es ist die Zeit der Familie, für Freunde und gemeinsame Aktivitäten. Ein freier Tag in der Woche wird selten als adäquater Ersatz dafür empfunden. Fragen Sie Ihre Mitarbeiter, ob sie lieber in der Woche jeden Tag zwei Stunden länger arbeiten würden, oder statt dessen am Wochenende einen Tag verwenden. Sie ahnen, welche Antwort Sie erhalten?

Wie auch bei Überstunden oder Verschiebungen der Arbeitszeiten kann eine simple Notwendigkeit dazu führen, dass eine solche Maßnahme ergriffen werden muss. Aber die Arbeit am Wochenende bleibt genauso als Ausnahme zu betrachten und sollte möglichst vermieden werden.

11.1.4 Arbeitsort

Der Ort der Durchführung aller oder einiger Arbeiten im Projektverlauf kann von der Idealvorstellung der Mitarbeiter stark abweichen. Projekt teams von zum Beispiel Beratungsunternehmen verbringen häufig einen beachtlichen Teil der Projektzeit vor Ort direkt beim Auftraggeber.

Wohnen Projektmitarbeiter nicht am Ort des Projektes, so kann für sie die Mehrbelastung erheblich sein. Bestenfalls ergibt sich eine tägliche verlängerte Anreise zum Arbeitsort, wobei aber schon hier mehrere Stunden zusammen kommen können. Und es spielt keine Rolle, ob die Fahrtkosten erstattet werden – was schmerzt, ist die verlorene Zeit für Schlaf und Hobbys, mit Freunden und Familie.

Doch sobald die Entfernung zum Wohnort keine tägliche Anreise mehr zulässt, ergibt sich eine ganz andere Situation. Die Mitarbeiter kommen am Wochenanfang an, manchmal erfolgt die Anreise schon am Sonntag. Dann wohnen sie mehrere Tage in Hotels, bevor sie gegen Ende der Woche wieder nach Hause fahren. Und das wiederholt sich – wochen-, monate-, manchmal jahrelang.

Eine gute Projektchemie kann einiges davon abfedern, aber sie ist kein vollwertiger Ersatz für das persönliche soziale Umfeld. Das Zauberwort lautet hier „Verhältnismäßigkeit". Einerseits gibt es gute Gründe, Mitarbeiter vor Ort zu haben: um das Team zu formen, gemeinsam Ideen und Ergebnisse zu erarbeiten, um dem Auftraggeber das Gefühl einer geldwerten Gegenleistung zu vermitteln oder um Probleme, die die Anwesenheit eines bestimmten Mitarbeiters erfordern, zeitnah und flexibel lösen zu können.

Andererseits ist es nicht immer notwendig, jederzeit vor Ort verfügbar zu sein. Hierbei kommt es sehr stark auf die Phase des Projektes an, wie hoch der Kommunikationsaufwand zur Zeit ist und ob die spezielle Expertise des Mitarbeiters stark nachgefragt oder zeitkritisch ist. In gut vorbereiteten konzeptionellen Phasen oder Phasenabschnitten, die keiner besonderen Abstimmung mehr bedürfen, kann es wochenweise möglich sein, nicht vor Ort zur Verfügung zu stehen. Aber zum Beispiel in Testphasen ist die persönliche Anwesenheit meist unumgänglich.

Zusammenfassend lässt sich also die Empfehlung geben, nicht kategorisch die Arbeit eines Mitarbeiters von zu Hause (Home Office) oder einer ihm nahegelegenen Geschäftsstelle zu unterbinden. Statt dessen bieten Sie diese Optionen bedarfsgerecht und in Abstimmung mit Auftraggeber, Projektteam, dem Mitarbeiter und Ihren eigenen Planungsvorgaben an.

Es gilt aber auch hier, dass es kein Anrecht des Mitarbeiters auf eine freie Wahl seines Arbeitsortes gibt. Das muss bereits zu Anfang des Projektes klar formuliert werden, um später Missverständnisse zu vermeiden und vor allem keine Missstimmungen hervorzurufen. Verdeutlichen Sie außerdem, dass es sich um Kulanz von verschiedenen Seiten handelt, aber dass umgekehrt auch Bedingungen an diese Freiheiten geknüpft sind:

- *Verfügbarkeit*

    Der Mitarbeiter muss zu bestimmten Zeiten erreichbar sein. Die Form mag variieren, aber der Umstand, dass er nicht vor Ort arbeitet, darf keinen Einfluss auf seine kommunikative Präsenz haben. Außerdem muss es möglich sein, seine persönliche Anwesenheit am Ort der Projektdurchführung auch kurzfristig einzufordern.

- *Qualität und Termine*

    Die Arbeitsergebnisse des Mitarbeiters dürfen weder in Terminegerechtigkeit noch in ihrer Qualität schlechter ausfallen, als es bei einem Aufenthalt vor Ort gewesen wäre.

Legen Sie die Spielregeln für die Nutzung von abweichenden Arbeitsorten zu Beginn fest. Das soll weniger dazu dienen, einem Mitarbeiter tatsächlich Rechte zu geben oder später zu nehmen, denn die Möglichkeit hätten Sie in jedem Fall, sondern projektbedingte Maßnahmen vornehmen zu können, ohne in eine Rechtfertigungsdiskussion zu geraten.

11.1.5 Ausgleich

Überstunden oder Wochenendarbeit sollten möglichst auf freiwilliger Basis erfolgen, auch wenn der Projektleiter im Zweifelsfall am längeren Hebel sitzt. Es sollte als Grundannahme für ein gesundes Miteinander Gültigkeit besitzen.

Jeder, der freiwillig Leistung erbringt, erwartet eine Gegenleistung dafür. Das muss kein Ausgleich zeitlicher Natur sein, sondern vielleicht einfach nur ein Lob oder ein gemeinsames Projektessen. Nach Möglichkeit aber sollten Sie sich bemühen, gleichwertig zu reagieren.

Wenn also zum Beispiel zur Überbrückung einer terminlich sehr engen Situation am Wochenende ein Tag zusätzlich gearbeitet wurde, dann sollten Sie im Gegenzug nach Ende der Durststrecke auch dafür sorgen, dass Ihre Mitarbeiter einen anderen Tag dafür frei nehmen können.

Es geht hier nicht um die Frage, auf was der Mitarbeiter ein verbrieftes Anrecht hat, was ihm also vertraglich zugesichert wurde. Es ist eine Frage des guten Stils, und die Art und Weise, wie damit umgegangen wird, liegt allein im Ermessen des Projektleiters. Machen Sie es sich hierbei nicht zu einfach, indem Sie die Entscheidungsbefugnis auf hierarchisch höhere Ebenen verlagern. Es ist nicht schlimm, mit einer guten Einstellung zu scheitern, aber es wird Ihnen nachgetragen werden, wenn Sie es nicht einmal versucht haben.

Selbst wenn Sie aus guten Gründen nicht in der Lage sind, Freizeitverlust mit Freizeitausgleich zu kompensieren, weil zum Beispiel das Projekt eine weitere zügige Bearbeitung verlangt, dann sollten Sie es sich nicht nehmen lassen, nach Alternativen zu suchen. Versuchen Sie grundsätzlich, wenigstens eine Geste der Anerkennung zu zeigen. Nichts zu tun wird Sie hingegen mittelfristig in eine schwierige Situation bringen, wenn es darum geht, wiederholt Mehrleistungen von Ihren Mitarbeitern einzufordern.

11.2 Support

In jedem Projekt gibt es die Notwendigkeit, sich mit Dingen auseinander zu setzen, die zwar zur Aufrechterhaltung des Projektlebens erforderlich sind, die aber nichts mit der eigentlichen Projektaufgabe zu tun haben.

Grundsätzlich muss man hier zwischen zwei Graden von Support unterscheiden: Zum einen gibt es notwendige Unterstützungsleistungen, die Aufgaben betreffen, die sowieso gemacht werden müssen, zum Beispiel die Reiseplanung. Zum anderen gibt es Lebenserleichterungen, ohne die ein Projekt sicher auch gut funktionieren würde, die aber aus guten Gründen sehr wohl einen Sinn haben, zum Beispiel die Einrichtung eines Getränkedienstes.

11.2.1 Notwendige Unterstützungsleistungen

Je nach Projektgröße gibt es unterschiedliche Möglichkeiten, eine Infrastruktur zur Unterstützung der Projekte und Mitarbeiter aufzubauen. Gründe dafür gibt es genug: Eine Reiseplanung selber durchzuführen, kostet wertvolle Zeit, die ein Experte sicher effektiver einsetzen kann. Zusätzliche Verluste entstehen dadurch, dass jeder Mitarbeiter, der sich persönlich damit auseinandersetzt, erst lernen muss, wie die Reiseplanung gemacht werden muss. Wer wird angerufen, wie wird bezahlt, welche Formulare müssen ausgefüllt werden, wer erhält sie hinterher?

Sie sollten daher projektunterstützende Aufgaben effektiver organisieren. Holen Sie sich den gerne herbei zitierten Studenten und lassen Sie ihn Aufgaben wie die Reiseplanung, Zeitaufschreibungen, Räumlichkeitenbeschaffung oder Protokollerstellung und -verteilung erledigen. Zum einen werden dadurch die Kompetenzen Ihrer Mitarbeiter frei, zum anderen macht sich dieser Posten in der Kalkulation recht gut. Im Gegensatz zu einem Unternehmensberater, einem Fachexperten oder einem Techniker, die je nach Qualifikation weit über 1000 Euro pro Tag kosten können, fällt ei ne Hilfskraft, die vielleicht nur einen Tag in der Woche überhaupt benötigt wird, nur unwesentlich ins Gewicht.

Wenn Sie vorhaben, eine solche Hilfe einzurichten, sollten Sie bereits in der ersten Projektplanung einen Aufwandsblock dafür vorgesehen haben. Das kann gegebenenfalls zu unliebsamen Diskussionen führen. Stellen Sie klar, dass Sie durch eine solche Maßnahme in erheblichem Umfang profitieren werden. Es ist schwierig, hier quantitativ zu argumentieren, aber versuchen Sie einfach einmal abzuschätzen, wie viel Zeit allein Sie pro Woche dafür verwenden, formale, nicht projektabhängige Dinge zu erledigen.

Selbst wenn Sie keine Hilfskraft für Ihr Projekt erhalten, sollten Sie analysieren, welche organisatorischen Aufgaben es gibt und diese bestimmten Personen zuweisen. Bemühen Sie sich hierbei um Fairness. Es sollte nicht Sinn einer solchen Maßnahme sein, ein schwächstes Glied unter den Mitarbeitern zu identifizieren und diesem alle Arbeit aufzubürden, sondern statt dessen eine gleichmäßige Verteilung der Lasten zu erreichen. Unterm Strich profitieren alle Mitarbeiter im Projekt davon.

In größeren Projektumgebungen hingegen kommt es zu einer weiteren Verteilung der organisatorischen Aufgaben, wobei einige Tätigkeiten auch an eine Projektverwaltung auf höheren hierarchischen Ebenen abgegeben werden (siehe „5.4 Verwaltung").

11.2.2 Lebenserleichterungen

Ihre Projektmitarbeiter haben weitere Bedürfnisse, die Sie zumindest berücksichtigen sollten. In vielen Unternehmen oder Projektumgebungen gibt es Kaffeeküchen, Raucherecken, Getränkeautomaten oder sogar kleine Kioske. In manchen Büros gibt es einen Service, der einmal am Vormittag belegte Brötchen anliefert. In einigen Unternehmen gibt es sogar Leistungen wie einen Firmenkindergarten oder Shuttledienste.

So weit müssen Sie freilich nicht gehen, zumal es hier nur um ein zeitlich begrenztes Projekt und keine Unternehmung geht. Aber Sie sehen vielleicht, dass das Ausmaß von Hilfen, die Sie den Mitarbeitern zur Verfügung stellen könnten, sehr breit angelegt sein kann. Selbstverständlich würde ein Projekt auch ohne all diese Leistungen funktionieren, aber ganz selbstlos wäre ein Angebot von Ihrer Seite auch nicht.

Ein Projekt ist in vielen Belangen wie ein Unternehmen zu sehen. Für einen Projektleiter ist es wichtig, seine Mitarbeiter wenigstens über die Zeit des Projektes zu halten und Fluktuationen oder einen Abfall der Motivation zu vermeiden. Für ein Unternehmen ist das als ständiger Auftrag zu betrachten. Die Möglichkeiten sind deshalb, obwohl aus verschiedenen Richtungen kommend, teilweise recht ähnlich.

Es lässt sich kein genereller Maßnahmenkatalog vorschlagen. Vielmehr muss es Aufgabe des Projektleiters sein, die Widrig- oder Unzulänglichkeiten, mit denen seine Mitarbeiter arbeitsbedingt konfrontiert werden, zu erkennen. Wenn also regelmäßig Getränke aus einem nahen Supermarkt gekauft werden, wofür die Mitarbeiter jedes Mal die Arbeit unterbrechen, dann wäre vielleicht die Einschaltung eines Getränkedienstes eine Alternative. Wenn Mitarbeiter längere Zeit am Geschäftssitz des Kunden in Hotels wohnen, dann wäre es denkbar, auf Firmenkosten Monatskarten für den öffentlichen Personennahverkehr zu beschaffen.

All das müssen Sie nicht machen. Aber Sie werden in erheblichem Maße davon profitieren, wenn Sie es tun. Die Stimmung in einem Team hat viel mit Loyalität zu tun. Und Loyalität ist keine Einbahnstraße, sie entwickelt sich nur auf beiden beteiligten Seiten gleichzeitig oder gar nicht. Wenn Sie fair sind, werden auch Ihre Mitarbeiter fair zu Ihnen sein. Man wird Sie nicht hängen lassen, wenn Sie auf ein schwerwiegendes Problem stoßen, das Sie nur mit Hilfe des Teams lösen können. Und an dieser Bereitschaft hängt nicht zuletzt der Erfolg eines Projektes.

11.3 Arbeitsplatz

Das Thema dieses Abschnittes ist nun der Arbeitsplatz des Teams sowie des einzelnen Mitarbeiters. Mit dessen sinnvoller Verteilung und Gestaltung haben Sie ein subtiles Werkzeug in der Hand, um einen starken Einfluss auf die Projektsoziologie, das Kommunikationsverhalten und die Befindlichkeiten der Mitarbeiter zu nehmen.

11.3.1 Verteilungsprozess

Sie werden normalerweise eine gewisse Menge an Arbeitsplätzen zur Verfügung haben, die Sie auf Ihre Mitarbeiter aufteilen müssen. Oft handelt es sich dabei weniger um feste Plätze, an denen Tische aufgestellt sind, sondern um eine Zahl von Räumen, die wiederum eine Zahl von Arbeitsplätzen beinhalten, deren Gestaltung Sie aber noch selbst vornehmen können.

Sie werden einen Interessenkonflikt feststellen. Einerseits wird es Ihnen sinnvoll erscheinen, Gruppen zu bilden, deren Mitglieder thematisch ähnliche Aufgaben bearbeiten, zum anderen aber könnte es sein, dass Sie dadurch schon bestehende Gemeinschaften trennen und dadurch die Effektivität von freundschaftlich verbundenen Teams verlieren.

Sie sollten in den Verteilungsprozess das Projektteam einbeziehen. Wie auch bei der Aufgabenplanung sollten Sie dafür aber mit Präferenzen in die Diskussion einsteigen, um zu verhindern, dass die Gespräche ausufern oder die Entscheidungen willkürlich getroffen werden. Machen Sie sich auch darüber Gedanken, welche Konstellationen Sie unbedingt oder auf keinen Fall haben möchten. Diese sollten als Rahmenbedingungen bereits vorgegeben werden.

Zum Beispiel kann es in Ihrem Interesse sein, dass zwei Mitarbeiter, die beide mit der Erstellung eines bestimmten Dokuments betraut sind, gemeinsam in einem Raum sitzen. Welcher von den verschiedenen Ihnen zur Verfügung stehenden Räume das letztlich wird, spielt jedoch eine untergeordnete Rolle. Hier können die Mitarbeiter sich untereinander abstimmen.

Ein Projektleiter sollte die Nähe seiner Mitarbeiter suchen. Es ist eine schlechte Konstellation, wenn einerseits das Team in kollegialer und vertrauensvoller Weise geführt werden soll, andererseits der Projektleiter sich aber in ein Einzelzimmer zurückzieht. Das hat zur Folge, dass

- kein persönliches Verhältnis aufgebaut wird,
- kein kontrollunabhängiges Empfinden für die Projektsituation entsteht und
- die Arbeit des Projektleiters kaum Anerkennung findet.

Auf diese Art verliert der Projektleiter also die „weichen" Einflussmöglichkeiten auf das Projektgeschehen und nutzt die intuitiven Wahrnehmungskanäle nicht. Nicht zuletzt verliert er aber auch eine wichtige Möglichkeit, Commitments von seinen Mitarbeitern dadurch zu fördern, dass seine eigene Leistung und Persönlichkeit Anerkennung in der Gruppe finden.

Nicht alles wird dadurch automatisch einfacher. Mehrfache Kommunikation in einem gemeinsamen Raum ist nur so lange möglich, wie sie sich nicht gegenseitig behindert oder in störender Weise überlagert. Hier muss jeder selbst bestimmen, wo seine Kapazitäten und Grenzen liegen.

11.3.2 Arbeitsplatzergonomie

Keine zwei Arbeitsplätze sehen gleich aus. Das liegt daran, dass keine zwei Menschen gleich sind, die diese Arbeitsplätze nutzen. In vielen Unternehmen gibt es Bestrebungen, den Mitarbeiter aus der Box zu schaffen, indem man ihn zu einem Heimatlosen macht, der morgens nur seinen Rollcontainer und eine Raum- und Platznummer erhält, nach getaner Arbeit einen leeren Schreibtisch zurücklässt und seinen Rollcontainer wieder abgibt.

Trotzdem sucht sich im Laufe des Tages die Individualität des Mitarbeiters ihren Raum. Ein Foto der Familie findet ihren Weg auf den Tisch, die Ordner werden links aufgestellt, das Telefon rechts neben den Monitor gerückt. So hat man es am liebsten, und so soll es auch hier und heute wieder sein.

Dem Begriff Ergonomie wird oftmals ein allgemeingültiges Verständnis unterstellt. Dem ist nicht so. Es gibt neben der Ergonomie, die durch DIN- oder EU-Richtlinien, Firmenvorgaben und Abteilungsregularien definiert wird, eine individuelle Ergonomie. Diese wird einzig und allein durch das persönliche Empfinden eines Mitarbeiters oder einer Gruppe definiert.

Ein ergonomisches Umfeld ist eines, das es jemandem ermöglicht, nach seinen besten Möglichkeiten zu arbeiten. Und das kann qua definitionem nicht bei jedem das Gleiche sein. Es ist daher für einen regulierend eingreifenden Projektleiter wichtig, bei seinen Vorgaben zwischen dem Notwendigen und dem überflüssig Einengenden zu unterscheiden.

So ist es sicher wichtig, eine Untergrenze an zur Verfügung stehendem Platz für einen Mitarbeiter nicht zu unterschreiten, dafür zu sorgen, dass das Licht nicht auf seinen Monitor fällt und ihn blendet, dass keine Kabel als Stolperfallen im Raum herumliegen und dass das Monitorbild gestochen scharf ist.

Aber zum Beispiel eine „clean desk policy" ist bereits überflüssig, ja schädlich. Jeder Mensch hat eine andere Herangehensweise an Probleme und seine zu erledigende Arbeit. Solange die Unordnung, die er dafür auf seinem Tisch anrichtet, nicht nachweislich seine Leistungsfähigkeit mindert, spricht nichts dagegen, ihm freie Hand zu lassen. Der Gewinn, den dieser Mitarbeiter aus seiner Handlungsweise zieht, ist für ihn höher als Ihrer, wenn Sie ihn zu einem scheinbar objektiv ergonomischeren Verhalten erziehen wollen.

Der Tipp an dieser Stelle lautet also: Regeln Sie nur so viel wie unbedingt nötig, um Ihre Mitarbeiter hinreichend zu schützen. Aber dringen Sie nicht in deren selbstbestimmbare Gestaltungsräume ein, solange Sie nicht ein schmerzhaftes Leistungsdefizit dahinter vermuten. Versuchen Sie, EU- oder DIN-Richtlinien umzusetzen. Sie beinhalten keine unzumutbaren Einschränkungen, sondern im Gegenteil viele vernünftige Festlegungen und Rechte, die Sie im Namen Ihrer Mitarbeiter einfordern sollten.

11.3.3 Kommunikationsfördernde Maßnahmen

Kommunikation ist das Schmieröl Ihres Projektes. Die Ermöglichung von Kommunikation ist daher eine wichtige Aufgabe des Projektleiters, und schon in den vorangegangenen Abschnitten wurde darauf eingegangen. Im

Zusammenhang mit der Arbeitsplatzgestaltung stehen Ihnen weitere Einflussmöglichkeiten zur Verfügung.

Der Begriff des Arbeitsplatzes beschränkt sich nicht nur auf die Schreibtische der Mitarbeiter. „Arbeitsplatz" beschreibt das komplette Umfeld, in dem das berufliche Leben der Projektmitarbeiter stattfindet. Das schließt die Arbeitszimmer, die Flure und Besprechungsräume und gegebenenfalls auch Räumlichkeiten wie die Kaffeeküche oder den Kopierraum mit ein.

Folgend einige Beispiele für die Gestaltung von Kommunikationsraum:

- *Aufstellung der Schreibtische*

  Wenn möglich versuchen Sie, die räumliche Aufstellung der Schreibtische dahingehend zu beeinflussen, dass die Mitarbeiter sich gegenseitig sehen können. Meist findet dieses schon von alleine statt, denn jemand, den ich sehen kann, kann mir nicht gleichzeitig über die Schulter und auf meinen Bildschirm sehen. Der Vorteil für die Kommunikation sollte auf der Hand liegen.

- *Arbeitszimmer*

  Machen Sie die Wände öffentlich. Es sollte nicht verpönt, sondern ganz im Gegenteil gewollt sein, dass die Wände genutzt werden, um dort Informationen unterzubringen. Das kann auf verschiedene Art und Weise erfolgen, zum Beispiel durch das Nutzen einer großen Planwand, das Ankleben von Flipchart-Blättern, das Anbringen einer Pinnwand für von allen benötigte Kurzinformationen oder das Befestigen von Informationsmaterial mit Magneten an Metallschränken.

  Versuchen Sie, die Informationen aktuell zu halten. Gehen Sie hin und wieder durch den Zettel- und Notizenwald und sortieren Sie aus, was nicht mehr benötigt wird oder nicht mehr gültig ist. Die Aktualität der Informationen bestimmt die Attraktivität des gesamten Kommunikationsraums. Wenn ein Mitarbeiter, der einen Prozessablauf auf einem Flipchart-Blatt betrachtet, sich stets fragen muss, ob dieser auch noch gültig ist, der wird schließlich zu anderen Informationsquellen greifen. Dann haben Sie nur noch nutzlosen Ballast an den Wänden kleben.

- *Kaffeeküche/ Flure*

  Je nach Nutzungsgruppe sollten Sie überlegen, ob es ein nützliches Forum für einen persönlichen Austausch gibt. Wie weiter oben erläutert, ist das Miteinander von Menschen auch davon abhängig, ob sie einander persönlich kennen und schätzen. Richten Sie zum Beispiel eine Pinnwand ein, auf der Zettel aufgehängt werden, die entweder von allgemeinem (nächstes Treffen der Yogagruppe) oder persönlichem Interesse sind (Mitfahrgelegenheit, Verkauf des Autos, Mietgesuch). Organisieren Sie ein paar Stühle und vielleicht einen Tisch für die Kaffeeküche, damit die Mitarbeiter nicht nur kurz hinein huschen und dann sofort wieder verschwinden, sondern sich auch ein paar Minuten dort aufhalten können.

Wenn es keine Art von Ruhe- oder Rückzugsraum gibt, dann versuchen Sie, eines der Besprechungszimmer dafür zu organisieren. Es kann dann zu einem solchen Zweck verwendet werden, wenn keine Meetings stattfinden, und zwar für Mittagessen, Kaffeetrinken oder Projektbesprechungen im lockeren Rahmen. Machen Sie aber auf jeden Fall diese Art der Nutzung im Sinne einer Buchung offiziell, um zu verhindern, dass der Raum entweder doch nicht genutzt wird, oder dass er zwar genutzt wird, aber es zu Missstimmungen kommt, weil die Zeiten nicht zwischen den Interessengruppen abgestimmt sind und es zu Überlappungen mit der primären Nutzung als Besprechungsraum kommt.

- *Besprechungsräume*

  In jeden Besprechungsraum gehört eine Möglichkeit, für alle Teilnehmer eines Meetings sicht- und nutzbar, Skizzen und Aufzeichnungen für die Gruppe zu machen. Flipcharts oder eine Planwand bieten sich hierfür an. Wichtig ist, dass Sie dafür sorgen, dass die Mittel schon vor jeder Besprechung zur Verfügung stehen und komplett sind. Wenn gute Ergebnisse erbracht wurden, dann lassen Sie sie stehen oder kleben sie an die Wände.

Viele der Maßnahmen sehen nach einer großangelegten Zeitverschwendung bzw. Ermunterung dazu aus. Aber Sie erreichen damit das genaue Gegenteil. Wissen ist ein wichtiges Gut, denn Wissen, das Sie besitzen, müssen Sie nicht mehr erwerben. Zusätzliches Wissen erlangen Ihre Mitarbeiter nur, wenn Sie eine Möglichkeit haben, sich auszutauschen. Das hat zwei Aspekte, um die Sie sich kümmern müssen: Gelegenheit und Bereitschaft.

11.4 Gruppenbildung

Eine wichtige Voraussetzung einer guten Zusammenarbeit im Team ist der Prozess der Teambildung selbst. Dieses zu ermöglichen ist Aufgabe des Projektleiters, und wenn dieser Versuch scheitert, so mag das durchaus daran liegen, dass hierfür nicht die richtigen Maßnahmen ergriffen worden sind.

Freilich lässt sich nicht zwangsläufig aus einer beliebigen Gruppe von Mitarbeitern ein eingeschworenes Team bilden. Manchmal sind die Unterschiede in den Kompetenzen, Lebenseinstellungen oder Meinungen zum Vorgehen und dem Umgang miteinander, die Kommunikations- oder Diskussionskultur so unvereinbar, dass es keine Möglichkeit gibt, die verschiedenen Persönlichkeiten zueinander zu führen. Aber einen Versuch ist es immer wert.

Die Frage ist nun: Wie kann eine Gruppe geformt werden? Welche Mittel stehen zur Verfügung, um dieses gesunde Miteinander zu erreichen, das dem Projekt den notwendigen Vorwärtsdrang verleiht, der es auch über zähe Phasen hinwegretten kann?

- *Gemeinsames Ziel*

  Ein Projekt dient einem Zweck, dem Leuchtfeuer (bitte nicht: Licht am Ende des Tunnels), auf das Sie sich zu bewegen. Lassen Sie das Team an dieser Idee teilhaben, und erweitern Sie diese in geeigneter Art und Weise, um den speziellen Anspruch zu unterstreichen, den Sie mit diesem Projekt verfolgen.

  Ein Projekt sollte mehr als nur ein Job zwischen Perioden von Freizeit sein. Dann ist die Zeit verschwendet. Statt dessen sollten Sie immer eine Vision bereithalten, die die besondere Qualität dieses Projektes unterstreicht und diese zur gemeinsamen Aufgabe erhebt. Die meisten Menschen haben Vergnügen daran, Dinge gut zu machen. Nutzen Sie das aus.

- *Gemeinsame Aufgaben*

  Sorgen Sie dafür, dass Aufgaben möglichst nicht eigenbrötlerisch nur von Einzelnen bearbeitet werden. Sie werden sonst nur schwer gemeinsame Denkweisen, ein erweitertes Verständnis des Themas und Verantwortungsübernahme im Team etablieren können.

  Wenn die Aufgaben es nicht hergeben, in kleinen Gruppen bearbeitet zu werden, dann sorgen Sie statt dessen dafür, dass eine regelmäßige Information, Diskussion und Abstimmung zu den Themenkomplexen stattfindet. Richten Sie zum Beispiel wechselseitige Qualitätssicherungen oder kleinere Reviews der Arbeitsergebnisse ein.

- *Kommunikation*

  Bestimmte Konstellationen der Arbeitsumgebung sorgen dafür, dass zwangsläufig Kommunikation stattfindet. Mitarbeiter, die in einem Raum beisammen sitzen, werden sich austauschen. Teamkollegen, die in angrenzenden Räumen sitzen, werden seltener, aber immer noch häufig miteinander sprechen. Aber vermeiden Sie, große räumliche Distan zen zwischen den Mitarbeitern in Ihrem Projekt zuzulassen. Es wird Sie vor große Probleme stellen, weil diese Mitarbeiter weder an der Teambildung noch am Informationsfluss beteiligt sind. Und diese Einschränkung gilt in beide Richtungen.

Sorgen Sie zu Beginn des Projektes öfter für gemeinsame Treffen des gesamten Teams, um Ihren Mitarbeitern die Möglichkeit zu bieten, sich gegenseitig kennen zu lernen. Für den Projektleiter stellen diese Meetings darüber hinaus eine Gelegenheit dar, insbesondere zu Projektbeginn an eine Fülle wertvoller Informationen zu gelangen.

- *Persönliche Kontakte*

    Die Projektsoziologie steht und fällt oft damit, ob die Beteiligten sich leiden mögen, sich verstehen und akzeptieren – nicht nur als Kollegen, sondern insbesondere als Menschen.

    Man hört oft Aussagen wie „Rein menschlich mag ich ihn wirklich gerne, aber wegen der Präsentationen kriege ich mich regelmäßig mit ihm in die Haare". Sie wissen, dass diese Situation meist nicht schlimm ist. Man einigt sich schließlich, und abends geht man gemeinsam ein Bier trinken. Die Bereitschaft, sich mit jemandem, den man schätzt, auf eine schwierige Diskussion einzulassen, ist erheblich höher, als wenn der persönliche Eindruck bereits schlecht ist oder vorher gar nicht existierte.

    Also sorgen Sie dafür, dass Ihre Mitarbeiter einander kennenlernen können. Hierbei ist insbesondere nicht gemeint, dass sie gemeinsam über die Arbeit reden, sondern dass Sie Gelegenheiten finden, die anderen Themen vorbehalten sind. Regen Sie an, zu Mittag gemeinsam Essen zu gehen. Fragen Sie, wie das Wochenende war. Organisieren Sie ein Projektessen, wenn ein erster Meilenstein erreicht wird.

Der Einfluss des Projektleiters erschöpft sich nicht in diesen Maßnahmen. Sie sind nur ein Teil der ihm zur Gruppenbildung zur Verfügung stehenden Möglichkeiten. Der wichtigste Einflussfaktor ist aber in fast allen Fällen der Projektleiter selbst. Sein eigenes Vorbild und die Art und Weise, wie er seine Wertschätzung für andere und das Team zeigt und die von ihm geforderte Kommunikationskultur auch selbst lebt, sind elementar für den Erfolg seiner Maßnahmen. Ohne das eigene Beispiel werden diese zu einer leicht durchschaubaren Lüge.

12 Dokumentation

Ein leidiges Thema in jedem Projekt ist die Dokumentation. Je nach befragter Zielgruppe wird Sie entweder als unbedingt notwendig oder aber völlig überflüssig eingestuft. Diese Polarisierung zwischen den Interessengruppen hat viel damit zu tun, dass selten exakt hinterfragt wird, welche Dokumentation wirklich notwendig ist, ob sie es in der vorgegebenen Form ist oder ob für dieses spezielle Projekt eine Modifizierung sinnvoll wäre.

Im Folgenden werden verschiedene Arten von Dokumenten betrachtet und insbesondere die Frage danach gestellt, wie im echten Projektleben damit umzugehen ist. Denn soviel kann im Vorwege schon festgehalten werden: Dokumentation ist sinnvoll, aber nur wenn sie aus einem kritischen Verständnis des zu erstellenden Dokumentes und seiner Verwendung heraus stattfindet.

12.1 Dokumentarten

Je nach Projektgröße, -phase oder -thema fallen ganz unterschiedliche Dokumente an, die jeweils einen anderen Aspekt des Projektes beschreiben. Folgende Dokumentarten (und außerdem Dutzende von nahen und fernen Verwandten) können beispielhaft vorgefunden werden:

- *Vorstudie*

    Eine Vorstudie dient der Orientierung – von Auftraggeber und Auftragnehmer gleichermaßen. Sie bietet keine fertigen Lösungen, aber vielleicht Lösungsansätze. Sie wertet Alternativen aus, stellt mögliche Konstellationen dar und beschreibt diese in Korrelation zueinander. Sie dient in der Regel der Analyse eines Themenkomplexes unter verschiedenen interessanten Blickwinkeln mit abschließender Bewertung, Schlussfolgerungen und Vorgehensvorschlägen. Oft wird erst auf Basis einer Vorstudie eine Entscheidung darüber getroffen, ob ein Projekt überhaupt stattfinden soll.

- *Fachkonzept*

  Es ist sehr wichtig, aufgrund des stark abgrenzenden Charakters dieses Dokumentes ein exaktes Verständnis von dessen Sinn und Inhalt zu erhalten. Der Begriff des Fachkonzeptes taucht immer dort auf, wo Geschäftsprozesse oder anders ausgedrückt Fachlichkeiten im Rahmen eines Projektes eine Überführung in technische Systeme erfahren sollen – charakteristisch für die meisten Software-Projekte.

  Ein Fachkonzept ist als die rein fachliche Beschreibung der funktionalen Aspekte des zu erstellenden technischen Systems zu betrachten. Das heißt aber insbesondere, dass es frei von den technischen Details der Umsetzung sein sollte. Auf die Gründe für diese Anforderung wird später noch genauer eingegangen.

- *Technische Spezifikation/ Design*

  Eine technische Spezifikation referenziert auf ein Fachkonzept, schließt an dieses an und führt es logisch fort. Während ein Fachkonzept die Frage nach dem „Was" zu klären versucht und zum Beispiel abzubildende fachliche Prozesse lediglich auflistet und in ihren Eigenschaften beschreibt, so geht die technische Spezifikation auf das „Wie" ein. Erst hier wird dargestellt, auf welchem Wege das im Fachkonzept beschriebene Ziel erreicht wird.

  Der Begriff der technischen Spezifikation, im IT-Umfeld eher als DV-Spezifikation Verwendung findend, lässt sich nie ganz sauber vom Design trennen. Das Design wird oft als zusätzliche Zwischenstufe zur weiteren Vertiefung der technischen Aspekte direkt nach der technischen Spezifikation durchgeführt. Diese verbleibt dann auf der algorithmischen Ebene, die physikalischen Details der Umsetzung bleiben dem Design vorbehalten.

  In anderen Umfeldern findet keine technische Spezifikation statt, zum Teil, weil es keine technischen Aspekte gibt, zum Teil, weil Verfahrensfragen keiner Klärung bedürfen, sondern sofort in die exakten Umsetzungsdetails eingestiegen werden kann. Liegt ein Design vor, so ist dieses in der Regel das letzte Dokument vor der tatsächlichen Umsetzung.

- *Testkonzept*

  Ein Testkonzept regelt die Durchführung von Prüfungen, die für Zwischen- oder Endabnahmen erfolgreich durchlaufen werden müssen, um sicher zu stellen, dass das Projektergebnis den Erwartungen entspricht. Es gibt hierbei grundsätzlich zwei Aspekte:

  1. Unter fachlichen Gesichtspunkten muss ein Projektergebnis nur in seinem vorgesehenen Anwendungsspektrum funktionieren, und nur

dieses muss unbedingt überprüft werden. Eine Software zum Beispiel wird gegen reale Anwendungsfälle geprüft. In diesen Fällen sollten bei sinnvollen Eingaben auch sinnvolle Ergebnisse produziert werden.

2. Unter technischen Gesichtspunkten muss dieselbe Software aber mehr leisten. Sie muss in der Lage sein, auch bei unrealistischen Eingabewerten eine sinnvolle Reaktion zu zeigen, ihre Funktionsfähigkeit bewahren und keine falschen oder irreführenden Ergebnisse produzieren. Für die Stanze in einer Fertigungsstraße würde das dann zum Beispiel bedeuten, dass sie auch in der Lage sein muss, Materialien innerhalb gewisser Toleranzen von Härte oder Form noch korrekt zu verarbeiten oder in vernünftiger Weise die Arbeit einzustellen. Für Projektergebnisse im Allgemeinen bedeutet das stets, dass eine innere Stabilität und Korrektheit sicherzustellen ist, die unabhängig von fachlichen Anforderungen.

Ein gutes Testkonzept beinhaltet beide Sichtweisen, definiert die Testmethoden und die erwarteten Ergebnisse. Es erlaubt nach seiner Abarbeitung qualifizierte Aussagen zu beiden Themenkomplexen.

Eng verwandt mit dem Test ist die Evaluation, wobei diese aber in der Regel erst im Nachgang eines Projektes stattfinden kann. Auch eine Evaluation muss in geeigneter Weise vorbereitet werden – hier bietet sich ein Dokument ganz ähnlich einem Testkonzept an.

Eine Evaluation sollte aber nur dort durchgeführt werden, wo Erwartungen über den Nutzen eines Projektergebnisses überprüft werden müssen, weil konkrete Aussagen nicht vorab möglich waren. Ein Beispiel hierfür sind Organisationsprojekte, deren Erfolg zwar im Vorwege geschätzt, aber nur nach Umsetzung festgestellt werden kann.

- *Betriebs-/ Service-/ Wartungskonzept*

  Projekte hinterlassen in der Regel ein konkretes Projektergebnis. Wenn nicht zu erwarten ist, dass dieses ohne gelegentliche Eingriffe funktionsfähig bleibt, so wird für die Zeit nach dem Projekt ein Dokument erstellt, das den Umgang mit dem Projektergebnis beschreibt. Auch wenn die Fehlersituation als Ausnahme zu betrachten ist, so ist sie doch und insbesondere die Reaktion darauf vorzusehen. In welchen Intervallen müssen Maschinen gereinigt und geölt werden, was ist bei einem Absturz einer Software zu machen, wie können kleinere Änderungen eingearbeitet werden, auf welchem Wege kann ein Kunde Flyer für seine Werbekampagne nachbestellen oder bestimmte Details darin ändern?

Es ist wichtig, sehr sauber zwischen einem Folgeprojekt und dem regulären, geplanten Umgang mit dem bestehenden Projektergebnis zu unterscheiden. Wenn eine Maßnahme eine signifikante Veränderung des Projektergebnisses zu Folge hätte, dann ist zu prüfen, ob sie im Rahmen eines eventuellen Betriebs-, Service- oder Wartungskonzeptes tatsächlich abgedeckt werden kann oder ob ein neues Projekt mit einem erneut sauber definierten Projektergebnis aufgesetzt werden sollte.

- *Rollout-Planung*

  Eine Rollout-Planung beschreibt, in welcher Art und Weise ein Projektergebnis aus dem behüteten Projektumfeld in die praktische Verwendung übergehen soll. Für ein Software-System muss hier zum Beispiel die Frage beantwortet werden, wie dieses aus dem Testfeld in den Produktionsbetrieb und insbesondere zu den Arbeitsplätzen der Anwender gelangt.

  Oft findet ein Rollout in Stufen statt, es werden schrittweise alte Strukturen durch neue ersetzt, eventuell noch eine gewisse Zeit der Paralleleinsatz sichergestellt. Es ist leicht zu erkennen, dass in solchen Fällen eine Rollout-Planung sehr umfangreich werden kann, weil sogenannte Fallback-Strategien darin vorgesehen werden müssen. Diese stellen sicher, dass ein Rollout nie zu einer Einbahnstraße wird, aus der es bei einem Misslingen kein Zurück mehr gibt.

- *Schulungskonzept*

  Projekte und in Folge auch die Ergebnisse der meisten Projekte zeichnen sich durch eine hohe Komplexität aus. Viele beschreibende Dokumente werden im Laufe der Projektdauer erstellt, aber Schulungen sind trotzdem meist unumgänglich. Ein wichtiger Grund dafür ist sicher, dass die späteren Benutzer oder Ergebnisverantwortlichen nicht die Dokumentation lesen wollen, wenn sie selber für ihre tägliche Arbeit nur einen Teil des Gesamtergebnisses verstehen müssen. Eine Schulung ermöglicht, insbesondere bei komplizierten Sachverhalten, gezielt und unter Nutzung von direktem Feedback Themen zu vertiefen.

  Ein Schulungskonzept definiert die Art der notwendigen Schulungen, listet die Inhalte und Ziele, legt die Didaktik der Durchführungen fest und beschreibt die Zielgruppen.

Die aufgelisteten Dokumente sollen nur ein Gespür für die Vielfalt an Möglichkeiten geben. Die Dokumente können ähnlich heißen und einen gänzlich anderen Inhalt besitzen, sie können anders benannt werden und trotzdem den gleichen Zweck erfüllen.

Die Liste vorfolgt aber trotz der scheinbaren Willkürlichkeit der Auswahl einen besonderen Zweck. Denn eine grundsätzliche Anforderung an die Gesamtmenge der Dokumente in einem Projekt muss ihre Abgrenzbarkeit zueinander sein. Insofern zeigt ein Blick auf die oben aufgeführten Dokumente sehr wohl, dass diese sich sinnvoll ergänzen können und nicht redundant überdecken müssen.

Geben Sie stets darauf Acht, dass Ihre Dokumente sich klar voneinander abgrenzen. Es sollten nie in verschiedenen die gleichen Sachverhalte dargelegt werden, es sei denn, es dient wirklich der Verfeinerung und Fortführung bereits gemachter Angaben im Sinne eines immer weiter detaillierenden Konzeptionsprozesses. Dieser Hinweis sollte Ihnen bereits aus dem Abschnitt über Phasenmodelle bekannt vorkommen.

Ein weiterer Hinweis gilt dem grundsätzlichen, differenzierten und sinnhaften Umgang mit Dokumenten. Konzentrieren Sie sich bei der Auswahl, Definition und der Erstellung stets darauf, dass damit ein Zweck verfolgt wird. Viele Dokumente sind sich leider selbst der einzige Zweck und das Papier nicht wert, auf dem sie gedruckt werden. Ein Dokument lebt nur dann, wenn es auch gelesen wird – und das möglichst nicht nur im Rahmen der Qualitätssicherung, sondern auch noch nach Projektabschluss.

Wenn das nicht geschieht, mag das verschiedene Gründe haben. Entweder, das Dokument ist so schlecht, dass niemand sich damit auseinandersetzen möchte. Es könnte aber auch sein, dass es gar nicht benötigt wird – dann hätten Sie sich die Arbeit sparen können. Oder es ist vielleicht nicht bekannt, dass diese Informationen überhaupt in dokumentierter Form vorliegen. Die Ursache hierfür liegt dann nicht beim Dokument, sondern ist organisatorischer Natur und liegt an der Art und Weise, wie generell mit Informationen umgegangen wird.

Im Zusammenhang mit der Sinnfrage wird noch genauer darauf eingegangen, wie mit der Frage der Notwendigkeit eines Dokumentes umgegangen werden kann.

12.2 Dokumentationsformen

Nicht jedes Dokument muss in der klassischen Schriftform – Titel, Inhaltsangabe, Kapitel, Unterabschnitte – aufgebaut werden. Wichtig ist, dass die Dokumentationsform dem Zweck der Informationsvermittlung gerecht wird. Unabhängig von modischen Strömungen gilt hier immer „Form follows function".

Ein Dokument kann verschiedenen Zwecken dienen. In einigen Fällen geht es nur darum, einen Sachverhalt so abzulegen, dass darüber im Rah men eines Abstimmungsprozesses zwischen Auftraggeber und Auftragnehmer Einvernehmen erzielt werden kann. Das Dokument gilt dann als abgenommen und wandert in vielen Fällen nur in eine Schublade, aus der es nie mehr herausgeholt wird. Es dient einzig als Erweiterung der vertraglichen Definition des Vertragsgegenstandes.

Idealerweise ist ein Dokument derart angelegt, dass es gerne gelesen wird. Dafür muss es zum einen verständlich, zum anderen nützlich sein. Ein tausendseitiges Dokument ist allein aufgrund seiner Größe in der Regel weder verständlich noch nützlich, außer der Ersteller steckt sehr viel Arbeit in seine Formulierung und Strukturierung, und der Leser nimmt sich sehr viel Zeit für die intensive Auseinandersetzung damit.

Ein Dokument kann nicht nützlich sein, wenn die Informationen darin nicht nützlich sind. Es kommt hierbei freilich darauf an, der richtigen Zielgruppe die richtigen Informationen in geeigneter Form zukommen zu lassen. Zum Beispiel wird sich ein Datenbankfachmann in einem Software-Projekt in der Regel nicht für das Fachkonzept interessieren, wohingegen für einen Sachbearbeiter das Datenbankmodell wiederum unerheblich sind.

Das führt nun dazu, dass ein Dokument in der Wahl der Darstellungsformen, dem Grad an Detaillierung und der Wortwahl auf das Zielpublikum zugeschnitten sein muss. Hierbei gilt:

- Alle wichtigen Informationen für die Zielgruppe müssen enthalten sein.
- Zusätzliche Informationen müssen enthalten sein, wenn sie notwendig sind, um der Zielgruppe das Verständnis zu ermöglichen. Sie sollten enthalten sein, wenn sie notwendig sind, um der Zielgruppe das Verständnis zu erleichtern. Wählen Sie für Ergänzungen eine Art der Darstellung, die nicht der Standard des Dokumentes ist. Wenn also zum Beispiel die übliche Beschreibung von Prozessen in Textform erfolgt, dann können Sie zusätzlich ein Ablaufdiagramm beistellen, um einen Prozess grafisch zu erläutern. Vermeiden Sie, Text mit Text vertiefen zu wollen.
- Es sollten keine Informationen enthalten sein, die in andere Dokumente gehören und dort im Detail erläutert werden. Gehen Sie also nicht in einem Fachkonzept darauf ein, wie später in der technischen Spezifikation der Prozessablauf dargestellt werden soll, selbst wenn es vielleicht eine interessante Information sein könnte. Vermeiden Sie so weit wie möglich jede Art von Abhängigkeiten zwischen verschiedenen Dokumenten. Dann es bewahrt Sie davor, bei jeder Änderung in einem Papier eine Vielzahl von anderen Dokumenten ebenfalls nachschärfen zu müssen, um die Konsistenz aufrecht zu erhalten.

Für die Darstellung von Informationen können Sie auf einen großen Fundus an Möglichkeiten zurückgreifen, alle mit ihren eigenen Stärken, Schwächen und Zielgruppen. Hier nur überblickgebend ein paar davon:

- *Textuelle Beschreibung*

  Eine rein textuelle Beschreibung ist nur in den seltensten Fällen und für einfache Sachverhalte als alleinige Darstellungsform zu wählen. Bemühen Sie sich, unterstützend auf andere Alternativen zuzugreifen, zum Beispiel Ablaufdiagramme oder Grafiken.

  Des Weiteren bietet es sich heutzutage an, textuelle Beschreibungen zum Beispiel im HTML-Format zu erstellen. Es geht dabei weniger um die Möglichkeit, ein Dokument im Inter- oder Intranet zu veröffentlichen, sondern um die dynamischen Aspekte einer solchen Darstellung. Links und Subdokumente können hiermit auf einfache Art und Weise erstellt und verwaltet werden.

- *Photos/ Screenshot*

  Werden zum Beispiel Software-Systeme mit Benutzungsoberflächen beschrieben, so macht es Sinn, das zu zeigen, was der Benutzer zu Gesicht bekommt. Hier nur verbal zu agieren ist schwer verständlich, oft unnötig und bedeutet für den Verfasser des Dokumentes eine erhebliche Mehrarbeit.

  Wird zum Beispiel eine Maschine beschrieben, so ist es einfacher, statt nur vom „roten Knopf im oberen Bereich der Mittelkonsole" zu schreiben, ein Bild des roten Knopfes in das Dokument einzubringen.

- *Ablaufdiagramm*

  Ablaufdiagramme dienen der Schematisierung von Prozessen. Sie können auf verschiedensten Ebenen von Dokumentationen verwendet werden, also für Geschäftsprozesse gleichermaßen wie für einzelne, kleinteilige Verarbeitungsschritte.

- *Tabelle*

  Tabellen sind geeignet, um stark strukturierte Informationen übersichtlich darzustellen. Wenn die grundlegenden Mechanismen, die Idee zum Beispiel eines Prozesses verstanden worden sind, dann sind Tabellen oft ein willkommenes Arbeitsmittel, da sie sehr viele Informationen auf engem Raum vereinigen.

- *Animierte Präsentation*

  In der modernen Welt der Präsentationswerkzeuge in gebräuchlichen Office-Paketen kann ein wesentlicher Nachteil von Ablaufdiagrammen aufgehoben werden. Diese sind nämlich statisch. Eine Präsentation hingegen kann animiert werden und dadurch dem Begriff „Ablauf"diagramm eine weit treffendere Bedeutung geben.

- *Programmcoding mit Kommentaren*

  Eine Besonderheit aus dem Umfeld der Software-Projekte sollte hier unbedingt Erwähnung finden, nämlich die Möglichkeit der Kommentierung von Programmcode selber. Die Software kann aus einem gewissen Blickwinkel heraus betrachtet als Dokument angesehen werden, das aber selbst meist schwer lesbar ist und schnell zu Fehlinterpretationen verleitet. Ein Mittel, um dieses zu verhindern, ist die Verwendung von erklärenden Kommentaren unmittelbar im Programmtext.

  Gerne wird jedoch die Benutzung dieser Kommentare zugunsten einer scheinbar schnelleren Erstellung der Software vernachlässigt, wenn nicht gar unterlassen. Mittelfristig rächt sich dieses Vorgehen spätestens bei einem Wechsel des zuständigen Programmierers, sei es bereits in diesem oder erst in einem Folgeprojekt, vielleicht bei der Übernahme von Wartungsaufgaben. Denn die Einarbeitungszeit mit dem Ziel eines sicheren Umgangs mit dem Softwareprodukt wird erheblich sein. Ein weiterer, viel schwerwiegenderer Effekt ist die wahrscheinlichere Fehldiagnose der Funktionsweise der Software und eine dadurch zu erwartende fehlerhafte Folgebearbeitung durch den Entwickler.

  Versuchen Sie daher in Software-Projekten stets zu erreichen, dass die im Entwicklungswerkzeug zur Verfügung stehenden Dokumentations- und Kommentarfunktionen von den Programmierern auch genutzt werden.

Für die meisten Dokumentationen gilt „Ein Bild sagt mehr als tausend Worte.". Versuchen Sie jedoch weder, alles grafisch darzustellen, noch die grafische Darstellung als reine Redundanz einzusetzen. Das führt zu einem erheblichen Mehraufwand und unmäßig großen Dokumenten, ohne dass Sie einen wirklichen Gewinn erzielen.

Fragen Sie sich statt dessen immer, welche Darstellungsform am geeignetsten ist und an welchen Stellen Sie in der textuellen Beschreibung Einsparungen vornehmen können, indem Sie sich für eine ergonomischere Alternative entscheiden.

12.3 Entstehungsprozess

Zwischen Beginn und Fertigstellung eines Dokumentes gibt es einen Prozess der Erstellung, der sich mitunter über viele Monate hinziehen kann, unterbrochen von Zwischenabnahmen, Reviews und wiederholten Aktualisierungen.

12.3.1 Grundsätzliches

Es gibt große Unterschiede zwischen Projekten bezüglich des Ausmaßes an Veränderung, dem der Projektgegenstand unterliegt. In einigen bleibt die funktionale und strukturelle Definition des Ergebnisses über lange Zeit stabil. Die Dokumentation in einem solchen Umfeld ist meist unkompliziert, da sie wenigen Änderungen unterliegt. Die Regel ist aber Veränderung, und insbesondere wesentliche Veränderungen sind geeignet, ein komplettes Dokument auf einen Schlag unbrauchbar zu machen.

Ein guter Dokumentationsprozess muss mehrere Vorteile bieten. Zum einen muss er gewährleisten, dass Dokumente bei Veränderungen der Ergebnisdefinition mit geringem Aufwand aktualisiert werden können. Er muss darüber hinaus aber auch sicher stellen, dass Zusatzaufwände durch Nachdokumentation als solche nachvollziehbar quantifiziert und in die Planung aufgenommen werden können.

Im Folgenden wird nicht der Versuch unternommen, vollständige Vorgehensanweisungen für die Erstellung von leicht zu aktualisierenden Dokumenten zu geben. Statt dessen werden aber ein paar Orientierungshilfen angeboten, die eine Annäherung an dieses Ziel möglich machen sollen.

Ein wichtiges Instrument ist in jedem Fall die Schaffung von weitgehender Redundanzfreiheit. Auf diese Art und Weise kann verhindert werden, dass Änderungen sich auf zu viele Stellen in verschiedenen Dokumenten auswirken und bei nachlässiger Einarbeitung zu Inkonsistenzen führen.

Selbstverständlich kann damit nicht verhindert werden, dass mitunter eine Änderung sich durch die gesamte Projektdokumentation zieht. Aber Redundanzfreiheit bedeutet dann, dass in jedem Dokument nur der Aspekt abgeändert wird, der sich in dessen thematischem Fokus befindet. In einem Fachkonzept zum Beispiel würde dann nur die Beschreibung der fachlichen Anforderung geändert werden, technische Details tauchen dort nicht auf. Erst in der nachgelagerten technischen Spezifikation würden die Umsetzungsdetails angepasst werden, dafür tauchen aber hier die fachlichen Beschreibungen nicht erneut auf.

Existiert keine Redundanzfreiheit zwischen den Dokumenten, so müssen insbesondere Stellen abgeändert werden, wo eine Änderung nicht zu erwarten gewesen wäre und dann auch schnell einmal übersehen wird. Enthält also eine technische Spezifikation auch wieder die Beschreibung der fachlichen Anforderungen, so müssen diese auch in diesem Dokument und nicht nur im Fachkonzept korrigiert werden. Wird dieses übersehen, dann entstehen widersprüchliche Aussagen in den beiden Dokumenten.

Leicht zu aktualisierende Dokumente dürfen weiterhin nicht sehr groß sein. Viele Dokumente, insbesondere in größeren Projekten, erfüllen diese Anforderung nicht. Aber es geht hier erst einmal nicht darum, sich der Realität zu beugen, sondern zu sagen, wie sie besser sein müsste. Dokumente sollten dann nur so groß sein, dass noch eine gute und übersichtliche Struktur erkennbar ist, die die sichere Zuordnung von Änderungsbedarf erlaubt.

Weiterhin gestattet eine Aufsplittung in Zentral- und Filialdokumente, eine Bearbeitung durch mehrere Personen gleichzeitig durchzuführen. Nur so können Änderungen schnell, gezielt, konzentriert und auch parallel durch mehrere Personen erfolgen, die gemeinsam ein Dokument erstellt haben bzw. daran arbeiten.

Ergeben sich Änderungen im Projektverlauf, so fallen durch die Nachdokumentation dieser Änderungen zwangsläufig Mehraufwände an. Diese müssen bezahlt werden, was als Aussage zwar nachvollziehbar ist, jedoch in der Praxis in ihrem Umfang gerne unterschätzt wird. Entweder wird von Auftragnehmerseite der Aufwand falsch prognostiziert, was dann in zeitlich engen Situationen entweder zu Verzug oder zu nachlässigen Überarbeitungen der Dokumente führt, oder die Höhe eines realistisch geschätzten Aufwandes führt auf Auftraggeberseite zum Erstaunen, wenn nicht gar zur Verärgerung. Beide Situationen sind nicht glücklich.

Aus dieser Zwickmühle können Sie nur entkommen, indem die Dokumente von vornherein eine strukturelle Qualität aufweisen, die den Aufwand für Änderungen nicht ins Unermessliche steigen lässt. Nur so wären sowohl Auftragnehmer als auch Auftraggeber vor unangenehmen Überraschungen gefeit.

Das Aussehen der Dokumente sollte in der Regel zwischen Auftragnehmer und Auftraggeber in enger Zusammenarbeit abgestimmt werden. Die Betonung liegt hierbei auf „Zusammenarbeit" – das heißt insbesondere nicht, dass der Auftraggeber dem Auftragnehmer nur diktiert, wie ein Dokument auszusehen hat und welchen Inhaltes es sein soll.

Wenn das geschieht, produzieren Gewerknehmer konforme, aber nicht den eigenen Aufgaben oder dem Projektprozess angepasste Dokumente. Abseits ihrer eigentlichen Kompetenzen sind sie in starkem Maße von fremder Einflussnahme und fremder Leistungserbringung abhängig. Die Dokumente werden schnell überfrachtet und fehleranfällig, planerisch entstehen unnötige Abhängigkeiten. Findet hingegen überhaupt kein Abstimmungsprozess statt, so erstellen Auftragnehmer Unterlagen, die erst bei einer Zwischenabnahme, schlimmstenfalls erst zur Endabnahme, dem Auftraggebers das erste Mal vorgelegt werden.

In den meisten größeren Unternehmen gibt es Vorschriften, welche Dokumente in einem Projekt erstellt werden müssen, welchen Inhalt sie haben sollen und zu welchen Zeitpunkten im Projekt sie fertig sein müssen. Diese Vorgaben sind meist sinnvoll und durchdacht, jedoch bergen sie auch die große Gefahr der Pauschalisierung. Nicht für jedes Projekt sollte das volle Portfolio an Dokumenten erstellt werden, manche Projekte hingegen sind so speziell, dass sie Modifikationen bräuchten, das heißt mehr, andere oder Aufsplittungen größerer Dokumente.

Lassen Sie sich weder dazu verleiten, widerspruchslos sämtliche Vorgaben zu übernehmen und sich damit überflüssige oder unangepasste Dokumente aufzubürden, noch leichtfertig Dokumente auszulassen, weil sie viel Arbeit und keinen unmittelbaren Nutzen versprechen.

12.3.2 Prozess

Dokumente werden phasenbezogen und von mehreren Beteiligten im Team erstellt. Das sind die wesentlichen Rahmenbedingungen, die für den Erstellungsprozess relevant sind.

Der Teamaspekt bedeutet, dass die Aufgaben klar und ohne große Überschneidungen verteilt werden müssen, an einzelne Mitarbeiter oder an Mitarbeitergruppen. Für diese Verteilung können im Vorfeld zwei verschiedene Strukturaspekte herangezogen werden. Zum einen die vorbestimmten Bestandteile eines Dokumentes durch zum Beispiel unternehmensinterne Vorgaben, zum anderen die durch die thematische Struktur des Projektes vorgegebenen inhaltlichen Gruppierungsmöglichkeiten.

Sie können also zum Beispiel festlegen, dass ein Mitarbeiter die Einleitung, die Dokumentenhistorie und einen Anhang mit Querverweisen schreibt, weil diese in den unternehmensinternen Vorgaben als Dokumentbestandteile festgelegt wurden. Auf der anderen Seite machen Sie zum Beispiel ein Team von zwei Mitarbeitern verantwortlich für die Beschreibung aller Fachanforderungen.

An dieser Stelle wird Ihre Planung und insbesondere Ihr Umgang damit auf eine echte Bewährungsprobe gestellt. Bei den konkreten Festlegungen, wer an welchen Stellen der Dokumentation Hand anlegen darf, kann die tägliche Arbeit eine derart feine Granularität erhalten, dass eine exakte Planung mit verhältnismäßigem Aufwand fast nicht möglich ist. Statt dessen sollten Sie sich mit Zusammenfassungen zufrieden geben und sich auf handhabbare Aufgabenblöcke zurückziehen, zum Beispiel nur einen Aufgabenblock „Qualitätsanforderungen" anstelle mehrerer untertägiger Aufgaben vom Typ „Qualitätsanforderungen Material", „Qualitätsanforderungen Technik" usw.

Erschwerend hinzu kommt an dieser Stelle, dass die Erstellung von Dokumenten oft kein sequentieller Prozess ist, sondern zu starker Verschachtelung neigt. Mitarbeiter erstellen eine Beschreibung bis zu einer bestimmten Stelle, arbeiten an einer anderen weiter, um bei Verfügbarkeit weiterer Informationen an einer früheren fort zu fahren. Das ist grundsätzlich kein Problem, solange Sie nicht den Überblick verlieren oder als panische Gegenreaktion den Prozess zwangsweise zu sequentialisieren versuchen.

Achten Sie auf die Einhaltung von Standards. Es darf nicht passieren, dass die Teammitglieder funktional gleiche Dokumentationen oder Dokumentationsteile erstellen, die aber in ihrer Struktur oder ihrem Aussehen wesentlich voneinander abweichen. Diese Standards müssen vorab festgelegt und bekannt gemacht werden, nicht erst im laufenden Erstellungsprozess. Es gibt kaum etwas Frustrierenderes, als gute Arbeit noch einmal machen zu müssen aus Gründen, die der Betroffene selbst nicht zu verantworten hat.

Es bietet sich an, für die Erreichung des gleichen Verständnisses über einen Standard prototypisch eine Vorlage zu erstellen, am besten an einem konkreten Beispiel. Auf diese Art und Weise kann auch erreicht werden, dass nicht Beschreibungsteile schlicht vergessen oder in ihrer Semantik unterschiedlich aufgefasst werden.

Der zweite bestimmende Aspekt des Erstellungsprozesses ist seine Orientierung an den Phasen des Gesamtprojektes. Dokumente bauen in der Regel aufeinander auf, zum Beispiel ist in Software-Projekten das Schreiben einer DV-Spezifikation ohne eine vorhergehende Beschreibung der funktionalen Erfordernisse an das zu erstellende System zwar möglich, Sie laufen aber Gefahr, die fachlichen Anforderungen nicht zu erfüllen.

Es ist daher nur in eingeschränktem Umfang möglich, Dokumente parallel zu entwickeln. Wenn zum Beispiel ein Fachkonzept so weit erstellt wurde, dass nur noch Details zu ändern sind, dann spricht nichts dagegen, auch schon mit einer darauf aufsetzenden technischen Spezifikation zu beginnen. Wenn hingegen wesentliche Anforderungen der abzubildenden Geschäftsprozesse noch nicht ausgearbeitet sind, dann kann es geradezu leichtsinnig sein, die endgültige Transformation die technische Darstellung zu beginnen. Die Gefahr ist nicht so sehr, dass nicht ein arbeitsfähiges Ergebnis zustande käme, sondern viel eher, dass Optimierungsmöglichkeiten, nutzbare funktionale Redundanzen und Gemeinsamkeiten nicht hinreichend erkannt und genutzt werden.

Ein Projekt ist kein Hundert-Meter-Lauf. Es sollte eher ein Jogging-Kurs sein, bei dem Sie auch einmal auf einer Parkbank eine kurze Verschnaufpause einlegen können. Nehmen Sie sich die Zeit, das Ergebnis Ihrer bisherigen Arbeit genau zu analysieren, bevor Sie den nächsten Schritt machen. Sie verlieren nicht, sondern Sie gewinnen langfristig Zeit durch eine saubere und durchdachte Vorgehensweise.

Das alles soll aber keineswegs bedeuten, dass Sie jegliche Auseinandersetzung mit und Vorbereitung von Folgedokumenten zum Tabu erheben sollen. Es wäre illusorisch anzunehmen, dass jemand, der sich mit einem Fachkonzept beschäftigt, keine Ideen über die praktische Umsetzung entwickelt. Sie sollten es jedoch vermeiden, dieses zum Anlass zu nehmen, gleich in die Erstellung des Folgedokumentes einzusteigen. Sammeln Sie die Ideen und Lösungsvorschläge, bereiten Sie sie auf und sprechen Sie im Team darüber. Legen Sie auch schon die Struktur des Folgedokumentes an, soweit Ihnen dieses möglich ist, ohne in die Details zu gehen. Aber füllen Sie es noch nicht inhaltlich, bevor Sie sich über Qualität und Bestand des Inhaltes auch sicher sein können.

12.4 Überprüfung

Ein Dokument wird in der Regel nicht nur von einer, sondern von verschiedenen Personen erstellt oder zumindest bearbeitet. Daraus ergeben sich trotz aller Bemühungen um Standards mitunter Inkonsistenzen, abweichende Beschreibungen von Sachverhalten und stilistische Unterschiede, die ausgeglichen werden sollten, bevor die Bearbeitung abgeschlossen wird.

Des Weiteren wird ein Dokument schließlich offiziell abgenommen, wobei der Prozess der institutionalisierten Qualitätssicherung eine besondere Bedeutung gewinnt. Die Abnahmen können für einzelne Dokumente auch im Projektverlauf stattfinden und stellen Meilensteine dar.

In beiden Fällen dient die Überprüfung dem gleichen Ziel, nämlich der Sicherstellung der notwendigen Qualität des Prüfgegenstandes, hier eines Dokumentes. Der Unterschied ist jedoch bei den verschiedenen Prüfinstanzen und deren Perspektive zu finden.

In einem Projektteam wird das Hauptaugenmerk auf die Korrektheit eines Dokumentes gelegt. Das liegt daran, dass die Abstimmung meist im gemeinsamen Gespräch stattfindet, dass jedoch die Erstellung der Abschnitte durch Einzelne erfolgt. Besondere Sorgfalt wird also nur innerhalb dieser isolierten Abschnitte an den Tag gelegt, die übergreifende Form des Dokumentes kann dabei durchaus auf der Strecke bleiben.

Die Perspektive einer externen Prüfinstanz kann von der des Projektteams sehr verschieden sein. Wenn Qualitätssicherung zu einem Abhaken von Checklisten verkommt, dann bleiben dabei durchaus einmal die inhaltliche Korrektheit und Konsistenz unberücksichtigt. Aber auch eine in haltliche Prüfung durch zum Beispiel eine Fachabteilung wird gerne darauf reduziert, nur die im Vertrag geforderten Leistungsmerkmale des Produktes abzuprüfen, ohne auf die Art der geplanten Umsetzung oder auch die Form des Dokumentes genauer einzugehen.

Für das Projekt gilt, dass eine Abnahme durch eine externe Instanz zwar ein zeitlich eng begrenztes Ereignis ist, dass aber auf dieses Ereignis bereits langfristig hingearbeitet werden muss. Das bedeutet, dass die Überprüfung und Verbesserung der Qualität der Dokumente ständig stattfindet. Diese Aufgabe kann sehr wohl am Anfang durch den Projektleiter wahrgenommen werden. So ist es möglich, in einem inkrementellen Prozess mit dem Team frühzeitig eine gemeinsame Dokumentationssprache zu entwickeln. Je mehr Einigung bereits erzielt werden konnte, bevor viele Ergebnisse erbracht worden sind, desto leichter wird später ein Erreichen der durchgängig erforderlichen Qualität fallen.

Die Frage der mitunter mangelnden Qualität von Projektergebnissen trotz des scheinbar guten Willens aller Beteiligten und die Rolle eines sinnvollen Qualitätsmanagements wird in dem betreffenden Abschnitt („14 Qualitätssicherung") genauer beleuchtet und hier vorerst nicht weiter vertieft.

12.5 Sinnfrage

Was ist Dokumentation und welchem Zweck dient sie? Welche Dokumente müssen unbedingt für ein Projekt erstellt werden? Wo ist die Trennlinie zwischen Ballast und Hilfestellung zu ziehen? Wie hoch muss die Qualität von Dokumenten sein, damit sie den beiden Kernanforderungen genügt, nämlich verständlich und nützlich zu sein?

Die wichtigste Frage, die in diesem Zusammenhang beantwortet werden muss, lautet: Wer wird welche Informationen nach Ende des Projektes benötigen? Oft wird an die Dokumentation als Aufgabe auf eine sehr einfache, aber wenig reflektierende Art herangegangen, indem nur sicher gestellt wird, dass jede Phase der Projektdurchführung mindestens ein beschreibendes Dokument erzeugt. Es geht aber vielmehr darum, Aussagen darüber zu treffen, welche Informationen, also Inhalte, abgelegt werden müssen, weil sie auch gebraucht werden. Denn nur dann erhalten sie auch eine Daseinsberechtigung.

Naturgemäß lässt sich im Vorwege oft nicht genau prognostizieren, welche Informationen noch in hoher Qualität verfügbar sein müssen, weil sie zum Beispiel für die Erleichterung späterer Änderungen am Projektergebnis benötigt werden. Doch unser gesamtes Leben basiert auf Annah men über die Zukunft, und jede vertrauenswürdige Prognose sollte zu Festlegungen über Vorhandensein und erforderliche Detaillierungstiefe von Dokumenten genutzt werden.

Zum Beispiel werden Sie nach einem Umzugsprojekt, bei dem die Ausstattung und die Mitarbeiter einer Abteilung in ein anderes Gebäude verlegt werden, in der Regel keine Informationen mehr über die bisherige Raumaufteilung im alten Gebäude brauchen. Die diesbezüglich erstellten Dokumente brauchen nur dem Zweck der Inventarisierung und Überprüfung genügen, vieles kann organisatorisch abgewickelt werden, eine Dokumentation in allen theoretisch möglichen Details wäre überzogen.

Wenn aber abzusehen ist, dass der Umzug nur temporär ist, weil nach der Durchführung von baulichen Veränderungen ein Rückumzug stattfinden wird, dann wird eine exakte Dokumentation der bisherigen Raumverteilung mit genauer Zuordnung der Ressourcen, Leitungswege und sonstigen technischen Konfigurationen zwingend erforderlich.

Bei der Beschäftigung mit der Sinnfrage wird ein Dilemma ganz offenbar, aus dem es, das sei vorweg genommen, kein wirkliches Entrinnen gibt. Einerseits gibt es nach Abschluss des Projektes oft nur eine Handvoll von Dokumenten, die wirklich gebraucht werden, andererseits werden im Projektverlauf aber sehr viele zusätzliche Dokumente erstellt. Diejenigen, die diese Diskrepanz in besonderem Maße zeigen, sind meist solche, die einzig zum Zwecke des vertragswirksamen Festhaltens von Vereinbarungen zwischen Auftraggeber und Auftragnehmer erstellt wurden. Wenn ein Dokument einvernehmlich verabschiedet wurde, sollten Auftragnehmer und Auftraggeber eine gemeinsame Sprache sprechen und die gleichen Erwartungen haben, wenn Sie diesbezüglich über das Projekt reden. Dieser Nutzengesichtspunkt gilt grundsätzlich für jedes offizielle Projektdokument und sollte dem Projektleiter stets bewusst sein und von ihm auch berücksichtigt werden.

Fachkonzepte, mehr noch Vorstudien, sind dafür hervorragende Beispiele. Fachkonzepte entstehen zu einem frühen konzeptionellen Zeitpunkt und dienen als Basis für Folgedokumente, die erheblich genauer und in den Umsetzungsdetails beschreiben, wie das Projektergebnis aussehen soll. Sie dienen der Absprache zwischen Auftraggeber und Auftragnehmer, der Erzielung von Einvernehmen. Mit dieser Einigung beginnt das Dokument zu sterben und nur noch als grundsätzlich statische Vorlage für die nächste konzeptionelle Verfeinerungs- und Transformationsstufe zu dienen. Für die abschließende Nutzung des Projektergebnisses werden andere Dokumente bedeutsam sein, zum Beispiel Benutzungshandbücher in Software-Projekten, Vorgehensanweisungen in neu gegründeten Abteilungen, die Dokumentation von Wartungsterminen und -intervallen für Maschinen.

Jedes Dokument bzw. dessen Abnahmeprozess dient im obigen Sinne also auch einem inhaltlichen Annäherungsprozess zwischen der beauftragenden und der beauftragten Partei – manche dienen nur eben keinem weiteren Zweck.

Um die Auseinandersetzung mit der Sinnfrage aber zu einem brauchbaren Abschluss zu bringen, müssen diese beiden Sichtweisen, nämlich zum einen nur am langfristigen und nachhaltigen Nutzen eines Dokumentes orientiert, zum anderen unter Betonung des Abstimmungscharakters, in Einklang gebracht werden. Hierzu kann direkt auf die am Anfang dieses Abschnittes gestellten Fragen zurückgegriffen werden:

Ein Dokument dient dem Zweck, Informationen persistent zu machen. Sie steckt dann nicht mehr in den Köpfen Einzelner, sondern sie wird in einer Form abgebildet, die sich allen zur Verfügung stellt. Diese Form selbst kann variieren, es kann sich um eine Grafik, eine Präsentation, ein Schriftstück, eine Tabelle und vieles mehr handeln.

Die Frage, welche Dokumente für ein Projekt erstellt werden müssen, spaltet sich in zwei Unterfragen auf:

1. Über welche Themen besteht Abstimmungsbedarf zwischen Auftraggeber und Auftragnehmer?
2. Welche Informationen müssen nach Ende des Projektes noch zur Verfügung stehen?

Die Antworten auf diese Fragen müssen Ihnen zwei wichtige Entscheidungen ermöglichen. Zum einen müssen Sie eine Aussage treffen können, welche Informationen für die beteiligten Gruppen so wichtig sind, dass sie sich in Dokumente wiederfinden müssen. Zum anderen muss es Ihnen möglich sein zu bestimmen, wie die zuvor identifizierten Informationen mit Hilfe welcher Dokumente zu brauchbaren Paketen geschnürt werden können, damit Abstimmung oder spätere Verwendung möglichst leicht fallen.

Die Trennlinie zwischen Ballast und Hilfestellung ist dort zu ziehen, wo Sie Dokumente erstellen lassen, die gleichermaßen zur Abstimmung über Inhalte als auch für die spätere Nutzung des Projektergebnisses verwendet werden sollen. Das gilt, wie oben schon dargestellt, zwar als Grundannahme für jedes Dokument, aber es macht einen erheblichen Unterschied aus, ob das Dokument mit der Intention geschrieben wird, zu einem der beiden Zwecke zu dienen oder zu beiden.

Es würde zum Beispiel sicher hinreichend sein, anstatt eines Benutzungshandbuches in einem Softwareprojekt lediglich das Fachkonzept und die technischen Spezifikationen zur Verfügung zu stellen. Trotzdem wird ein zusätzliches Dokument erstellt, eben das Benutzungshandbuch, das direkt auf die Zielgruppe der späteren Benutzer zugeschnitten ist und ohne den unnötigen Ballast einer stark geschäftsprozessorientierten oder aber technischen Sicht überfrachtet zu sein.

Der zweite Aspekt ist die Zielgruppenorientierung. Ein Dokument, das für einen bestimmten Personenkreis gedacht ist, sollte auch dessen Sprache sprechen und mit Informationen konfrontieren, die auch in dessen Expertise zu finden sind. Finden sich in dem Dokument in Inhalt oder Sprachweise fremde Einflüsse, dann wird die Nutzbarkeit des Dokumentes damit für die Zielgruppe eingegrenzt.

Um also verständliche und nützliche Dokumente zu erhalten, muss ein bewusster Auswahl- und Aufteilungsprozess erfolgen. Es muss bekannt sein, welche Informationen tatsächlich benötigt werden, wer diese benötigt und zu welchem Zwecke er sie benötigt. Auf dieser Grundlage können qualitativ hochwertige Dokumente erstellt werden, inhaltlich sauber voneinander geschieden und stets an ihrem primären Zweck orientiert.

In der Praxis haben Sie diese Freiheiten meist nicht. Was Ihnen aber immer bleibt, ist die Absprache mit dem Auftraggeber über die notwendigen Inhalte der vorgegebenen Dokumente. Versuchen Sie so viel zu schreiben wie nötig, aber vermeiden Sie es, sich oder jemand anderem mit einem Dokument ein Denkmal setzen zu wollen.

13 Vertragsrelevante Kommunikation

Der Gegenstand eines Projektes ist zu Beginn desselben meist nur in Umrissen skizziert. Im Zuge vieler Meetings, Workshops und Gespräche kristallisieren sich die Details heraus und das Bild wird immer klarer, bis auf der Umsetzungsebene schließlich das konkrete Ergebnis entsteht. Soweit die Theorie.

In der Praxis gibt es an einigen, möglicherweise vielen Stellen trotz all der Meetings, Workshops und Gespräche schließlich lästige Diskussionen über die zu erbringenden Leistungen. Es geht darum, ob ein Umsetzungsdetail Bestandteil des Vertrages ist, ob Aussagen in dieser oder einer anderen Form gemacht worden sind, es geht um angebliche oder tatsächliche Missverständnisse oder um Zusagen, die nicht eingehalten wurden.

Hierbei gibt es zwei verschiedene Extreme, in denen der Projektleiter sich finden kann. Entweder, es existiert die gern zitierte „saubere Aktenlage", aus der heraus die wesentlichen Aussagen im Projektverlauf rekonstruierbar sind, oder die Verabredungen wurden nur mündlich getroffen, ohne jemals einvernehmlich fixiert worden zu sein. Letzteres gilt es möglichst zu vermeiden.

13.1 Definition

Was ist vertragsrelevante Kommunikation? Retrospektiv lässt sich diese Frage meist leichter beantworten als im Vorwege. Überall dort, wo es Differenzen zwischen Auftraggeber und Auftragnehmer bezüglich der Leistungserbringung gegeben hat, dort wäre vielleicht durch eine geeignete Fixierung von vorhergehender vertragsrelevanter Kommunikation eine schnelle Beseitigung der Differenz möglich gewesen. Der Griff in die Schublade und die Präsentation eines abgestimmten Protokolls oder eines Memos sparten dann viel Zeit und vor allem Nerven.

Anfangs ist das ganze Gerüst, auf das sich ein Projekt stützt, der Vertrag. Dieser Rahmen ist in der Regel flexibel gesteckt und in vielen Details offen. Zu erkennen, was vertragsrelevante Kommunikation darstellt, ist nicht immer einfach. Sie und Ihre Mitarbeiter müssen ein Gespür dafür entwickeln, welche Aussagen von Ihnen oder Ihren Gesprächspartnern

- Entscheidungen für eine von mehreren Alternativen und damit den Ausschluss der anderen Alternativen darstellen,
- Detailinformationen beinhalten, auf die sich nachfolgende Entscheidungen aufbauen,
- Zusatzleistungen bewilligen oder fordern, die über den Rahmen des eigentlichen Vertrages hinausgehen oder
- Leistungen ausschließen, die ursprünglich Vertragsbestandteil waren.

All das ist vertragsrelevante Kommunikation, die auf jeden Fall aktenkundig und verbindlich festgehalten werden muss. Sie ist relevant insbesondere in Bezug auf das, was im Projekt getan und nicht getan wird. Mehrleistung, die erbracht wurde, aber die niemand nachweislich gefordert hat, wird ebenso wenig bezahlt, wie Leistung, die Sie im Projektverlauf nicht erbracht haben und die Sie nachliefern müssen, weil Sie nicht beweisen können, dass sie ausgeschlossen wurde.

13.2 Fixierung

Für die Beantwortung der Frage, wie vertragsrelevante Kommunikation fixiert werden soll, gibt es zwei verschiedene Überlegungen, die Sie anstellen müssen. Der Regelfall der Klärung einer Meinungsverschiedenheit ist hoffentlich die einvernehmliche. Sie findet auf direktem Wege zwischen Auftraggeber und Auftragnehmer statt. Hierfür ist es zum Beispiel schon hinreichend, eine Email präsent zu haben, mit der ein bestimmter Sachverhalt belegt werden kann.

Aber es kann durchaus passieren, dass wechselseitiges Einvernehmen über einen schwerwiegenden und erfolgsrelevanten Aspekt nicht ohne weiteres erreicht wird. Dann sehen sich die beiden Vertragspartner eventuell vor Gericht wieder. In diesem Falle kann es sehr wichtig sein, ein urkundliches Dokument vorweisen zu können. Hier mag normaler Emailverkehr nicht mehr hinreichend sein, wogegen es ein Memo in einem eigens zu diesem Zweck ausgelegten Memosystem durchaus sein kann.

Sie sind hier zweifelsfrei in einer unangenehmen Zwickmühle. Die Bitte an einen Ansprechpartner, eine gegebene Aussage ein weiteres Mal über einen anderen Kommunikationsweg zu bestätigen, nur damit sie urkundlich wird, kann als impliziter Misstrauensbeweis verstanden werden, mit dem Sie behutsam umgehen sollten. Sind die Entscheidungen gravierender Natur, so wird Ihr Gesprächspartner wahrscheinlich wenig Einwände ha ben, handelt es sich dagegen um Lappalien, dann kann das das Klima in einer Situation schädigen, in der auch eine einfache Email hinreichend gewesen wäre.

Für Sitzungen gilt, dass Sie grundsätzlich ein Protokoll schreiben sollten. Gerne wird hier zwischen wichtigen und weniger wichtigen Anlässen und Themen unterschieden. Aus zwei Gründen sollten Sie sich dieser Unterscheidung aber nicht anschließen:

1. Sie wissen nie vorher, welche Aussagen eventuell gemacht werden. Viele Meetings halten sich nicht stringent an ihr eigentliches Thema oder ihre Agenda, oder es tauchen nicht erwartete Teilnehmer auf, so dass mitunter überraschende Ergebnisse zustande kommen. Mit einem Protokoll sind Sie immer auf der sicheren Seite.
2. Wenn alle Meetings gleich behandelt werden, kann es nicht zu Diskussionen darüber kommen, ob ein Protokoll notwendig ist. Ist dieses hingegen nicht die Regel, dann neigen die Teilnehmer einer Sitzung gerne zu ihren eigenen Interpretationen, ob gerade bei diesem Thema und dieser Gesprächsrunde ein Protokoll erforderlich sei. Wird es dagegen grundsätzlich erstellt, wird es zu einer Nebensächlichkeit, deren Existenz keine besondere Beachtung mehr findet.

Ein Protokoll allein ist grundsätzlich wertlos, solange es nicht ein abgestimmtes ist. Das bedeutet, dass alle an der Sitzung beteiligten Personen die Korrektheit des Inhalts bestätigen müssen, dass gewünschte Ergänzungen oder Änderungen eingetragen und bis zur allgemeinen Zufriedenheit allen Beteiligten zugänglich gemacht werden. Um hierbei einen übermäßigen Aufwand zu vermeiden, werden Protokolle in Verbindung mit einer Fristsetzung versendet. Ist bis zum Erreichen der Frist kein Änderungswunsch eingegangen, so gilt das Protokoll als abgenommen. Es erweitert damit den Vertrag um seine enthaltenen Details und Entscheidungen.

Viele Themen werden telefonisch besprochen. Sollte dabei eine wichtige Aussage oder Entscheidung fallen, dann stehen Ihnen zwei Möglichkeiten offen, um sie urkundlich zu machen. Die erste ist, eine Zusammenfassung an den Gesprächspartner zu senden, zu der dieser sich äußern kann, falls ein Missverständnis vorliegt. Oder aber Sie bitten ihn, Ihnen diese oder jene Aussage noch einmal schriftlich zu geben, weil Sie sie für besonders wichtig halten.

Nutzen Sie darüber hinaus Email- oder Memosysteme für alles, wovon Sie annehmen, dass es eine besondere Bedeutung für das Projekt besitzt. Geht es hingegen nur um das Verständnis eines Sachverhaltes, so bietet sich in der Tat ein unverbindliches persönliches oder telefonisches Gespräch an. Für die umfangreiche Ausdetaillierung von Sachthemen greifen

Sie zu Workshops und Sitzungen und schreiben Sie Protokolle. Für sauber eingrenzbare Themen schreiben Sie eine Email oder ein Memo.

Eine Bemerkung zum Schluss, um zu verhindern, dass die Fixierung der vertragsrelevanten Kommunikation lediglich als Paranoia verstanden wird: Sie legen auch in einem gut laufenden Projekt Kommunikationsnotizen an. Sie werden diese aber vielleicht nie benötigen. Ein gutes Auftraggeber-Auftragnehmer-Verhältnis lebt von einem kollegialen und fairen Miteinander. Wenn Sie hier doch einmal in die Schublade greifen und ein Sitzungsprotokoll hervorzaubern müssen, dann nur, um ein Missverständnis aus der Welt zu räumen, nicht um Recht zu behalten.

In einer gesunden Projektsituation wird akzeptiert, dass Gesprächsergebnisse festgehalten werden, um zu verhindern, dass eine Konfliktsituation entsteht, nicht, um eine aufzulösen.

13.3 Berechtigung

Die Frage, wer berechtigt ist, vertragsrelevante Aussagen zu treffen, wurde bereits früher angeschnitten. Sie zerfällt letztlich in zwei Unterpunkte: Zum einen nämlich, wofür Sie als Projektleiter gerade stehen müssen, wenn die Aussagen von Mitarbeitern in Ihrem Team getroffen werden. Zum anderen, welche Aussagen Sie als Arbeitshypothese akzeptieren dürfen, wenn sie aus externen Quellen kommen.

Die Antworten auf diese beiden Fragen klingen miteinander verglichen zwar unfair, aber dafür sollte der bewusste Umgang damit Ihnen und Ihrem Team zusätzliche Sicherheit geben. Grundsätzlich gilt nämlich, dass der Projektleiter (und in letzter Konsequenz immer auch das gesamte Team) für alles, was einzelne Teammitglieder an Aussagen treffen, gerade stehen muss. Das ist nicht nur persönliches Pech, sondern auch ein elementarer Bestandteil der Aufgabe des Projektleiters.

Das bedeutet zum Beispiel, dass Aussagen, die Mitarbeiter in Sitzungen machen und die in ein Protokoll aufgenommen werden, für das gesamte Projekt verbindlich werden. Wenn Sie also sicher sein wollen, dass dort nichts auftaucht, mit dem Sie nicht einverstanden sind, dann müssten Sie an den Sitzungen selbst teilnehmen. Hier müssen Sie zu Recht die Sinnfrage stellen! In Hinblick auf die Vergabe von Eigenverantwortung und der Erziehung zur Selbstständigkeit sicher nicht. Der Tipp lautet statt dessen, die Protokolle zu lesen, bevor sie abgenommen werden, und sich von wichtigem Schriftverkehr der Mitarbeiter eine Kopie zukommen zu lassen.

Eine Möglichkeit, die Unkontrollierbarkeit der Projektsteuerung durch unbedachte Leistungszusagen einzudämmen, besteht für den Projektleiter darüber hinaus in der Definition von klaren personellen Zuständigkeiten für bestimmte Themen und der Etablierung der entsprechenden Kommunikationsstruktur im Projekt, insbesondere aber auch in der Außenwirkung (siehe „5.7 Kommunikationsbündelung").

Auf der anderen Seite des Vertragswerkes müssen Sie von einer gegenteiligen Grundannahme ausgehen. Es dürfen von Ihnen nur Aussagen als Handlungsgrundlage herangezogen werden, wenn sie von Personen stammen, die als berechtigt zum Fällen dieser Aussagen definiert worden sind. Ansonsten erhalten diese nur den Status einer Information, aber eine Handlung oder Entscheidung wird frühestens daraus abgeleitet, wenn ein dazu Bevollmächtigter die Information bestätigt.

Wie schon bemerkt, erscheint diese Sichtweise auf den ersten Blick unausgewogen, ja unfair, und selbst auf den zweiten ist sie in der Praxis sicher zu relativieren. Aber es geht bei vielen Dingen, die im Projektgeschäft getan werden, weniger darum, für den Augenblick zu entscheiden, sondern langfristige Sicherheit zu gewinnen. Kommt es zu einem Streit, weil Sie auf die falsche Person gehört haben, oder weil Sie Aussagen eines Mitarbeiters später als nicht verbindlich darstellen müssen, dann ist der Schaden angerichtet. Mit der richtigen Grundeinstellung hätte er vermieden werden können.

13.4 Die Bedeutung des Projektleiters

Die vorangegangenen Ausführungen stellen einen Aspekt des Projektmanagements zur Diskussion, der in der Literatur kaum behandelt wird. Es geht um die Bedeutung, die dem Projektleiter im Verhältnis zum Team tatsächlich zukommt. Es geht um die Frage, woher die Rechtfertigung für seine Position und den Grad an Verantwortung kommt, und ob diese Sonderstellung tatsächlich gegeben ist.

Insbesondere in der Auseinandersetzung mit vertragsrelevanter Kommunikation werden zwei Punkte sehr deutlich:

1. Jeder Projektmitarbeiter trägt einen hohen Grad an Verantwortung bezüglich seiner Aussagen und Festlegungen.
2. Ein Projektmitarbeiter sollte, der Projektleiter hingegen muss sich der Verantwortung bewusst sein.

Festzustellen ist also, dass ein Projektleiter insofern eine Sonderrolle besitzt, als dass er aufgrund seiner Qualifikation am sensibelsten projektrelevante Ereignisse registriert und weiß, wie er auf diese zu reagieren hat. Das ist eine Anforderung, der er jobbedingt gerecht werden muss. Tatsache ist aber auch, dass er ein starkes Interesse haben muss, dieses Know-how im Projekt zu etablieren und auszurollen. Je besser ihm dieses gelingt, und je besser seine Mitarbeiter in der Lage sind, Projektrelevanz zu erkennen und ihre Handlungsweise darauf abzustimmen, desto besser läuft das Projekt.

Regelmäßig wird dem Projektleiter eine unmäßig hervorgehobene Position im Projekt eingeräumt, so dass er stets isoliert vor dem Team steht, zu dem er – zumindest nach dem Primus-Inter-Pares-Prinzip – eigentlich stets auch gehören sollte. Dieses befremdliche Bedürfnis der Zuteilung einer Sonderstellung erwächst nicht zuletzt aus einer hierarchieorientierten, aber künstlichen Selbstwerterhöhung vieler etablierter Projektleiter.

Im Grunde wird hier aber ein Weg beschritten, der eine hohe Gefahr für die Motivation und mittelbar auch die Qualität im Projekt mit sich bringt. Denn zum einen ist es geradezu vermessen, sich nur auf sich selbst und die eigenhändig implementierten Herrschaftsstrukturen zu verlassen, zum anderen ist es dumm, die Ressourcen, die in Form der Mitarbeiter zur Verfügung stehen, nicht zu nutzen.

Je dichter die Kompetenzen des Teams an denen des Projektleiters in Bezug auf das Verständnis des Projektgeschäftes liegen, desto besser wird das Projekt laufen. Je weiter diese voneinander entfernt sind, desto mehr Probleme werden entstehen. Der Projektleiter mag noch so gut sein, aber wenn sein Team außer der Abarbeitung der Aufgaben keinerlei Sensibilität für Projektbelange entwickelt, wird er einen schweren Weg vor sich haben.

Die Empfehlung lautet also, ganz im Gegenteil zum Eindruck, der oft in der Literatur vermittelt wird, gerade nicht den Projektleiter in seiner Sonderstellung aufzubauen und abzugrenzen. Statt dessen sollte er sich auch als Coach seines Teams verstehen, der versucht, Verantwortungsbewusstsein und Projektkompetenz bei diesem zu entwickeln, um darüber zusätzliche Sicherheit zu gewinnen.

Das ist keinesfalls ein Aufruf zur Entmachtung des Projektleiters. Es geht lediglich darum, ihn und sein Team dorthin zu führen, wo er sich des Erfolgs schließlich aufgrund der projektbezogenen Effizienz seiner Mitarbeiter und nicht nur aufgrund seiner selbst sicher sein kann. Der Projektleiter ist und bleibt die oberste Entscheidungsinstanz, aber je weniger er sich genötigt sehen muss, diese Vormachtstellung auszunutzen, desto besser ist das für alle Beteiligten und nicht zuletzt den Projektgegenstand.

14 Qualitätssicherung

Qualitätssicherung ist ein unangenehmes Thema. Viele Projektteams verbinden damit Mehrarbeit, die Erstellung unsinniger oder aufgeblasener Dokumente, endlose Abnahmesitzungen und Fehlerprotokolle. In erster Linie wird Qualitätssicherung als ein Übel gesehen, das dem Projekt wenig hilft, sondern es nur aufhält und so verhindert, dass fristgerecht geliefert werden kann. Um zu verstehen, warum und wie trotzdem Qualitätssicherung stattfinden muss, ist es hilfreich, die Wurzel dieses, zu oft als Übel verschrieenen Prozesses wieder zu finden und sich von dort ausgehend des Themas anzunehmen.

14.1 Warum also Qualitätssicherung?

Tatsache ist, dass viele unterschiedliche Personen in einem Projekt Ergebnisse erbringen. Diese Ergebnisse sind nicht nur dadurch verschieden, dass sie inhaltlich nicht identisch sondern ergänzend sind, also verschiedene Aspekte des Gesamtergebnisses beschreiben, sondern auch dadurch, dass jeder Mensch einen eigenes Empfinden von Qualität besitzt. Wo der eine lieber eine Tabelle verwendet, neigt der andere zu Fließtext. Wo Meier einen Hebel umlegt, da drückt Müller lieber auf einen Knopf.

Das Wissen in einem Projekt ist nicht gleichverteilt, was dazu führen kann, dass Fehler entstehen. Entweder sind das echte Fehler, also falsche Beschreibungen oder Umsetzungen von Sachverhalten, oder es sind Inkonsistenzen, die entstehen, weil verschiedene Personen unterschiedliche Wahrnehmungen haben und unterschiedliche Schlussfolgerungen ziehen. Inkonsistenzen sind deswegen gefährlich, weil sie zu einem Sachverhalt zwei Interpretationen und Handlungsalternativen darstellen. Wenn Sie sich projektintern für eine Alternative entschieden haben, ein abgenommenes Dokument dem Auftraggeber aber eine zweite anbietet, so kann das dazu führen, dass Sie den ungeplanten Mehraufwand für die Alternativlösung auf Wunsch erbringen müssen.

Außerdem verändert oder detailliert sich der Projektgegenstand im Laufe der Zeit, und damit auch Sachverhalte und Darstellungen dieser Sach verhalte. Die nachlässige Überarbeitung von Projektergebnissen kann dann dazu führen, dass sie nicht mehr stimmig sind. Je nachdem, welche Quelle bei der Informationsbeschaffung herangezogen wird, lassen sich unterschiedliche Aussagen vorfinden. Es kann dann passieren, dass Schlüsse gezogen werden, die auf unkorrekten Grundlagen beruhen.

Und schließlich sind wir alle nur Menschen, und als solche dazu verurteilt, Fehler zu machen. Flüchtigkeitsfehler, fahrlässige, dumme. Ganz wertfrei betrachtet ist das einfach eine Tatsache, mit der Sie sich auseinandersetzen müssen. Es hat wenig Zweck, darüber zu murren, dass Mitarbeiter Fehler machen und die Ergebnisse nicht die Qualität haben, die Sie erwarten. Sie können möglicherweise die Fehlerquote senken und durch die Definition von Standards eine weitere Normalisierung der Ergebnisse erreichen, aber Sie werden Fehler nie gänzlich verhindern können. Ein Grund für Qualitätssicherung ist die Akzeptanz dieser und der oben beschriebenen Tatsachen und das Bestreben, die Folgen unserer Fehlbarkeiten und Unterschiede zu mindern.

Für wen muss Qualität hergestellt, in diesem Sprachgebrauch „gesichert" werden? Doch immer für jemand anderen als den, der das Einzelergebnis selbst erbracht hat. Das hat für die Sicht auf den Qualitätsbegriff insofern eine besondere Bedeutung, als dass für die Zielgruppe nicht eine Summe von Einzelergebnissen existiert, sondern nur ein Projektergebnis, das Basis für die Bewertung der Güte ist. Denn die Arbeit eines Einzelnen kann, für sich betrachtet, ein stimmiger und qualitativ durchgängiger Mikrokosmos sein. Eingegangen in das Gesamtergebnis kann diese lokale Ordnung schnell Chaos anrichten, das beseitigt werden muss, wenn nicht die Verständlichkeit und Korrektheit auf der Strecke bleiben soll.

Deswegen ist Qualitätssicherung zwangsläufig keine lokale Tätigkeit, sondern findet immer auf einer Metaebene statt. Dort muss sichergestellt werden, dass das Gesamtbild des Projektergebnisses stimmig, korrekt und nach festgelegten Kriterien qualitativ durchgängig aufgebaut ist. Zuvor wurde argumentiert, warum Qualitätssicherung überhaupt stattfinden muss, aber hier findet sich der Grund für die Institutionalisierung des Prozesses.

14.2 Möglichkeiten

Die gute Nachricht zuerst: Es gibt verschiedene Möglichkeiten, Qualität herzustellen. Die schlechte lautet: Eine allein wird nicht ausreichen. Sie müssen auf mehrere setzen.

Es kann grundsätzlich zwischen der Sicherung von Qualität im Vorfeld der Ergebniserstellung, während derselben und danach unterschieden werden. Es ist sicher eingängig, dass Sie mehr Arbeit haben, wenn Sie zur nachträglichen Herstellung der gewünschten Qualität noch einmal Hand an ein Ergebnis legen müssen. Eine starke Reglementierung im Vorfeld führt zu einer Motivations- und auch Innovations-hemmenden Einschränkung des Teams, so dass Sie stets versuchen sollten, einen Schwerpunkt auf die begleitenden Maßnahmen zu legen.

14.2.1 Qualitätsdefinition vor der Ergebniserbringung

Standards können und sollen aus zwei verschiedenen Quellen kommen. Die erste ist extern, sprich die Standards stammen vom Auftraggeber, aus dem Großprojekt, in das Sie eingebunden sind, aus den Unternehmens-richtlinien Ihres Arbeitgebers etc. Darüber hinaus gibt es die Möglichkeit, interne Festlegungen zu treffen. Sie sollten grundsätzlich versuchen, hilfreiche Standards innerhalb des Projektteams abzustimmen. Im Gegensatz zu externen Vorgaben, die in der Regel nicht verhandelbar sind, sollten Sie bei internen Standards ein Commitment durch das Team erreichen. Standards gliedern sich in zwei Bereiche auf:

1. Inhaltliche Standards definieren, was in einem bestimmten Ergebnis enthalten sein muss. Zum Beispiel wird dann festgelegt, dass in einer Bedarfsanalyse für eine neu anzuschaffende Software auch die bisherigen Kosten für die Abwicklung des Prozesses nach organisatorischen und technischen Kostenverursachern aufgeschlüsselt sein müssen.
2. Strukturelle Standards legen fest, wie Ergebnisse aufgebaut sind, in welcher Reihenfolge und Ordnung Inhalte oder Komponenten auftauchen. Gleichzeitig werden bei alternativen Darstellungsmöglichkeiten Vorgaben über die zu verwendende Form gemacht, so zum Beispiel dass die Farbangaben zu einem Layoutvorschlag in CMYK- und nicht RGB-Darstellung erfolgen müssen.

In der Regel werden Standards abstrakt definiert, in Form von textuellen Beschreibungen und Checklisten. Daneben gibt es aber die äußerst empfehlenswerte Möglichkeit, prototypische Ergebnisse zu erstellen. Ein gutes Beispiel erklärt oft mehr als eine interpretationsbedürftige Anforderung in einer Liste.

Sie sollten die Definition von Standards nicht als abgeschlossen betrachten, wenn Sie mit der Ergebniserbringung beginnen. Viele Details und Bedürfnisse treten erst zutage, wenn Sie daran arbeiten. Deshalb sollten Sie zu Anfang versuchen, nur in einfachen, klaren und notwendigen Fällen

Standards zu definieren. Ein gutes Team sorgt selber für eine Nachbesserung des Regelwerkes, wenn es erkennt, dass es stilistische oder strukturelle Inkonsistenzen erzeugt. Aber das ist eine Grundannahme, die Sie überprüfen müssen. Stellt sich dieser Prozess nicht von alleine ein, so sind Sie aufgefordert, selber nachzubessern.

14.2.2 Qualitätssicherung während der Ergebniserbringung

Die häufigste Form der Qualitätssicherung, wie sie die meisten schon einmal erfahren haben, sind Zwischenprüfungen zu Meilensteinen oder Phasenenden. Nach erfolgreicher Prüfung und offizieller Abnahme wird der Stand der Ergebnistypen, die Prüfgegenstand waren, eingefroren und die Arbeit daran eingestellt. Es existiert aber darüber hinaus ein weites Spektrum an Möglichkeiten für die Durchführung von Überprüfungen während der Ergebniserbringung, das dem Projektleiter zur Verfügung steht und auf das im Folgenden in besonderem Maße eingegangen wird.

Vorab aber ein paar Worte zu offiziellen Abnahmeprüfungen zu Meilensteinen und ihre richtige Einordnung im Prozess der Ergebniserbringung. Externe Qualitätsprüfungen in diesem Kontext sind gebräuchliche Prozesse, die ihre Rechtfertigung aus dem damit verbundenen urkundlichen Abstimmungsprozess zwischen Auftragnehmer und Auftraggeber über den bisherigen Gegenstand und die damit verbundene Festschreibung der zukünftigen Weiterentwicklung des Projektgegenstandes beziehen. Grundsätzlich aber unterscheidet eine Abnahme zu einem Meilenstein kaum etwas von einer Endabnahme zum Abschluss eines Projektes. Die Prüfgegenstände haben vor ihrer Überprüfung bereits ihren vorläufigen Endstand erreicht und bleiben in der nun aktuellen Form in der Regel bis Projektende erhalten. Es ist daher nicht ganz schlüssig, solche Prüfungen als Qualitätssicherung während der Ergebniserbringung zu bezeichnen. Sie sind dieses von ihrem Grundcharakter her nicht. Für den Projektleiter bedeutet das, dass er seine Anstrengungen für die Erreichung von Qualität während der Ergebniserbringung auf die tatsächliche Zeit der Erstellung des Ergebnisses konzentrieren muss.

Machen Sie sich klar, dass Sie persönlich frei bezüglich Ihrer Prüfungsbemühungen sind. Niemand schreibt Ihnen vor, eine eventuell mangelnde Qualität erst zum Phasenende bei der Meilensteinprüfung festzustellen. Darüber hinaus haben Prüfungen zu Meilensteinen immer eine offizielle und damit projektexterne Komponente, so dass Ihnen daran gelegen sein sollte, die Überprüfung der Qualität zuerst in den eigenen Händen zu wissen. Wenn Ihre Bemühungen auf geschickte und vernünftige Weise das gesamte Projekt begleiten, können Sie die Relevanz der Meilensteinprüfung für sich und ihr Team weitgehend aushebeln.

Geben Sie zum einen während der Erstellung eines End- oder Phasenergebnisses Teile davon zur Kontrolle an Ihre Ansprechpartner. Das hat den Vorteil, dass Sie eine Rückmeldung erhalten, deren Folgen an einem Phasenende durchaus schmerzhaft sein könnten. Denn dann kommen der Gesichtsverlust, der Vorwurf, schlecht gearbeitet zu haben und die gegebenenfalls erheblichen Mehraufwände für die nachträgliche Herstellung der erwarteten Qualität hinzu. Die wenigsten Menschen nehmen Ihnen dagegen übel, dass im laufenden Erstellungsprozess noch nicht alles optimal ist. Weitere Vorteile sind, dass Ihre Ansprechpartner

- eine Rückmeldung erhalten, dass auf Ihrer Seite auch gearbeitet wird,
- aktiv in den Prozess einbezogen werden und
- im Abnahmeprozess milder mit dem Ergebnis umgehen, wenn sie, zumindest indirekt, bereits selbst Hand angelegt haben.

Gehen Sie jedoch auch nicht dazu über, Ihren Ansprechpartnern im Wochentakt überarbeitete Dokumente auf den Tisch zu legen. Das wird nur dazu führen, dass der eigentliche Zweck, nämlich eine differenzierte und brauchbare Rückmeldung zu erhalten, in der Nachlässigkeit verloren geht, die regelmäßig mit der Gewohnheit kommt.

Führen Sie die erste Prüfung immer im eigenen Team durch und arbeiten Sie so lange daran, bis Sie die Qualität auf Ihrer Seite als zufriedenstellend bezeichnen würden. Definieren Sie in Ihrem Team einen oder mehrere Qualitätsbeauftragte, je nach Zahl und Differenzierung der Themen bzw. Interessenlage und Kompetenz der Mitarbeiter. Ein wichtiger Seiteneffekt dieser Maßnahme ist stets, dass ein Qualitätsbeauftragter schnell einen guten Überblick über das Gesamtprojekt oder zumindest einen großen Ausschnitt davon erhalten kann. Gerade deshalb sollten Sie vielleicht auch dazu übergehen, verschiedene Qualitätsverantwortliche mit unterschiedlichen Schwerpunkten zu definieren. Vertreterregelungen und kapazitative Verschiebungen werden Ihnen erheblich leichter fallen, wenn das Know-how im Team sehr dicht ist.

Bei Dokumenten sollte jemand im Projekt „querlesen", das heißt sich einen übergreifenden Eindruck von Konsistenz, Stil und Inhalt verschaffen. Verknüpfen Sie mit dieser Tätigkeit auch Änderungsbefugnisse. Es ist nicht Sinn dieser Maßnahme, jede Korrektur immer nur vom Verursacher des Fehlers durchführen zu lassen. Der Organisationsaufwand wäre nicht zu rechtfertigen. Sofern es sich um kosmetische oder geringfügige Änderungen handelt, sollte der Qualitätssicherer berechtigt und angehalten sein, sie selbst durchzuführen. Größere Unstimmigkeiten sollten auf jeden Fall zuvor besprochen werden, da sich dahinter oft mehr verbirgt als nur ein leicht korrigierbarer Fehler oder ein simples Missverständnis.

Stellen Sie wenige Richtlinien darüber auf, was zu prüfen ist. Die definierten Standards sollten unausgesprochen dazu gehören, aber darüber hinaus verlassen Sie sich mehr auf das Bauchgefühl Ihrer Mitarbeiter. Behalten Sie immer im Hinterkopf, dass Sie nie der einzige Experte im Team sind. Inkonsistenzen, Redundanzen oder falsche inhaltliche Darstellungen fallen den meisten Menschen bei sorgfältiger Prüfung auf.

Sorgen Sie für ein effizientes Prüfungsverfahren, indem alle Teilergebnisse beim zuständigen Qualitätsverantwortlichen frühzeitig abgeliefert werden. Nur so ist es möglich, die entstehende Qualität tatsächlich projektbegleitend zu kontrollieren, Tendenzen rechtzeitig zu erkennen und Gegenmaßnahmen zu ergreifen.

Lassen Sie prototypische Vorlagen erstellen, die Sie im Projekt benutzen möchten und stimmen Sie diese auch mit Ihren Auftraggebern ab. Aber wahren Sie bei all diesen Maßnahmen die Verhältnismäßigkeit. Die Aufgabe Ihrer Mitarbeiter ist, ihrem Namen entsprechend, das Arbeiten. Qualität ist wichtig, aber ihre Herstellung muss noch stattfinden.

In der Softwareentwicklung gibt es im Rahmen der Qualitätssicherung noch eine Besonderheit, das sogenannte Code-Review. Hierbei erklärt ein Entwickler dem anderen seinen Programmcode, den Quelltext. Es ist hierbei wichtiger, sich auf die algorithmische Korrektheit, den Grad an Standardisierung und die Ablaufstruktur des besprochenen Programms zu konzentrieren, als auf die syntaktische Korrektheit oder die Form der Codierung bestimmter Programmschritte. Die Schwerpunktsetzung stammt aus der Erkenntnis, dass der Aufwand bei der Entwicklung von IT-Systemen in den meisten Fällen betrieben wird, um reale Prozesse nachzubilden. Wenn der Code nicht die Logik dieser Realität widerspiegelt, dann kann er nicht gut sein.

Das beschriebene Code-Review findet seine Anwendung natürlich nur im IT-Umfeld findet. Das Prinzip aber, Arbeitsergebnisse, insbesondere von komplexer algorithmischer Natur, anderen zu erklären und somit ein grundsätzliches Gespür für deren Korrektheit zu erhalten, ist ein generell gangbarer Weg, den Sie für Ihr Projekt immer als Option prüfen sollten.

Eine letzte einfache Möglichkeit, Qualität herzustellen, ist die gemeinsame Arbeit mehrerer Personen am gleichen Problem. Viele Projektleiter sehen jedes Teammitglied als eine einzeln fakturier- und einsetzbare Ressource, die isoliert betrachtet ihren gesamten Nutzen repräsentiert. Tatsächlich aber sind die durch Synergieeffekte erzielten Leistungen mehrerer gemeinsam arbeitenden Teammitglieder oft höher als die Summe der einzelnen Arbeitsleistungen der Mitarbeiter. Dieser Effekt ergibt sich in erster Linie dadurch, dass die entstehende Qualität des Ergebnisses höher ist und

Aufwände durch Rekursionen oft entfallen. Es findet eher eine Orientierung an gesetzten Standards statt, Fehler werden schon während der Bearbeitung festgestellt, und das gemeinsame Wissen zweier oder mehrerer Personen senkt den Kommunikationsaufwand.

Teamgrößen von zwei Personen haben sich in der Praxis gut bewährt. Im Bereich der Software-Entwicklung gibt es das Konzept des „Extreme Programming" nach Kent Beck. Es ist ein Paradebeispiel für ein Paradigma, das auf dem sogenannten Team Programming in Zweiergruppen basiert. Leiten Sie daraus nicht ab, dass grundsätzlich eine Zwei-Mitarbeiter-Lösung das Optimum darstellt! Der Projektleiter muss letztlich immer situativ und mit Blick auf die Projektstruktur entscheiden, welche Arbeitsform ihm den größten, insbesondere langfristigen Nutzen bringt.

14.2.3 Qualitätssicherung nach der Ergebniserbringung

Die Qualitätssicherung nach der Ergebniserbringung ist in der Regel eine externe. Wäre sie die Maßnahme Ihrer Wahl im Projekt, so würden Sie nicht nur einiges an Potential verschenken, sondern hätten darüber hinaus mit den möglichen negativen Auswirkungen auf ihr eigenes Standing und den schwer kalkulierbaren Korrekturaufwänden nach Abgabe des Ergebnisses zu kämpfen.

Hin und wieder ist die Meinung zu vernehmen, dass es gar nicht so wichtig sei, wie gut Sie gearbeitet hätten, da nach der Qualitätsprüfung ja ohnehin wieder alles geändert werden müsse. Dann reiche es auch völlig aus, etwas zusammen zu schustern und dann nach Wunsch die Änderungen nachzubessern. Doch das würde bedeuten, dass die Qualitätsmaßstäbe reine Willkür und in keiner Weise im Vorfelde erfrag- oder abstimmbar wären. Das ist entweder schwer zu glauben, oder aber ein guter Grund, das Projekt vorzeitig zu beenden.

Viele Projekte werden dann auch durchgeführt, ohne dass überhaupt Ergebnisprüfungen stattfinden, bevor das Endergebnis des Projektes präsentiert wird. Ein solches Vorgehen kann nur als fahrlässig bezeichnet werden. Es gibt im Verlaufe eines Projektes definierbare Produkte, die vor Ende desselben abgeschlossen werden können und wichtige Meilensteine und Definitionsstände markieren, zum Beispiel das Ergebnis einer Nutzwertanalyse zur Entscheidung über den Einsatz einer Standardsoftware, eine Darstellung von Geschäftsprozessen, das CAD-Design einer Maschine, abgestimmte Produktionsvorgaben für deren Einsatz oder der Dokumenten-Workflow einer neu aufzubauende Abteilung. Semantische Trennlinien zwischen Teilergebnissen sind grundsätzlich immer möglich, ein Fehlen derselben ein Zeichen für eine miserable Vorbereitung und den Unwillen,

sich auf eine inhaltliche Diskussion und Richtungsbestimmung zu einem
früheren Zeitpunkt einzulassen. Im Kapitel über Dokumentation wurde bereits intensiv die inhaltliche Aufsplittung des Projektgegenstandes zu
brauchbaren Dokumentenblöcken thematisiert. Viele der dort angespro-
chenen Fragestellungen können auch für die sonstigen Arten von Projektergebnissen in ähnlicher Weise beantwortet werden.

Es ist also alles andere als korrekt, dass der Auftragnehmer Glück gehabt hätte, wenn der Auftraggeber keine Meilensteine, Phasenergebnisse
und Zwischenabnahmen im Prozess vorgesehen hat. Es sollte statt dessen
immer im Interesse des Projektleiters sein, Sicherheit über sein bisheriges
Vorgehen zu erhalten. Eine externe Qualitätsprüfung durch den Auftragnehmer ist immer eine Bestätigung oder aber Kurskorrektur auf Basis der
bisher gemachten Arbeiten und Überlegungen. Sie sollten darauf nicht
verzichten. Am Projektende gibt es in der Regel nur wenig Spielraum, weder finanziellen noch argumentativen. Wird erst hier festgestellt, dass aufgrund von Missverständnissen viel Arbeit in falscher Weise oder an der
falschen Stelle geleistet wurde, dann findet eine Klärung meist nur noch
im Beisein von Anwälten statt. Soweit sollte es nie kommen.

14.3 Qualitätssicherungsinstanzen

Bei der Beschreibung der Möglichkeiten, die Ihnen im Sinne einer Qualitätssicherung zur Verfügung stehen bzw. mit denen Sie konfrontiert werden, ist die Form ihrer Institutionalisierung noch nicht klar unterschieden
worden. In diesem Abschnitt erfolgt daher eine Ausdifferenzierung der
verschiedenen Prüf- und Sicherungsinstanzen und eine Betrachtung ihrer
Bedeutung für das Projekt.

- *Qualitätsrichtlinien*

  Qualitätsrichtlinien, die von außerhalb des Projektes stammen, sind in
  der Regel statische Gebilde, das heißt, sie unterliegen im Projektverlauf
  keinen Veränderungen und Anpassungen mehr. Im Gegensatz zu anderen Qualitätssicherungsmaßnahmen orientieren sie sich nicht an einem
  individuellen Projekt und seinen Bedürfnissen, sondern stellen a priori
  Anforderungen an Art, Struktur, Stil und Umfang von zu erbringenden
  Projektergebnissen. Projektinterne Richtlinien sind hingegen zwar auf
  die Projektbedürfnisse zugeschnitten, stellen aber gleichfalls Vorgaben
  für noch zu erbringende Ergebnisse dar.

  Zwei Problematiken ergeben sich zwangsläufig bei der Verwendung
  von Qualitätsrichtlinien. Zum einen ist nicht gewährleistet, dass sie alle

hinreichend bekannt sind. Der Umstand, dass ein Unternehmen durch seine Qualitätsmanagement-Abteilung ein Rahmenwerk für die Durchführung von Projekten aufgestellt hat, bedeutet nicht zwangsläufig, dass jeder Projektleiter und insbesondere die Projektmitarbeiter die mitunter mehrere hundert Seiten starken Dokumente gelesen haben. Die wichtigen Kernaussagen können als bekannt vorausgesetzt werden, Details hingegen nicht.

Zum anderen gibt es eine sehr menschliche Tendenz, Regeln zu beugen oder zu brechen, wenn die persönliche Überzeugung oder Bequemlichkeit dieses verlangt. Zusammenfassend kann also festgestellt werden, dass allein die Definition von Richtlinien zwar als sinnvolle Hilfestellung betrachtet werden kann, eine nachgelagerte Kontrolle aber in jedem Fall stattfinden muss.

- *externe Qualitätssicherung (Qualitätssicherungs-Abteilung des Auftraggebers)*

  Auf Auftraggeberseite gibt es oft eine eigene Abteilung, die für die Qualitätssicherung im Unternehmen und damit auch zwangsläufig für die Qualitätsüberwachung der Projekte zuständig ist. Das Interesse dieser Abteilung ist in der Regel nicht inhaltlich, sondern auf den Prozess gerichtet. „Opfer" einer Qualitätssicherungsmaßnahme ist dann auch oft nicht der Projektleiter auf Auftragnehmer-, sondern der Projektverantwortliche auf Auftraggeberseite.

  Die anzutreffenden Qualitätssicherungsmaßnahmen zeichnen sich durch einen hohen Grad an Formalität aus. Eine Orientierung an den Projektbedürfnissen liegt aufgrund der Abkopplung vom Inhalt kaum vor. Das kann dazu führen, dass die Projektdurchführung in einer Art modifiziert werden soll, die nicht dem individuellen Projekt angemessen erscheint. Das sollten Sie im Zweifelsfall nicht unwidersprochen hinnehmen.

  Die meisten Vorgaben bezüglich zu erbringender Ergebnisse und der Abfolge der Durchführungsschritte in einem Projekt sind kleidsam für die meisten Projekte. Es gibt aber andererseits bei vielen Projekten einiges, bei einigen Projekten vieles, das sinnvoll anders gemacht werden sollte. Die starre Orientierung an Vorschriften kann erheblichen Schaden anrichten.

  Es geht bei der Kommunikation mit den offiziellen Qualitätssicherern des Auftraggebers nicht darum, seine Meinung durchzuboxen. Statt dessen sollte versucht werden, eine konsensfähige Lösung zu erzielen. Die meisten Qualitätssicherer sind nicht nur daran interessiert, Häkchen in ihre Checklisten zu machen. Zweck der Kommunikation ist es in erster Linie, die Form der Projektdurchführung abgestimmt und als zur Errei chung der notwendigen Qualität angemessen bewertet zu haben. Damit lassen sich auch Kompromisse vereinbaren.

- *externe Qualitätssicherung (Auftraggeber)*

Die inhaltliche Qualitätssicherung wird von kompetenten Ansprechpartnern für ein bestimmtes Thema durchgeführt. Die Fachabteilung prüft das Fachkonzept, das Management die Vorstudie, die späteren Benutzer das Handbuch, die Technik begutachtet das Wartungskonzept.

Manchmal werden hier fachliche Anforderungen und formale Vorgaben aus dem Qualitätsmanagement in einem solch unglücklichen Maße vermischt, dass die inhaltliche Kontrolle nur noch bedingt stattfindet oder sogar zurückgestellt wird und statt dessen überwiegend formale Mängel gesucht werden.

Ein solches Vorgehen ist weniger ein Zeichen des grundsätzlich falschen Setzens von Prioritäten, sondern eines schwer gestörten Auftraggeber-Auftragnehmer-Verhältnisses. Wenn die Abnahme von Ergebnissen aufgrund formaler Mängel abgelehnt wird, ohne dass wesentliche inhaltliche Probleme aufgetaucht sind, herrscht zwischen der prüfenden Abteilung und dem Auftragnehmer ein zivilisierter, aber klar erkennbarer Kriegszustand.

Die Qualitätssicherung durch die Fach- und technischen Abteilungen des Auftragnehmers hat eine hohe Bedeutung für das Projekt. Dadurch, dass es sich in der Regel um einen offiziellen Abnahmeprozess handelt, werden hier mit jeder Prüfung Entscheidungen darüber getroffen, ob ein Projekt überhaupt fortgeführt wird, ob dieses in der geplanten Form stattfindet, und ob die projektinternen Qualitätserwartungen mit denen des Auftraggebers harmonieren. Das aber setzt eine korrekte Schwerpunktsetzung bei den Beteiligten voraus.

- *projektinterne Qualitätssicherung*

Eine Qualitätssicherung, die innerhalb des Projektes stattfindet, hat einige Vorteile, ist aber erst einmal lediglich ein Mehraufwand, der sich noch bezahlt machen muss. Außerdem ist die Tatsache, dass Sie projektinterne Qualitätssicherungsmaßnahmen durchgeführt haben, in der Außenwirkung ohne jeden Belang. Niemand dankt Ihnen diese Aufwände, und Sie sind der einzige, der dafür zahlen muss.

Die vielen Vorteile, die dem gegenüber stehen, wurden schon genannt, deshalb hier nur eine kurze Zusammenfassung:

- bessere Projektergebnisse, also weniger Prüfaufwand, schnellere Abnahmen, weniger nachträgliche Korrekturen und eine hohe Sicherheit bezüglich des Projektgegenstandes

- Verteilung und Vertiefung von übergreifendem inhaltlichen Wissen bei den definierten Qualitätsverantwortlichen
- einheitlicher Stil von Projektergebnissen, also leichtere Einarbeitung von Mitarbeitern in andere thematische Bereiche des Projektes

- *interne Qualitätssicherung (Qualitätssicherungs-Abteilung des Auftragnehmers)*

Ein äußerst zwiespältiges Thema ist die Qualitätssicherung durch eine interne Abteilung auf Auftragnehmerseite. Zwiespältig deswegen, weil wie bei der Überprüfung durch die Qualitätssicherungs-Abteilung des Auftraggebers oft rein formal der Prozess begutachtet wird, ohne dabei auf die Bedürfnisse des Projektes einzugehen. Hierbei ergibt sich aber zusätzlich noch die besondere Situation, dass die Qualitätsanforderungen des auftraggebenden Kunden grundsätzlich vor den internen Qualitätsanforderungen des Auftragnehmers Gültigkeit besitzen müssen. Versucht eine interne Qualitätssicherungs-Abteilung, beide Modelle parallel durchzusetzen, so findet sich dort ein guter Grund für den schlechten Ruf, den Qualitätssicherung bei vielen Projektteams besitzt.

Das Selbstverständnis eines internen Qualitätssicherers, der einem Projekt beigestellt wird, sollte daher anderer Natur sein, und es muss wohlwollend erwähnt werden, dass die Position auch oft in der richtigen Form wahrgenommen wird. Dann wird Qualitätssicherung nicht als zusätzliche Maßnahme, sondern als regulärer Projektauftrag im Zuge der Ergebniserstellung verstanden. Das bedeutet wiederum, dass ein interner Qualitätssicherer nicht eine neue Aufgaben in das Projekt hineinträgt, sondern statt dessen den Projektleiter bei einer Arbeit unterstützt und entlastet, die dieser ohnehin hätte erledigen müssen.

Das ist das Verständnis, das ein Projektleiter von einem Qualitätssicherer haben sollte, der in das Projekt kommt, und es ist umgekehrt das Verständnis, das ein Qualitätssicherer von seiner Aufgabe haben sollte. Da Aufwände, die in diesem Kontext für Qualitätssicherung entstehen, in der Regel auf das Projekt fakturiert werden, ist diese Einstellung sicher auch gerechtfertigt. Empfindet ein Projektleiter die Anwesenheit und Arbeit eines Qualitätssicherers in seinem Projekt nicht als Hilfe, so muss er deshalb auch die Konsequenzen ziehen und diesen aus dem Projekt entlassen, um die Aufgabe zum Besten des Projektes selbst wahrzunehmen.

Ein interner Qualitätssicherer kann nicht alle inhaltlichen Prüfungen vornehmen, die ein Experte innerhalb des Projektes durchführen könnte. Aber er sollte zumindest bemüht sein, sinnhaft zu prüfen. Es sollte ihm also möglich sein, Inkonsistenzen zu entdecken und stilistische Mängel und Abweichungen von Qualitätsrichtlinien und Standards festzustellen.

Das sind Aufgaben, die innerhalb des Projektes in jedem Fall gemacht werden sollten, um ein gutes Ergebnis zu produzieren. Es sind insbesondere Beistellungen, die in Ihrer Richtlinien- und Standard-Orientierung hervorragend von Mitarbeitern einer Qualitätssicherungs-Abteilung erbracht werden können.

Der Vorteil eines Qualitätssicherers für den Projektleiter ist die Entlastung seiner Mitarbeiter und eine bessere Verfügbarkeit derselben für spezialisierte Arbeiten und die Ergebniserbringung an sich.

Die Liste der Maßnahmen betrachtet, zerfällt Qualitätssicherung sichtbar in mehrere Aspekte, klar zu unterscheiden nach passiven Richtlinienvorgaben und aktiven Maßnahmen, die sich an konkreten Projektergebnissen orientieren. Für die aktive Qualitätssicherung wiederum lassen sich drei Dimensionen identifizieren, in denen sie angeordnet sein kann: Zeitpunkt, Gegenstand und prüfende Instanz:

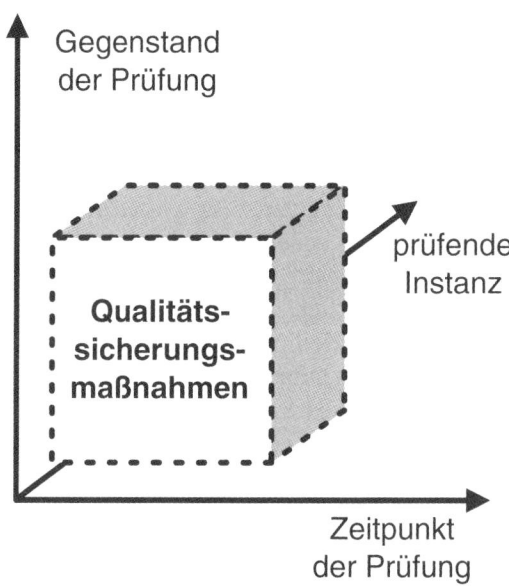

Abb. 14.1. Drei Dimensionen der Qualitätssicherung

Es wird deutlich, dass spätestens bei dieser hochabstrakten Betrachtungsweise eine, zumindest theoretisch, enorme Bandbreite an qualitätserhöhenden Maßnahmen zur Verfügung stehen kann. Nicht alle davon sind sinnvoll oder verhältnismäßig, aber diese Sichtweise gibt zumindest einen

Eindruck davon, dass es neben den etablierten Spielweisen sicher noch einige gibt, die durchaus einen Mehrwert liefern könnten.

Beispiel

Zeitlich aufeinander folgende und inhaltlich aufeinander aufbauende Dokumente werden in der Regel mit nur geringer Referenzierung zueinander geprüft und abgenommen. Das Problem dabei ist aber, dass die Zielgruppe und damit auch deren Verständnis der Begrifflichkeiten sich ändert. Eine Fachabteilung kann ein Fachkonzept abnehmen, die Datenbankadministration ein Datenbankkonzept. Jede Gruppe hat einen eigenen Sprachschatz, dessen Umfang und Semantik nicht identisch sein muss. Wenn die Begrifflichkeiten sich an wichtigen Stellen ändern, dann kann das erhebliche Auswirkungen haben.

Zwei verschiedene Maßnahmen sind hierbei denkbar: Entweder die Erstellung eines dokumentenübergreifenden Glossars oder eine fallweise Überprüfung der Begrifflichkeiten. Bei der Verwendung eines Glossars ist insbesondere die Verbindlichkeit eine wichtige und manchmal schwer durchzusetzende Eigenschaft. Bei der fallweisen Überprüfung ist der Zeitpunkt und der Umfang der Überprüfung interessant. Phasenanfang, Phasenende, als Workshop, in Team- oder Einzelarbeit? Viele Wege führen bekanntlich nach Rom.

15 Die menschliche Komponente

Projekte scheitern oft an den daran beteiligten Personen, seltener am Thema. Im Folgenden werden verschiedene Gründe dafür genauer unter die Lupe genommen, und einige Vorschläge gemacht, wie mit den Problemen umgegangen werden kann.

Es soll auf keinen Fall der Eindruck entstehen, der Faktor Mensch stelle ein Übel im Projektgeschäft dar, welches vermieden werden sollte, wo immer das möglich ist. Dem ist, und das muss mit Bestimmtheit gesagt werden, nicht so. Ganz im Gegenteil ist der Mensch die wichtigste und aufgrund seiner Flexibilität insbesondere effektivste Ressource, die zur Verfügung steht. Aber um sie geeignet einsetzen zu können, ist es wichtig, sie in ein Umfeld zu bringen, das ihrer Leistungsfähigkeit auch freien Lauf lässt.

15.1 Verbindlichkeit

Projektarbeit findet nicht immer in einem Teamumfeld und insbesondere nicht immer als einzige Aufgabe der Beteiligten statt. Trotzdem wird diese Annahme in der Auseinandersetzung mit Projektmanagement gerne als Ausgangspunkt verwendet. Sie ist in der Realität nicht aufrecht zu erhalten.

Statt dessen haben viele Beteiligte andere Aufgaben, sind zeitgleich auch in andere Projekte eingebunden oder erledigen ganz einfach ihr reguläres Tagesgeschäft. An dieser Stelle offenbart sich regelmäßig eine Managementschwäche im Umgang mit Aufwänden, die für Projekte zu erbringen sind. Es wird dann zwar definiert, dass der Mitarbeiter eine gewisse Zeit pro Tag, Woche oder Monat für eine Aufgabe zur Verfügung stehen soll. Darüber hinaus passiert aber kaum etwas, damit dieses auch durchsetzbar wird. Es bleibt bei einer Willensbekundung in Verbindung mit der Hoffnung, dass der Mitarbeiter tatsächlich seinen Beitrag zu leisten vermag.

„Man kann nicht ein bisschen schwanger sein", heißt es. Für Projekte gibt das Gleiche. Wenn ein Projekt stattfinden soll, dann muss es ein klares

Votum dafür geben. Und ein klares Votum bedeutet für das Management auch, sich der Konsequenzen für das Arbeitsaufkommen bewusst zu sein und die notwendigen Veränderungen zur Einbindung der neuen Aufgaben auch vorzunehmen.

Das heißt, dass ein Mitarbeiter, der eine Aufgabe im Rahmen eines Projektes übernehmen soll, in gleichem Maße Entlastung von seinen sonstigen Aufgaben erfahren muss. Geschieht dieses nicht, wird die Erledigung der neuen Aufgaben niemals verbindlich. Mit der neuen Tätigkeit kommt bereits die Entschuldigung für deren Nichterledigung.

Es existiert weiterhin keine Rechtfertigung für die Überprüfung einer Arbeitsleistung, die von vornherein nicht in vollem Maße erbringbar ist. Sie wird nicht als Verpflichtung wahrgenommen, weil sie im Spannungsfeld mit anderen Aufgaben existieren muss, die eine mindestens gleiche Wichtigkeit, aber meist noch ältere Rechte besitzen. Erst wenn der Mitarbeiter eine echte Umstrukturierung seiner Tätigkeitsdefinition erfährt, die für die neue Aufgabe Raum vorsieht, dann wird diese auch verpflichtend.

Für das Management bedeutet das, die Konsequenzen einer Projektentscheidung auch bis zuende zu denken und insbesondere zu leben. Ansonsten steht zu erwarten, dass die Mitarbeiter die ihnen zugedachten Aufgaben nicht erledigen werden, weil es ihnen schlicht und ergreifend nicht möglich ist, alles unter einen Hut zu bringen.

Dabei ist meist der Umstand, dass eine Aufgabe gegebenenfalls nicht oder nur mit massiven Verspätungen erledigt wird, zweitrangig gegenüber ihrer einhergehenden qualitativen Verwahrlosung. Ein Mitarbeiter wird nicht bereit sein, für die Güte der Erledigung einer Aufgabe die Verantwortung zu übernehmen, wenn ihm die Möglichkeiten nicht an die Hand gegeben werden, die notwendigen Aufwände zur Erreichung der Qualität auch zu erbringen. Der gegenteilige Effekte stellt sich fast zwangsläufig ein.

15.2 Nachhaltigkeit

Reale Projekte existieren in einer sich verändernden Welt von neuen und alten Anforderungen, welche täglich auf alle Beteiligten einstürmen und von diesen bewältigt werden müssen. Insbesondere über längere Zeiträume und bei regelmäßigen, wiederkehrenden Aufgaben kommt es dabei zu Verschiebungen der Prioritäten, die dazu führen, dass fast unbemerkt die Aufwände für ein Thema zugunsten eines anderen heruntergefahren werden. Das Ergebnis ist schließlich eine Verspätung des Abschlusses der

Aufgabe, was in kritischen Kontexten durchaus den Projekterfolg gefährden kann.

Handelt es sich um geschlossene Teams, die nur der Projektaufgabe verpflichtet sind, so tritt dieses Problem in der Regel nicht auf. Das Informations- und Kommunikationsverhalten ist gut, Probleme werden früh erkannt und, guten Willen vorausgesetzt, schnell gelöst. Am deutlichsten wird der gegenteilige Effekt hingegen bei räumlich verteilten Teams sichtbar, deren Mitglieder keine echte Gruppe bilden. Wenn nur eine lockere thematische Verbundenheit existiert und inhaltliche Abhängigkeiten weitgehend ausgeschlossen sind, betreut jeder Mitarbeiter lediglich einen isolierten Ausschnitt des Gesamtprojektes.

Es hat keinen Sinn, an dieser Stelle darüber zu diskutieren, ob das gut oder schlecht sei, oder wie man es verhindern könnte. Manchmal sehen die Fakten eben genau so aus. Wichtiger ist zu wissen, wie damit umgegangen und aus der Situation das Beste gemacht werden kann. Es geht darum, Projektaufgaben Nachhaltigkeit zu verleihen.

Die hier vorgeschlagene Maßnahme ist die Verwendung eines Statusberichtswesens auf niedrigeren Hierarchieebenen. Wie in früheren Kapiteln erläutert werden Statusberichte verwendet, um Informationen zu verdichten und in die höhere Managementebenen zu transportieren. Sie werden sinnvoll erst auf Projektebene erstellt, darunter kommen sie eher nicht zum Einsatz.

In diesem speziellen Fall ist es jedoch so, dass die ergebniserbringenden Instanzen zwar keine eigenen Projekte darstellen, jedoch weitgehend autark arbeiten und daher nicht im Rahmen einer normalen Kommunikationsstruktur aufgefangen werden. Die Statusberichte dienen somit auch mehreren Zwecken zugleich:

- *Erinnerung*

  Wenn das Problem Vergessen heißt, dann ist Erinnern die geeignete Gegenmaßnahme. Die regelmäßige Erstellung eines Statusberichtes dient in erster Linie also dazu, den Bearbeiter daran zu hindern, eine Aufgabe, die nur einen Teil seiner Arbeitszeit beansprucht, irgendwann über andere Aufgaben zu vergessen. Der Statusbericht dient dann also insbesondere nicht dazu, ihn zu gängeln, sondern in regelmäßigen Abständen wieder mit der Aufgabe zu konfrontieren und sie ihm ins Gedächtnis zu rufen.

- *Aufwandsüberwachung und –steuerung*

  In dieser Form des Statusberichtes steht weniger der Grad und die Art der Erledigung der Aufgabe im Vordergrund, als vielmehr die Sicherheit über die dafür aufgewendete Zeit. Es geht hier zum Beispiel darum, dass ein Mitarbeiter in einer Einkaufsabteilung in jedem Monat drei Tage nutzt, um Kundendaten in ein System einzutragen und mit den bestehenden Daten abzugleichen. Diese drei Tage sind sicherzustellen, und wenn Mehr- oder Minderaufwände entstehen, dann muss das kommuniziert werden.

- *Fortschrittsmeldung*

  Für den Empfänger des Statusberichtes ist dieser eine Möglichkeit, von Personen, die er gegebenenfalls nur sehr selten zu Gesicht bekommt, eine regelmäßige Rückmeldung über den Stand der Bearbeitung zu erhalten.

- *Warnhinweis*

  Bleibt der Statusbericht aus, dann kann dieses ein Hinweis darauf sein, dass die Aufgabe vernachlässigt wird. In diesem Fall kann reagiert werden. Diese Vernachlässigung bleibt nicht unbemerkt, die Aufgabe kann nicht ohne weiteres in einen kritischen Zustand kommen.

Insbesondere bei der Nutzung des Statusberichtes als Warnhinweis wird deutlich, dass die Wahl des Intervalls zwischen zwei Erstellungen von großer Bedeutung sein kann. Ist es zu groß gewählt, dann kann das dazu führen, dass die Vernachlässigung einer Aufgabe bereits großen Schaden im Gesamtkontext anrichtet, bevor sie bemerkt wird. Ist das Intervall zu klein, dann wird der Bericht vom Bearbeiter zwangsläufig als „Führen an der kurzen Leine" interpretiert. Das ist jedoch mitnichten das Ziel dieser Maßnahme. Statt dessen sollte ein ausgewogenes Verhältnis zwischen Sicherheit des Projektleiters auf der einen und Freiheit des Mitarbeiters auf der anderen Seite erreicht werden.

15.3 Denn Sie wissen nicht, was sie tun...

James Dean würde sich wohl höchst entrüstet zeigen, könnte er sehen, in welchen Kontext der Titel eines seiner legendären Filme hier gezwängt wird. Gemeint ist die Situation, in der Sie als Projektleiter nicht mehr einschätzen können, wie schnell, wann und mit welcher Qualität ein Mitarbeiter seine Aufgaben erledigt – eine Situation, die in der Praxis nicht selten eintritt.

Liest man die Bücher der Namhaften des Projektmanagements, dann findet sich häufig die Ansicht, dass jedes Mitglied im Projektteam einen wichtigen Beitrag zu leisten vermag. Geschieht das nicht, dann mag wohl regelmäßig der Projektleiter daran schuld sein.

Dem sollte wenigstens einmal deutlich widersprochen werden. Es ist nicht grundsätzlich zielführend, und es entspricht ganz einfach nicht der Realität, die Schuld kategorisch auf den Projektleiter abzuwälzen. Manchmal ist ein Mitarbeiter einfach nicht gut genug für die ihm zugedachte Aufgabe im Projekt.

Es ist umgekehrt freilich plakativ, vom „schlechten Mitarbeiter" zu reden, so wie die meisten Verallgemeinerungen eben nicht treffend sind. Aus Sicht des Projektes kann es aber durchaus gerechtfertigt sein, diesen Standpunkt einzunehmen. Es gibt Mitarbeiter, die das Klassenziel nicht erreichen, und weder gutes Zureden noch motivationsfördernde Maßnahmen können daran etwas ändern. Dieses Thema ist eines der unerfreulichsten und wird ungern zur Sprache gebracht, weil es keine wirklich zufriedenstellende Lösung dafür gibt. Es zu tabuisieren schafft es jedoch auch nicht aus der Welt, weshalb es im Folgenden auch genauer betrachtet werden muss.

Das Problem stellt sich sehr facettenreich dar und ist bei weitem nicht geradlinig dadurch zu lösen, dass der Mitarbeiter einfach durch einen anderen abgelöst wird. Denn manchmal ist es gar nicht möglich, ihn auszutauschen, weil es keinen kurzfristigen Ersatz gibt. Manchmal ist Ihre persönliche Einstellung zum Mitarbeiter nicht kommunikationsfähig und scheint Ihren Vorgesetzten, bei denen Sie den Austausch erwirken müssten, nicht nachvollziehbar. Manchmal muss erst ein Eskalationsfall daraus werden, bevor Sie mit Fug und Recht einen Ersatz anfordern können. Sie müssen notgedrungen also einen anderen Weg finden, mit dem Problem zurechtzukommen.

Sie haben eine wichtige Frage zu beantworten, bevor Sie eine Maßnahme ableiten dürfen. Sie müssen entscheiden, ob der Mitarbeiter kalkulierbar ist. Das ist nicht so sehr die Frage nach Kosten und Nutzen, sondern danach, ob Sie seine Leistungsfähigkeit und die Aufwände zum Erreichen einer bestimmten Qualität seiner Arbeit langfristig einschätzen können. Vermögen Sie das nicht zu tun und sehen auch keine Möglichkeit, geeignet steuernd eingreifen zu können, dann ziehen Sie den Mitarbeiter von der ihm ursprünglich zugedachten Aufgabe ab. Es darf Ihnen nie passieren, dass Sie Ihre Fähigkeit verlieren, zu planerischen Fixpunkten zu gelangen und den weiteren Projektverlauf abschätzen zu können.

Die Maßnahme ist drastisch und wird auf wenig Gegenliebe stoßen, und Sie sollten sich gut überlegen, ob es nicht auch eine andere Möglichkeit gibt. Aber manchmal werden Sie feststellen, dass es besser ist, einen Mitarbeiter mit anderen Aufgaben zu betrauen, die unter seiner Qualifikation und vielleicht auch seinem Gusto liegen, als die Projektkontrolle zu verlieren.

Es stellen sich Ihnen dann zwei andere Fragen, auf die Sie eine Antwort benötigen:

1. Wer erledigt statt dessen die Aufgaben?
2. Was passiert mit der bisherigen Planung?

Die Aufgaben müssen nach wie vor bearbeitet werden, das ist leicht einsichtig. Das wird das größte Problem sein, das Sie in diesem Zusammenhang zu lösen haben. Sie müssen jemanden bzw. mehrere im Team finden, die willens und in der Lage sind, sich auf ein anderes Themengebiet einzulassen. Die Umstrukturierungen im Projekt sind in der Regel erheblich, aber der komplette Abzug eines Mitarbeiters aus einem Thema ist schließlich auch keine alltägliche Maßnahme. Weder mit der Entscheidung dafür, noch mit den Folgen sollte leichtfertig umgegangen werden.

Die Planung muss angepasst werden. Auch das versteht sich von selbst. Ihr verbleibendes, „arbeitsfähiges" Team hat plötzlich eine Menge mehr zu tun, als ursprünglich geplant gewesen ist. Das bedeutet in der Regel Mehrarbeit, mindestens aber einen höheren psychischen Druck. Es besteht auf der anderen Seite aber auch keine Notwendigkeit, in Depressionen zu verfallen. Die Arbeitskraft des ausgemusterten Mitarbeiters steht ja nach wie vor zur Verfügung, nur dass Sie ihn aus dem kritischen Pfad des Projektes herausgenommen haben.

Es gibt viele Aufgaben, die erledigt werden müssen, die jedoch weder hohe Anforderungen an die Qualität, noch an eine besondere Termintreue stellen. Ordnen Sie diese Ihrem „schwarzen Schaf" zu und entlasten Sie dadurch die übrigen Teammitglieder. Dazu gehört zum Beispiel die Erstellung der Protokolle oder verschiedenen Arten von Statusberichten, die Beschaffung oder Verteilung von Ressourcen oder die Sammlung von Informationen im Sinne von Erhebungen.

Jede dieser Aufgaben kostet Zeit, und unter normalen Umständen wäre Ihnen daran gelegen, diese Aufwände gerecht im Projekt zu verteilen. Aber hier liegen keine normalen Umstände vor, das muss deutlich gesagt werden. Es wird Ihnen sicher keinen Spaß bereiten, aber Sie müssen sich trotzdem damit arrangieren, dass eine mitunter unfair erscheinende Gangart in dieser Situation legitim wird.

Es geht bei einem Projekt immer darum, ein Ziel zu erreichen. Die Planung macht über den Weg zur Zielerreichung Aussagen. Die beschriebene Umschichtung von Aufgaben dient dazu, den Weg neu zu beschreiben und die Erreichung des Zieles wieder möglich zu machen. Die Mittel dazu sind die Mitarbeiter, die Ihnen zur Verfügung stehen, so gut und auch so schlecht wie Sie sie vorfinden.

Die schlimmste Konstellation, in der Sie auf das Problem des schlechten Mitarbeiters stoßen können, ist die, in der der Mitarbeiter nur indirekt, ü ber eine Form von Service-Level-Agreement, an das Projekt gebunden ist, nicht jedoch über eine echte Teamzugehörigkeit. In diesem Falle ist die Möglichkeit einer Umschichtung von Aufgaben nicht oder nur sehr schwer möglich, weil eine ganz direkte Koppelung einer Person an eine bestimmte Aufgabe vorliegt.

Die Empfehlung an dieser Stelle lautet, einen harten formalen Kurs zu fahren, wenn sich herausstellt, dass es keine Möglichkeit gibt, den Mitarbeiter bzw. seine Arbeitsleistung in den Griff zu bekommen, also kalkulierbar zu machen. In erster Linie sollte dann versucht werden, eine schnelle Abhilfe zu schaffen. Falls dieses von vorgesetzter Stelle nicht gewünscht ist, dann sollte der Projektleiter bemüht sein, nachdrücklich die Verantwortung für die Planabweichung, die durch den Mitarbeiter verursacht wird, abzugeben. Er sollte also seine Scherflein ins Trockene bringen, so traurig das auch klingen mag. Das heißt: Nach bestem Wissen und Gewissen handeln, eine offene und an Fakten orientierte Informationspolitik betreiben, Bedürfnisse klar formulieren und Konsequenzen darstellen.

16 Besondere Situationen

Im Folgenden wird etwas genauer auf Sondersituationen eingegangen, die nur als Randerscheinung im Projektmanagement betrachtet und deswegen nur selten in hinreichender Breite erörtert werden (was auch hier leider nicht in aller Vollständigkeit geschehen kann). Oder es handelt sich um Themen, die in unangebrachter Weise vertieft werden, obwohl ihnen eine Sonderstellung nicht wirklich zusteht, zum Beispiel der Bereich der e-Business-Projekte.

16.1 Wettbewerber

Sie werden in manchen Projekten auf die Situation stoßen, dass Wettbewerber Teilaufgaben übernehmen und Sie sich mit diesen arrangieren müssen. Grundsätzlich sollte man meinen, dass der Umgang mit anderen Auftragnehmern nicht anders funktionieren sollte als mit den Mitarbeitern des Kunden, auf die Sie angewiesen sind. Die Realität sieht aber oftmals anders aus.

Grund dafür ist die Wettbewerbssituation, in der sich beide Unternehmen befinden. Der Umstand, dass Sie um Marktanteile konkurrieren, eröffnet zwangsläufig verschiedene Möglichkeiten damit umzugehen. Im Wesentlichen hängt es davon ab, ob auf eine Win-Win- oder eine Win-Loss-Situation hingearbeitet wird. Anders ausgedrückt: Wird versucht, den Wettbewerber zu diskreditieren und Probleme im Projekt entweder durch ihn auszulösen oder auf ihn abzuwälzen? Oder wird kooperativ gearbeitet mit dem Ziel, gemeinsam eine gute Leistung zu erbringen und somit auch gemeinsam die Früchte der Arbeit zu ernten?

Wer versucht, den Wettbewerber aus dem Projekt zu drängen, riskiert das Scheitern des Projektes selbst. Aus einer angestrebten Win-Loss- kann eine Loss-Loss-Situation werden. Die Prestigewirkung für alle Beteiligten ist schlecht, eine Wiederverpflichtung für weitere Aufgaben wird unwahrscheinlicher. Finanziell trifft das Scheitern des Projektes meist nur denjenigen, dem die Schuld für das Scheitern zugewiesen werden kann. Diesbezüglich ist das Risiko, auf ein einzelnes Projekt bezogen, vom unterneh merischen Standpunkt aus nicht vorhanden, solange die vertraglichen Verpflichtungen eingehalten werden.

Dieses Vorgehen ist in der Regel kurzsichtig, denn der erfolgreiche Abschluss eines Projektes und die daraus entstehende Referenz ist ein wichtiges Marketinginstrument im Projektgeschäft. Ein weiteres Argument gegen eine solche Handlungsweise ist der Ruf, der sich in manchen Branchen mit einer erstaunlichen Eigendynamik ausbreitet. Wer über längere Zeiträume hinweg zwar Geld verdient, aber dabei regelmäßig unter Ignorierung der Interessen des Kunden handelt, muss damit rechnen, früher oder später die Quittung dafür zu erhalten.

Ein solches Vorgehen kann trotzdem funktionieren, und zwar im Großkundenumfeld. Das liegt daran, dass hier bei der Auswahl von Auftragnehmern sehr viel stärker nach quantitativen Kriterien entschieden wird. Die Macht, die manche Unternehmen allein aufgrund ihrer Größe, Stabilität, Marktdurchdringung, Bestandssicherheit und Mitarbeiterstärke haben, genügt für die beständige Behauptung am Markt, auch wenn andere Dienstleister eventuell ein besseres Preis-Leistungs-Verhältnis bieten könnten. In Anlehnung an einen Kernsatz der Werbung muss es hier lauten: „Size sells".

Wie also muss in Wettbewerbssituationen vorgegangen werden? Zum einen ist es wichtig, seine vertraglichen Rechte und Pflichten sehr genau zu kennen. Eine Wettbewerbssituation ist gleichzeitig immer eine Abgrenzungssituation, in der die potenzielle Gefahr besteht, die Schuld an auftretenden Missständen zugewiesen zu bekommen. Die Vermeidung der „offenen Flanke" beginnt freilich ganz am Anfang des Projektes beim Aufsetzen des Vertrages. Was nicht sauber definiert worden ist, ermöglicht Ihnen keine zweifelsfreie Bestimmung der eigenen Position.

Zum anderen brauchen Sie Klarheit über die Zusagen und Änderungen, die im Laufe des Projektes im Zuge von Meetings, Workshops oder sonstiger verbindlicher Kommunikation entstanden sind. Im Grunde handelt es sich ja bei all diesen Ereignissen um Erweiterungen und Detaillierungen des ursprünglichen Vertrages, eine Auseinandersetzung damit dient also ebenfalls der Grenz- und Positionsfindung.

Versuchen Sie darüber hinaus auch die Aufgaben und Befugnisse Ihrer Wettbewerber verstanden zu haben. Es lässt sich schwer eine Anforderung ablehnen, wenn Sie nicht genau wissen, ob Ihr Wettbewerber dazu nicht eventuell berechtigt ist. Sie dürfen nie vergessen, dass der Auftraggeber, um dessen Gunst der Wettbewerber genauso buhlt wie Sie, die Aufträge in der Erwartung vergeben hat, dass alle Auftragnehmer in seinem Interesse und zu seinem Nutzen zusammenarbeiten. Sollten Sie sich wegen Anforderungen streiten, die sich als berechtigt herausstellen, dann kann das auf Ihr

Ansehen und Ihre Wettbewerbsposition unangenehme Auswirkungen haben.

Es ist wünschenswert, dass die Zusammenarbeit mit anderen Gewerknehmern kollegial und lösungsorientiert verläuft. Trotzdem sollten Sie bemüht sein, einen formaleren Kurs einzuschlagen, als Sie dieses mit Ihrem Auftraggeber machen würden. Eine gewisses Maß an Paranoia schützt vor unangenehmen Überraschungen. Gehen Sie dabei nicht so weit, anderen Auftragnehmern jederzeit böse Absicht zu unterstellen, das vergiftet nur die Arbeitsatmosphäre und eskaliert häufig. Aber werden Sie auf der anderen Seite auch nicht leichtsinnig, denn das kann Sie im schlechtesten Falle den Auftrag, den Deckungsbeitrag und den Kunden kosten.

16.2 Externe Gewerknehmer

Auch aus der Auftragnehmer-Position heraus werden gelegentlich externe Gewerknehmer hinzugezogen. Dabei werden im Folgenden nicht Einzelpersonen, sondern eigenständige Sub-Projektteams betrachtet. In dieser Situation stellen sich das Zusammenspiel und die wechselseitigen Abhängigkeiten erheblich komplizierter dar, als das in originären Auftraggeber-Auftragnehmer-Verhältnissen der Fall ist.

Die Einbindung von Subunternehmern muss in zielführender Weise und der damit einhergehenden Nähe zum Projekt geschehen. Dabei muss aber auf eine gesunde Mischung aus sicherem Abstand, Kontrollier- und Steuerbarkeit geachtet werden, damit das Projekt durch diese Maßnahme keinen Schaden nimmt.

16.2.1 Grundverständnis

Externe Gewerknehmer werden aus den gleichen Gründen hinzugezogen wie einzelne externe Mitarbeiter. Der Unterschied ist meist, dass die Integration in das Projekt nur sehr oberflächlich vorgenommen wird. Externe Gewerknehmer erhalten als anonymisierte Gruppe eine Teilaufgabe im Projekt, die nach bestimmten Vorgaben erledigt werden soll.

Ein externer Mitarbeiter wird von Ihnen persönlich mit Arbeit versorgt, seine Aufgabendefinition kann sich im Projektverlauf oft ändern. Für externe Gewerknehmer gilt hingegen meist, dass die Aufgabe im mit ihnen abgeschlossenen Vertrag klar umrissen wurde und sich diese Aufgabe nur unter den üblichen Rahmenbedingungen ändert, zum Beispiel durch einen Change-Request. Sie gelangen also zwangsläufig in die Position des Auf traggebers, jedoch unter strengeren Maßgaben als in der normalen Konstellation, in der Ihr Auftraggeber und Sie sich befinden.

Der Subunternehmer ist Ihnen gegenüber grundsätzlich in der gleichen Position wie Sie gegenüber Ihrem Auftraggeber. Allerdings ist sein Verhandlungs- und Bewegungsspielraum stärker eingegrenzt als der Ihre, da eine Änderung von Terminen oder Leistungen nicht direkt von Ihnen, sondern nur von Ihrem Auftraggeber verantwortet bzw. gewährt werden kann.

Die bestehenden Risiken in diesem Beziehungsgeflecht existieren trotz alledem nahezu unverändert. Ihr Auftraggeber erwartet die Erfüllung des Vertrages von Ihnen – nicht mehr, nicht weniger und vor allem von niemand anderem. Falls Sie Beistellungen nicht erbringen können, weil ein von Ihnen hinzugezogener externer Gewerknehmer dieses nicht zu leisten vermag, spielt das für Ihre Verpflichtung zur Vertragserfüllung keine Rolle. Das soll nicht heißen, dass es nicht als Argument in Verhandlungen herhalten kann, aber es ist weder ein gutes, noch ein in irgendeiner Weise juristisch entlastendes.

Wenn Sie ein Auto zur Reparatur bringen und dort die Zusage erhalten, dass es nach zwei Tagen abgeholt werden kann, und Ihr Wagen ist nach Ablauf der Frist nicht fertig, dann werden Sie zum Beispiel einen kostenfreien Leihwagen fordern können. Ob an der Verspätung tatsächlich die von Ihnen beauftragte Reparaturwerkstatt oder aber deren Zulieferer Schuld hat, wird Sie wenig interessieren. Genauso verhält es sich auch in dem hier behandelten Dreigestirn Auftraggeber – Auftragnehmer – externer Gewerknehmer.

Für das Grundverständnis der Hinzuziehung von Subunternehmern bedeutet das also, dass damit keinerlei vertragliche Verpflichtungen entfallen oder auch nur erleichtert werden. Statt dessen ergeben sich neue Abhängigkeiten und verbundene Risiken. Sie installieren damit ein Projekt im Projekt und nehmen neben Ihrer eigentlichen Aufgabe zusätzlich die eines Projektleiters in Auftraggeberposition wahr. Scheitert der externe Gewerknehmer, dann scheitern auch Sie.

16.2.2 Umgang mit externen Gewerknehmern

Wie zuvor erläutert, wird ein Projektleiter, der einen Subunternehmer zum Projekt hinzu zieht, selber zum Auftraggeber. Das heißt, dass die Breite an Aufgaben, die von ihm wahrgenommen werden müssen, sich schlagartig erhöht. Dazu gehören insbesondere die folgenden:

- planerische Kontrolle des externen Gewerknehmers und Reaktion auf dessen Planabweichungen

- qualitative Kontrolle des externen Gewerknehmers
- inhaltliche Feinabstimmung zwischen den eigenen und den Projekter-gebnissen des externen Gewerknehmers
- zusätzliche Absicherung von eigenen Planänderungen beim externen Gewerknehmer

An Ihren Verpflichtungen gegenüber Ihrem Auftraggeber ändert sich durch das Hinzuziehen eines Subunternehmers nichts. Das ist und bleibt die wichtigste Aussage in diesem Zusammenhang, aus der sich auch alle oben gelisteten Aufgaben zwangsläufig ergeben.

Grundsätzlich gilt für alle Kontroll- und Steuerungsmaßnahmen, denen Sie von Auftraggeberseite her unterliegen, dass diese beim externen Ge-werknehmer mit höherer Frequenz durchgeführt werden sollten. Findet al-so ein vierzehntägiges Meeting zur Fortschrittskontrolle mit der Fachab-teilung statt, dann sollten Sie wenigstens einmal pro Woche ein ähnliches Treffen mit dem externen Projektleiter anberaumen.

Verschaffen Sie sich generell auch eine hinreichende Reaktionszeit, um auf unangenehme Nachrichten Ihres externen Gewerknehmers noch rea-gieren zu können. Es sollte Ihnen nicht passieren, dass Sie direkt von ei-nem Meeting mit dem externen Gewerknehmer in das mit Ihrem Auftrag-geber gehen, ohne auch nur eine Chance gehabt zu haben, eine Lösung für ein festgestelltes Problem vorzubereiten. Das ist unnötig und vermeidbar, außerdem unterminiert es Ihre Position und lässt an Ihrer Fähigkeit zur Projektleitung zweifeln. Verschaffen Sie sich selber den nötigen Spiel-raum, indem Sie für jeden Besprechungstermin auch eine großzügige Zeit-spanne zur Nachbereitung einplanen.

Es muss von Ihnen stets sichergestellt werden, dass die Leistung des externen Gewerknehmers und Ihre eigene in Summe dem entsprechen, was der Auftraggeber mit Ihnen kontrahiert hat. Eine Diskrepanz ist an dieser Stelle nicht akzeptabel. Diese Forderung hat zwei verschiedene Dimensi-on, nämlich zum einen eine inhaltliche, zum anderen eine qualitative.

„Inhaltlich" bedeutet, dass die Teile das Ganze ergeben müssen. Wenn Sie einen Tisch bauen, der sich aus der Tischplatte und vier Beinen zu-sammensetzt, und Sie haben lediglich die Herstellung der Tischplatte ü-bernommen, dann muss daraus folgen, dass Ihr externer Gewerknehmer die vier Tischbeine erstellt hat. Ist das nicht der Fall, hat mindest eine Seite einen Fehler gemacht. Eine davon sind in jedem Falle Sie, weil es Ihnen nicht aufgefallen ist.

„Qualitativ" bedeutet, dass das Gesamtergebnis aus einem Guss und unter Berücksichtigung der gemeinsamen Qualitätsvorgaben und –erwar-tungen erstellt sein muss. Auch hier sind letztlich Sie dafür verantwortlich, dass diese Erwartungen auch erfüllt werden. Wenn Ihr externer Gewerk nehmer die Beine des Tisches rot lackiert, während Sie die Tischplatte naturbelassen ausliefern, dann wird Ihr Auftraggeber nicht zufrieden sein. Es ist dann egal, wie gut jede einzelne Partei für sich betrachtet gearbeitet haben mag.

Insbesondere der Aspekt der einheitlichen Qualität und Durchsetzung von Standards für Dokumentation, Implementierung oder auch Kommunikation ist auch noch unter einem ganz anderen Gesichtspunkt relevant. Sie müssen grundsätzlich immer bedenken, dass es passieren kann, dass Ihr externer Gewerknehmer das Projekt verlässt. Das kann aus ganz unterschiedlichen Gründen geschehen, zum Beispiel dem wirtschaftlichen Ausfall des Unternehmens, der Auflösung des Vertrages oder der mangelnden Qualität oder Termintreue. In diesem Fall müssen Sie in der Lage sein, in kürzester Zeit und im wahrsten Sinne des Wortes in die Bresche zu springen.

Hat der externe Gewerknehmer sich an die von Ihnen vorgegebenen Richtlinien gehalten, dann stoßen Sie bei der Nutzung seiner bisherigen Arbeitsergebnisse auf wenig Überraschungen. Die Übergabe an und Einarbeitung eines Nachfolgers fällt Ihnen leichter, weil Sie lediglich, ausgehend von Ihrem eigenen Verständnis des Prozesses der Leistungserbringung, die Fortführung der Arbeit einleiten müssen.

Liegen hingegen Ergebnisse vor, die sich nicht an Ihrem Standard orientieren, sondern eigene Regeln definiert haben, dann müssen Sie sich zuerst mit diesen auseinandersetzen, bevor Sie eine Übergabe oder vielleicht auch Übernahme durch eigenen Mitarbeiter durchführen können. Die dadurch entstehenden Aufwände können erheblich sein, insbesondere wenn Sie nachträglich versuchen, Ihre Standards auf bereits erbrachte Ergebnisse aufzuprägen.

Ein weiterer wichtiger Aspekt des Umgangs mit Subunternehmern ist deren Grad der Kommunikation mit dem Auftraggeber. Dieses in sinnvoller Weise in den Griff zu bekommen, gehört wahrscheinlich zu den schwierigsten Aufgaben des Projektleiters in dieser Situation. Hier treffen zwei verschiedene Interessen frontal aufeinander, und der entstehende Interessenkonflikt ist letztlich nicht zufriedenstellend aufzulösen:

- *Aufwandsreduzierung*

  Ein externer Gewerknehmer wird hinzugezogen, um dem originären Auftragnehmer etwas von seiner Arbeit abzunehmen. Es wäre also grundsätzlich wünschenswert, dass die Abstimmung zwischen ihm und dem Auftraggeber unmittelbar erfolgt. Der externe Gewerknehmer kennt sich am besten mit seinem Thema aus, kann Fragen geeignet formulieren, die Antworten bewerten und folgerichtige Vertiefungsfragen stellen.

- *Verhinderung unerwünschter Kommunikation*

Es ist nicht klar, welchen Inhalts die Kommunikation zwischen Auftraggeber und externem Gewerknehmer tatsächlich ist. Behandelt sie nur die Themen im Zuständigkeitsbereich des Subunternehmers, oder werden eventuell Festlegungen fixiert, die auch an anderen Stellen des Projektes Auswirkungen haben? Oder benutzt der externe Gewerknehmer den Kommunikationskanal zu politischen oder Vertriebszwecken?

Die Empfehlung lautet, weder dem Subunternehmer freie Hand zu lassen, noch ihn komplett von der Kommunikation auszuschließen. Im ersten Fall droht Ihnen der Kontrollverlust, im zweiten müssten Sie selber eine Zwischenstufe in der Kommunikation implementieren, die Sie zusätzlichen Aufwand kostet und außerdem zu Verzögerungen bei der Informationsvermittlung führt.

Statt dessen sollten Sie zum einen die Kommunikationsformen reglementieren, zum Beispiel nur offizielle Meetings mit einem vorformulierten Teilnehmerkreis zulassen, keine Emails, die Sie nicht in Kopie erhalten, keine informellen, persönlichen Gespräche. Zum anderen sollten Sie dafür sorgen, dass keine unmoderierte Kommunikation stattfindet. Das heißt, dass in Kommunikationssituationen stets Sie oder einer Ihrer Mitarbeiter anwesend sind.

Auf diese Art und Weise haben Sie auf der einen Seite die Grundlage für eine direkte und damit wertschöpfende Kommunikation zwischen Auftraggeber und externem Gewerknehmer geschaffen, auf der anderen Seite droht Ihnen nie der Kontrollverlust. Sie können Informationen über Inhalt, Stand und voraussichtliche Entwicklung des Teilprojektes sammeln, aber auch intervenieren, wenn sich Gespräche in die falsche Richtung entwickeln.

Wie weit Sie tatsächlich gehen wollen oder müssen, hängt ganz stark davon ab, als wie vertrauensvoll die Zusammenarbeit mit dem externen Gewerknehmer an- oder vorgesehen wird. Sie haben so viel Distanz, aber gleichzeitig auch so viel Nähe zur Arbeit Ihres Subunternehmers, wie Sie sich selber geben.

16.3 Forschung und Entwicklung

Manche Projekte scheinen keine Termine einhalten zu müssen. Sie existieren in einem Kontinuum der Bearbeitung, ihre einzige beobachtbare Verpflichtung scheint in der gelegentlichen Ablieferung von Zwischenergebnissen zu bestehen. Im Bereich der Forschung und Entwicklung (F&E)

lässt sich dieses recht häufig antreffen. Ein solches Vorgehen ist jedoch weder beabsichtigt, noch ist es geeignet, dem Projekt und den daran Beteiligten eine effektive Zielerreichung abzuverlangen.

Für Viele ist die Vorstellung, unabhängig von Termindruck auf ein Ziel hinarbeiten zu können, eine geradezu paradiesische. Hier liegt jedoch ein grundsätzlicher Denkfehler vor, der korrigiert werden sollte. Termindruck entsteht nämlich nicht durch das Setzen von Terminen, sondern erst durch das mögliche Scheitern der Terminvereinbarung. Und das lässt sich ja durchaus verhindern. Das Fehlen von Terminen und daran gebundene Ziele, worum es hier eigentlich geht, hat andere Effekte, die als weit kritischer zu erachten sind.

Zuerst einmal ist der Mensch ein Gewohnheitstier. Eine unverbindliche Arbeitsumgebung fördert unverbindliches Verhalten. Hat sich dieses erst einmal verfestigt, dann ist es sehr schwer, mit der Gewohnheit wieder zu brechen.

Im Grunde handelt es sich um ein moralisches Problem. Die Frage „Was muss ich machen für das Geld, das ich erhalte?" wird von jedem von uns mit einer gewissen Arbeitsleistung beantwortet. Ein erhaltener Wert führt zu einer moralischen Verpflichtung zur Erbringung eines Gegenwertes. Wird keiner oder ein zu geringer Gegenwert erbracht, so führt das zumindest zu einem schlechten Gewissen, bestenfalls zu einer Verhaltensanpassung. Eine Gewohnheitsänderung ist meist das Ergebnis einer wiederholten Überschreitung der persönlichen Grenzen. Die Toleranzen werden dabei langsam gesenkt, bis das, was einst als Vergehen angesehen wurde, schließlich völlig legitim erscheint.

Die meisten Mitarbeiter bringen anfangs ein intuitives Verpflichtungsgefühl zur terminlichen Treue mit. In F&E-Projekten aber wird entweder nie ein besonderer Wert auf Definition und Einhaltung von Terminen gelegt, oder Vereinbarungen werden regelmäßig mit dem Hinweis auf die Neuartigkeit des Themas annulliert. Die moralische Bedeutung von terminlicher Verpflichtung sinkt zunehmend, bis sie schließlich einen nachrangigen Stellenwert genießt. F&E-Projekte werden dadurch in hohem Maße unkontrollier- und unkalkulierbar.

Das mag im Forschungsbereich noch eine untergeordnete Bedeutung besitzen, kann allerdings in der Produktentwicklung verheerende Auswirkungen haben. Denn hier kommt es darauf an, neben der Weiterentwicklung des Produktes mit den selben Ressourcen auch schnell auf Kundenwünsche reagieren und zum Beispiel laufende Anpassungen durchführen zu können. Plötzlich ist ein Commitment zur Einhaltung kurzfristiger Termine wieder von großer Bedeutung, um nicht sein Standing oder gleich den Kunden selbst zu verlieren. Das Problem hierbei wird sein, eine Ent wicklungsgruppe, die sich daran gewöhnt hat, unverbindlich zu arbeiten, wieder in die Pflicht zu nehmen.

Eine F&E-Gruppe muss die Freiheit haben, ohne langfristige Termine zu arbeiten. Ihr Produkt ist undefiniert, äußerliche Einflüsse und Erkenntnisse haben einen beständigen Einfluss auf dessen Formung und Gestaltung. Das darf jedoch nicht für den kurz- oder mittelfristigen Zeithorizont gelten. Die Erwartung, dass in kleineren Betrachtungsfenstern konkrete Aussagen zu Terminen und Ergebnissen erbracht werden können, ist durchaus legitim. Die verfolgten Ziele sind Plan-, Kalkulier- und Kontrollierbarkeit:

- Planbarkeit ist notwendig, um die Verfügbarkeit eines (Zwischen-)Ergebnisses, zum Beispiel zum Zwecke des Angebot beim Kunden, mit der notwendigen Sicherheit abschätzen zu können.
- Kalkulierbarkeit ermöglicht eine Abschätzung über erst entstehende Aufwände.
- Kontrollierbarkeit schließlich ist zum einen erforderlich, um Bewertungskriterien zu erhalten, die über Güte und Leistungsfähigkeit der Projektgruppe generell Auskunft geben. Zum anderen verhindert Kontrollierbarkeit aber insbesondere einen langfristigen Verlust der Ergebnis- und Terminorientierung, wenn ein kontinuierlicher Kontrollprozess daran geknüpft wird.

Das mag auf den ersten Blick paranoid klingen, ist aber bei genauem Hinsehen nur die Forderung, für F&E-Projekte die gleichen Regeln und Bedingungen zu definieren, wie sie in zeitlich und vor allem inhaltlich klarer beschriebenen Projekten völlig normal sind. Selbstverständlich muss mit dieser Forderung sinnhaft umgegangen werden. F&E-Projekte haben eine stärkere Tendenz, Kurskorrekturen durchführen zu müssen, weil neue Erkenntnisse, strategische Erwägungen oder Umverteilungen von Prioritäten danach verlangen. Diese notwendige Beweglichkeit im F&E-Bereich darf nicht durch zu starre Zielvorgaben verhindert werden. Zügige Kurswechsel sollten hier grundsätzlich möglich sein, insbesondere auch gefördert durch den Umstand, dass F&E-Projekte in der Regel interne Projekte sind, die eine Abstimmung also auch nur intern nötig machen.

Es ist grundsätzlich wichtig, jeden Kurswechsel formal zu dokumentieren und abzustimmen. Er darf nicht implizit und unbemerkt vonstatten gehen, weil ansonsten die drei Ziele Plan-, Kalkulier- und Kontrollierbarkeit mit einem Schlag zunichte gemacht würden. Statt dessen lautet die Empfehlung, ein vereinfachtes Change-Request-Verfahren einzurichten, das beschreibt, was aktueller Stand ist, was entfällt und was an die Stelle des Entfallenen tritt. Die Ergebnis- und Terminvereinbarungen für das Projekt müssen nach der Kurskorrektur ebenso klar sein wie davor.

16.4 Projektmanagement von der Hand in den Mund

Was bei F&E-Projekten an lediglich mittelfristiger Orientierung so vorgesehen ist, kann Sie auch in ganz normalen Projekten treffen. Es ergeben sich manchmal Konstellationen, in denen Ihr Ziel nur noch „Überleben" heißt. Solche Projekte zeichnen sich dadurch aus, dass die Anforderungen, die Sie bereits mit hoher Priorität auf dem Tisch haben, Ihnen keinerlei planerischen Spielraum lassen. Und bevor Sie eine Aufgabe zufriedenstellend von eben diesem Tisch haben, liegt bereits die nächste dort und nötigt Ihnen ihre Behandlung auf.

Beispiel

Ihre Firma unterstützt einen Kunden bei der Einführung einer Standard-Software zur Aufnahme und Verfolgung von Serviceaktivitäten in einem Call-Center. Da Ihre Firma an den zukünftig über das System abgewickelten Transaktionen beteiligt sein wird, gibt es keine Vorgaben über die Dauer des Projektes und den genauen Leistungsumfang. Es gibt Terminpläne, die der Kunde auch mit einer gewissen, nach extern gerichteten, Hartnäckigkeit verfolgt, aber es ergeben sich daneben regelmäßig neue Anforderungen.

Zum Teil sollen besondere Dokumente erstellt werden, die sich so nicht in Ihrem Portfolio finden, zum Teil sollen spezielle Auskünfte zu technischen Details oder zukünftigen Optionen geliefert werden. In vielen Fällen haben verzögerte Beistellungen von Kundenseite oder von Seiten der anderen externen Partner zu einer weiteren Verknappung des Zeitrahmens geführt. Und so betreiben Sie mittlerweile Projektmanagement „von der Hand in den Mund".

Aber auch aus solchen Situationen können Sie herauskommen. Der erste Schritt dazu lautet:

Wissen, was getan werden muss...

Eine große Schwierigkeit in diesem Kontext ist es, die notwendige Übersicht wieder zu gewinnen. Was ist tatsächlich zu tun, bis wann muss es getan werden? Was ist wichtig, was ist wichtiger, was kann auch verzögert werden?

Arbeiten Sie in dieser Situation mit To-Do-Listen über die gerade anstehenden Aufgaben. Eine längerfristige Planung spielt zum ersten Mal keine Rolle mehr, statt dessen gibt es einfach „Dinge, die getan werden müssen". Aber darüber brauchen Sie Klarheit, und diese Klarheit müssen Sie weitergeben. Nicht nur Sie allein sind in einer unangenehmen Situation, sondern Ihr gesamtes Team ist mit Ihnen in einem Zustand der Orientierungslosigkeit. Die große Gefahr ist nun, dass ständig wechselnde Anforderungen zusätzlich zur bestehenden Verwirrung beitragen. Das können Sie verhin dern, indem Sie wenigstens kurzfristige Sicherheit über die nächsten Schritte schaffen.

Wenn Sie also so weit sind, dass Sie die nächsten Tage inhaltlich beschreiben können und die anstehenden Aufgaben kennen und verteilt haben, können Sie den nächsten Schritt machen:

> Wissen, wo die Bremse sitzt...

Sie müssen Ihrem Projekt den Druck nehmen, der sich durch neue Anforderungen ergibt, indem Sie zu bremsen beginnen. Die Logik dahinter ist recht einfach:

Anforderungen bauen meist aufeinander auf. Wenn Sie eine Anforderung befriedigt haben, so wird sich daran in der Regel eine neue knüpfen. Personen, die Anforderungen stellen, warten mit den nächsten oft, bis ein oder zwei erfüllt wurden. Das müssen Sie ausnutzen.

Druck entsteht meist in Situationen, die nicht im Vorwege klar genug ausformuliert worden sind. Er entsteht in Situationen, in denen viele Beteiligte in einem Boot sitzen und ein Geflecht von Abhängigkeiten besteht, das schlecht an einer Stelle allein aufgelöst werden kann. Ihre Aufgabe ist es dann, zumindest für sich wieder Bewegungs- und Entscheidungsspielraum zu schaffen.

Bremsen bedeutet dann:

- Wenn Sie Aufgaben vor dem offiziellen Fertigstellungstermin abgeschlossen haben, dann behalten Sie diese Information erst einmal für sich. Geben Sie rechtzeitig zum kommunizierten Termin das Ergebnis ab, das reicht, wenn die Situation sowieso von Verzögerungen aller Beteiligter charakterisiert ist, für hinreichend Anerkennung.

- Wenn Sie neue Anforderungen erhalten, dann machen Sie keine sofortige Terminzusage. Sagen Sie statt dessen, Sie prüften, was die Anforderung bedeute und gäben dann kurzfristig einen Lösungstermin ab. Meinen Sie das bitte ernst! Setzen Sie sich mit Ihrem Team hin und klären, wann die Anforderung bei der aktuellen Aufgabensituation gelöst werden kann. Wenn Sie dann die Rückmeldung geben, dann strecken Sie nach Möglichkeit den Termin ein Stück. Wenn also zum Beispiel eine Anforderung zwei Tage zur Lösung benötigen würde, dann machen Sie drei daraus. Das verschafft Ihnen ein Sicherheitspolster, falls doch kurzfristige Umpriorisierungen anstehen.

Mit diesen beiden einfachen Maßnahmen sollten Sie ein wenig zusätzliche Zeit gewinnen können. Es ist an Ihnen, mit dieser Zeit etwas anzufangen. Deshalb lautet der letzte Schritt zurück zur Normalität:

> Wissen, wie man vorher schon fertig wird...

Sie werden nie Herr der Lage, wenn Sie sich nur auf die beiden bisher beschriebenen Maßnahmen beschränken. Denn die schaffen Ihnen nur etwas mehr Ruhe und nehmen Ihnen ein wenig von dem unmittelbar spürbaren Stress, aber Sie werden damit nie in die Lage versetzt, selber wieder steuernd einzugreifen.

Zunächst einmal müssen Sie sich die aktuelle Situationen ansehen und dann versuchen zu antizipieren, welche Anforderungen als nächstes an Sie herangetragen werden. Die wenigsten davon kommen zu Ihnen wie die Jungfrau zum Kinde, sondern sind absehbar, wurden schon kommuniziert und stehen in irgendwelchen Dokumenten. Es wurde nur noch keine unmittelbare Aufforderung zur Lieferung eines Ergebnisses an Sie gerichtet.

Die Umsetzung dieser Anforderungen wird auf Sie zukommen. Aber die Art und Weise, wie diese Umsetzung erfolgt, muss Ihnen nicht von außen diktiert werden. Sie sollten sich wieder in Lage versetzen, mit Ihrem Team zu einer eigenen Sicht der Dinge zu kommen, eigene Lösungsvorschläge zu entwickeln und Konzepte zu erstellen, mit denen *Sie* weiterarbeiten wollen. Das ermöglicht Ihnen, eine Anforderung auch einmal zurück zu weisen und einen Gegenvorschlag zur Diskussion zu stellen.

Die zweite Sache, an der Sie arbeiten sollten, ist Generizität. Was ist das? Etwas ist generisch, wenn es zu verschiedenen Zwecken als Ausgangsbasis verwendet werden kann, so wie das in „7.1 Phasenmodelle" vorgestellte generische Phasenmodell.

Beispiel

Sie sollen für verschiedene Empfänger Reports erstellen. Die Reports sind sich in den verwendeten Daten alle recht ähnlich. Sie konzeptionieren nun projektintern einen generischen Report, der eine Obermenge über alle Informationen bildet und dann nur um diejenigen reduziert werden muss, die für den jeweiligen Empfänger nicht relevant sind.

Ein solches Vorgehen hat für Sie zwei Vorteile:

1. Sie ersparen sich weitere Aufwände und sind in der Lage, auch kommende Anforderungen generisch bedienen zu können.
2. Sie können Anforderungen ablehnen, die Sonderwünsche an Sie stellen, die nicht inhaltlicher Natur sind, im obigen Beispiel also, wenn jemand einen Report in einem anderen Design oder in einer besonderen Anord

nung der Daten haben möchte. In diesem Falle können Sie darauf verweisen, dass bereits Leistungen erbracht wurden, die völlig hinreichend sind, um die Anforderung sinngemäß zu erfüllen. Werden jetzt kosmetische Abweichungen gefordert, dann können Sie diese eventuell als Mehraufwände geltend machen und über einen Change-Request abhandeln. Alternativ werden die Anforderungen auch komplett zurückgezogen.

Als letzte Maßnahme sollten Sie versuchen, den Druck wieder nach außen zu leiten, unter dem Sie bisher gestanden haben. Denn erst dann haben Sie wirklich auch die Kontrolle wieder zurück gewonnen. Den Druck nach außen zu leiten bedeutet, selber klare Anforderungen nach Beistellungen zu formulieren, diese nachhaltig zu positionieren und für den Fall, dass diese nicht zeitgerecht erfolgen, die eigenen Termine zu strecken.

Machen Sie das bitte, um sich Luft zu verschaffen, die Sie erneut proaktiv nutzen können. Versuchen Sie sich also nicht an irgendeiner Instanz im Projekt zu rächen. Im Gegenteil! Gehen Sie wieder dazu über, dort Kulanz zu zeigen, wo es Ihnen keine größeren Probleme bereitet. Der Dank dafür ist Ihnen nicht sicher, aber manchmal lohnt es sich, sich allein für die Aussicht auf ein wenig Verpflichtungsgefühl auf der anderen Seite des Vertrages etwas ins Zeug zu legen.

Auch komplexe und scheinbar festgefahrene Situationen bieten Auswege. Projektmanagement „von der Hand in den Mund" sollte von Ihnen nie einfach hingenommen werden. Es gibt einige gute Maßnahmen, mit denen Sie sich nicht nur Luft schaffen, sondern auch wieder das Ruder in die Hand nehmen und zu einem aktiven, steuernden Projektpartner werden können.

Entropie ist ein Naturgesetz. Betrachten Sie Normalität in einem Projekt deshalb nicht als einen Zustand, der sich von allein ergibt. Sie müssen auch in dieses System Energie stecken, damit es nicht ins Chaos abdriftet.

16.5 Großprojekte

Insbesondere Großprojekte haben eine besondere Tendenz zu scheitern, oder in ihren Dimensionen Zeit, Budget oder Qualität aus dem Ruder zu laufen. Gerne wird an dieser Stelle das wahre Ausmaß der Verfehlung der Ziele verschwiegen, weil Großprojekte stets auch Prestigeobjekte sind – für die Verantwortlichen ebenso wie für das betroffene Unternehmen. Dazu kommt in vielen Fällen eine noch viel naheliegendere menschliche Komponente, denn wird das Scheitern offiziell zugegeben, dann „rollen

Köpfe". Menschen sind sehr erfinderisch, wenn es um Strategien geht, ihre Sicht auf die Realität zu schönen.

Da ist es dann zum Beispiel nicht mehr so schlimm, dass in einem großen Software-Projekt von den ursprünglich vier zu integrierenden Systemen mit Hängen und Würgen zwei fertig wurden. Dafür wird dann verkündet, dass diese Lösung doch klar ersichtliche Vorteile böte, viel überschaubarer sei und außerdem auch noch Web-Technologien und eine ganz andere Datenbankumgebung verwende. Dass all das im Grunde unspektakuläre Designentscheidungen waren, und dass das wahre Problem die fehlende Mitarbeit und mangelnde Entscheidungsfähigkeit der Fachabteilung, sowie das völlige Versagen eines externen Gewerknehmers und des Projektcontrollings war, ist der Erwähnung nicht wert. Das Ergebnis muss einfach gut sein, sonst droht schließlich der Gesichtsverlust. Die Leichenreden zu misslungenen Projekten erinnern oft stark an Interviews mit im Wahlkampf unterlegenen Politikern.

Die Frage, was Großprojekte genau sind, und wo die Grenze zwischen diesen und normalen Projekten zu ziehen ist, lässt sich nicht ohne weiteres beantworten. Eine Orientierung am Vertragswert, an der Zahl der beteiligten Personen, an der Komplexität und dem Umfang der Aufgabenstellung oder der Aufwandshöhe in Personenjahren ist gleichermaßen denkbar und wird als Klassifikationsmerkmal verwendet.

Der Übergang ist dann ohnehin fließend und subjektiv, und was für den einen schon längst ein Großprojekt ist, ist für den anderen gerade mal kein kleines mehr. So würde ein mittelständisches Unternehmen ein Projekt, das fast alle Abteilungen betrifft, ein Jahr dauert und in der Hochphase 20 Beteiligte beschäftigt, ohne weiteres als Großprojekt klassifizieren. Eine Großbank hingegen würde in diesem Fall gerade einmal einen Platz im Mittelfeld vergeben. Großprojekte qualifizieren sich dort vielleicht erst durch mehrjährige Laufzeiten und mindestens 50 Beteiligte.

Die Auseinandersetzung mit Großprojekten ist dann folgerichtig auch eher eine, die sich auf Projekte bezieht, die in eben den Dimensionen wie oben dargestellt, aber insbesondere für das betroffene Unternehmen extreme Ausprägungen aufweisen. Diese sind nicht unabhängig voneinander, so dass ein Projekt mit 100 Beteiligten zwangsläufig auch eines ist, das sich besonders teuer und in der Regel auch komplex ausnimmt. Für eine grobe Orientierung kann der folgende Vorschlag daher genutzt werden:

> Ein Großprojekt habe mehr als 40 Beteiligte, dauere wenigstens ein Jahr und koste mindestens 10 Mio. Euro.

Die Grenzziehung ist, wie gesagt, ein Vorschlag, subjektiv und diskussionswürdig. Ihr Zweck ist daher in erster Linie, eine Projektdimension zu eröffnen, in der klar wird, dass es

- sehr weh tut, wenn das Projekt nicht erfolgreich,
- die Bildung von Gruppen mit speziellen, abgegrenzten Aufgabenstellungen erforderlich und
- die Planung und Steuerung durch eine einzige Person fast unmöglich ist.

Im Folgenden wird genauer analysiert, woran es in Großprojekten oft krankt, und wie einige der potenziellen Probleme zu vermeiden sind.

16.5.1 Projektorganisation

Großprojekte werden anders, eher vielleicht: mehr, organisiert als andere Projekte. Das geschieht mit einer gewissen Zwangsläufigkeit. Denn die Überschaubarkeit ist bei umfangreichen Fragestellungen nicht mehr gegeben, höchstens noch auf einer abstrakten Ebene, keineswegs in den Details. Daher werden Großprojekte regelmäßig in mehreren Hierarchieebenen organisiert, wobei sich die tiefer liegenden Organisationsbestandteile zunehmend Teilproblematiken widmen, ohne noch ein Verständnis der größeren Zusammenhänge zu besitzen.

Das ist gleichermaßen notwendig wie es Gefahren birgt. Denn auf der einen Seite kann die Komplexität eines Großprojektes nur sinnvoll beherrscht werden, wenn thematische Abgrenzungen und Einkapselungen stattfinden. Andererseits besteht die Gefahr, dass Teilprojekte sich eigenständig derart entwickeln, dass eine spätere Integration zum Erreichen des Gesamtziels nicht mehr möglich ist. Das Ergebnis des Teilprojekts passt nicht mehr zu den Ergebnissen der anderen Teilprojekte. Die Aufwände zum Wiederherstellen der Konsistenz über die Projektgrenzen hinweg können enorm sein.

Zu Beginn dieses Buches wurde bemerkt, dass die Implementierung von Maßnahmen zum Projektmanagement zum Zwecke der Komplexitätsbeherrschung auch immer eine zusätzliche Komplexität in das Projekt einbringen. Das wird in diesem Fall ganz besonders deutlich. Auf Ebene der Teilprojekte kann gute, ziel- und auch plangerechte Arbeit erfolgen. Aber es müssen zusätzliche Maßnahmen ergriffen werden, um sicherzustellen, dass die Teile des Puzzles, in die das Projekt zersägt wurde, später auch passgenau wieder zueinander finden.

Hinzu treten weitere Anforderungen an zum Beispiel die Qualität der Ergebnisse und deren formale Struktur. Die Kommunikationskanäle zwischen den Hierarchieebenen und den Teilprojekten müssen genutzt, aber dürfen nicht überstrapaziert werden. Und schließlich bedeutet die Kontrolle der Planparameter im Kontext eines Großprojektes etwas ganz anderes als für ein einzelnes, überschaubares Projekt, in dem die Kommunikation hierfür gerade zwischen Projektleiter und –mitarbeitern stattfinden muss.

Ein Großprojekt ist darüber hinaus ein guter Platz, um sich zu verstecken. Läuft ein Teilprojekt nicht gut, so kann der zuständige Teilprojektleiter dieses lange Zeit kaschieren, an seinen Problemen im Stillen herumwerkeln und schließlich, wenn der Schaden deutlich sichtbar wird, zum Beispiel an Meilensteinen, das Gesamtprojekt in Verzug bringen. Denn grundsätzlich sind Teilprojekte autonom, und nur in begrenztem Umfang steuerbar bzw. –willig.

Eine Projektorganisation in Großprojekten muss also verschiedenen Anforderungen genügen, um sich nicht als Hemmschuh, sondern als Vehikel des Erfolgs zu beweisen:

- *verlässliche, informative und offene Kommunikationsstruktur*

   Diese drei Eigenschaften einer Kommunikationsstruktur sind in Großprojekten besonders wichtig. „Verlässlich" bedeutet, dass die Informationen mit einer gewissen Beständigkeit und aus dem Bewusstsein einer Bringschuld fließen. „Informativ" heißt, dass den Informanten klar ist, dass dem Empfänger nur mit nützlichen Informationen gedient ist. Die Kommunikation darf also nicht zum Selbstzweck verkümmern. Und schließlich muss die Kommunikationsstruktur „offen" sein, also nicht zwanghaft nur beschränkt auf die definierten Pfade, sondern mit der Fähigkeit zur offiziell gestatteten Adaptation oder auch Umgehung, wenn die besondere Natur der Informationen dieses verlangen sollte.

- *klare Abgrenzung der Teilprojekte untereinander*

   Die Abgrenzung der Teilprojekte untereinander hat zwei Dimensionen. Die eine ist strukturell und bedeutet, dass die Aufgabe, die einem Teilprojekt übergeben wird, sich inhaltlich klar und eindeutig von den Aufgaben anderer Teilprojekte scheiden lässt. Damit werden Abhängigkeiten und in Folge der Abstimmungsaufwand zwischen den Projekten so gering wie möglich gehalten.

   Die andere Dimension der Abgrenzung bezieht sich auf die Projektdurchführung und muss insbesondere im Bewusstsein der Beteiligten verankert werden. Hiermit wird ein wesentliches Problemfeld in Großprojekten angesprochen, über das sich viele Beteiligte nie richtig im Klaren sind:

   Aussagen, die in einem Teilprojekt verbindlich festgehalten werden, sind für das Gesamtprojekt verbindlich!

Es mag vielleicht etwas fehl am Platze wirken, diesen Punkt im Rahmen der Projektorganisation anzusprechen, aber eine gute Organisationsstruktur verringert die Gefahr von Wechselwirkungen der Teilprojekte untereinander schon im Vorwege. Der Rest ist eine Frage der Aufmerksamkeit der Projektbeteiligten.

Jede Aussage, die gegenüber dem Auftraggeber gemacht werden soll, muss auf ihre Auswirkung hin überprüft werden. Wenn auch für ein anderes Teilprojekt Folgen abzuleiten sind, dann muss vorher entweder eine Abstimmung mit diesem stattfinden, oder die Entscheidung wird gleich auf die nächsthöhere Hierarchieebene verlagert. Nur in dem Fall, dass Klarheit über die Auswirkungen besteht und die Verantwortlichkeit akzeptiert wird, sollte ein Teilprojekt eine Aussage mit Wechselwirkungen auf andere Teilprojekte treffen.

- *klare Definition der Rechte und Pflichten auf den Hierarchieebenen*

Viele Probleme in Großprojekten entstehen durch die mangelnde Definition von Zuständigkeiten. Das führt entweder dazu, dass sich für bestimmte Problematiken niemand oder aber gleich mehrere verantwortlich fühlen. Im letzteren Fall führt das dazu, dass sich bei mangelnder Abstimmung widersprüchliche Aussagen und Entscheidungen ansammeln und zu komplizierten und gefährlichen Situationen führen. Im Grunde handelt es sich um das Problem der Abgrenzung, das vorher horizontal gelöst werden musste, in seiner vertikalen Ausprägung.

Es gibt für die Rechte und Pflichten einige einfache Regeln, die helfen, gleichzeitig flächendeckende als auch überschneidungsfreie Zuständigkeiten zu definieren. Zum einen gilt grundsätzlich, dass aus einer höheren Hierarchieebene nie eine Weisung direkt an die Funktionsträger von Hierarchieebenen gehen dürfen, die nicht unmittelbar unterstellt sind. Das heißt also, dass nie der Großprojektleiter unter Umgehung der Teilprojektleiter Arbeitsanweisungen an die Mitarbeiter des Teilprojektes geben darf. Befinden sich also die Teilprojektleiter eine Hierarchieebene unter dem Gesamtprojektleiter, so sind nur sie seine Ansprechpartner.

Weiterhin müssen Gruppen, die Hilfsfunktionen wahrnehmen sollen, ein unbedingtes Vetorecht besitzen, wenn es um die Durchführung der ihnen zugeteilten Aufgabe geht. So wie ein Militararzt zum Wohle eines Patienten auch die Anweisung eines Generals außer Kraft setzen könnte, so muss zum Beispiel die Qualitätssicherungsgruppe in der Lage sein, bei mangelnder Qualität von Ergebnissen die Abgabe derselben beim Auftraggeber zu stoppen, auch wenn das zwangsläufig zu Verzögerungen führt.

Denn ansonsten wären jegliche funktionale Zusammenfassungen im Kern ihrer Existenz fragwürdig. Definiert zum Zwecke einer effizienten Durchführung von übergreifenden Aufgaben müssen solche Gruppen auch die Oberhoheit über eben diese Themen erhalten, um ihren Daseinszweck sinnvoll zu erfüllen.

- *Implementierung vieler Querschnittsfunktionen*

Die Aufspaltung in Teilprojekte lässt vermuten, dass ein Großprojekt eine hohe Heterogenität mit sich bringt. Es gibt aber Aufgaben, die nur dann erfolgreich durchgeführt werden können, wenn sie koordiniert über Teilprojektgrenzen hinweg bearbeitet werden, zum Beispiel integrative Tests. Andere Aufgaben fallen in jedem Projekt gleichartig und stereotyp an, so dass sich auch hier die Frage stellt, ob eine Zentralisierung nicht effektiver wäre als eine isolierte Handhabung in jedem einzelnen Teilprojekt (siehe „5.4 Verwaltung", „11.2 Support"). Schließlich treten zu diesen Überlegungen noch Forderungen nach formaler und inhaltlicher Kompatibilität der Arbeitsergebnisse, denen ebenfalls nur durch übergreifende Strukturen Genüge getan werden kann, zum Beispiel durch eine Qualitätssicherungsgruppe.

Großprojekte sind immer als Chance zu sehen, ein ganz besonderes Ergebnis zu erbringen, das für alle Beteiligten auch einen ideellen Wert besitzt. Dafür muss aber den Projektmitarbeitern zum einen soviel Arbeit wie möglich an den Nebenbaustellen abgenommen werden, damit sie sich auf ihre Aufgabe konzentrieren können. Zum anderen ergibt sich die abschließende Qualität des Arbeitsergebnisses nicht mehr allein in den Teilprojekten, sondern erst als Integrationsleistung. Zu beiden Zwecken müssen entsprechende Querschnittsfunktionen eingerichtet werden.

An vielen Stellen in diesem Buch wurde darauf eingegangen, welche Themen sich herauslösen lassen, welche Aufgabenstellungen übergreifend behandelt werden, welche Gruppen oder Funktionsträger sich im Projektkontext solcher Themen annehmen können. An dieser Stelle wird also nicht weiter darauf eingegangen, sondern statt dessen nur noch einmal betont, dass gerade in Großprojekten ein besonderes Augenmerk auf diesen Möglichkeiten liegen muss. Wie ein lebender Organismus aus vielen, spezialisierten Funktionseinheiten besteht, die aber zur Erreichung der gemeinsamen Überlebensfähigkeit perfekt miteinander harmonieren, so sollte sich auch ein Großprojekt zwar aus vielen kleineren Bestandteilen zusammensetzen, die aber zum Zwecke der Überlebensfähigkeit der Gesamtstruktur einerseits unterstützt und andererseits koordiniert werden müssen.

In kleineren Projekten kann eine Organisation sukzessive im Projektverlauf entwickelt werden. Das wäre bei Großprojekten ein gefährlicher Ansatz, da die Kosten der notwendigen Umstrukturierungen und Neuorientierungen durch ihre Breitenwirkung erheblich sein würden. Das soll auf der anderen Seite freilich nicht bedeuten, dass die Organisationsstruktur bis in ihre letzten Details zu Beginn des Projektes definiert sein muss, sondern lediglich, dass die wichtigen Strukturelemente bereits vorhanden sein müssen.

Was in diesem Kontext als wichtig einzustufen ist, hängt von verschiedenen Faktoren ab, zum Beispiel den Vorgaben auf Kundenseite, der Ablauf- und Aufbauorganisation wie im Unternehmen bereits vorhanden, dem Thema oder den in Folge des Themas hinzuzuziehenden Projektbeteiligten. Die Entscheidung für wichtige, notwendige oder hilfreiche Organisationsbestandteile eines Großprojektes ist also letztlich an der Situation auszurichten. Bis auf einige wenige Sollkomponenten wie zum Beispiel die Zerlegung in Teilprojekte oder die Instanziierung einer Qualitätssicherungsgruppe gibt es kaum zwingende Vorgaben. In „4 Strukturelle Projektorganisation" wurde bereits auf notwendige oder sinnvolle Bestandteile einer Projektorganisation eingegangen, worauf an dieser Stelle wieder verwiesen werden darf.

16.5.2 Mitarbeiter

Großprojekte dauern in der Regel lange, mitunter werden Zeiträume von mehreren Jahren überbrückt. Viele Mitarbeiter begleiten ein solches Projekt über den größten Teil von dessen Laufzeit, so dass die persönliche Betroffenheit bei einem unzufriedenstellenden Verlauf sehr hoch sein kann. Was zwangsläufig droht, ist der Verlust von Motivation, was dann wiederum zu weiteren Folgeschäden im Projekt führt, was wiederum die Motivation weiter herabsetzt und so weiter. Die einfache und wirksame Form einer Todesspirale.

Das Projektteam in einem Teilprojekt kann hervorragende Arbeit geleistet haben, und trotzdem wird es unter Problemen, die durch ein anderes Teilprojekt hervorgerufen wurden, in vollem Umfang leiden. Alle sitzen letztlich im selben Boot, und es ist völlig egal, unter wessen Sitz das Wasser eindringt. Nasse Füße bekommen alle. Die Gefahr der oben beschriebenen Motivationsvernichtung ist also durch die Abhängigkeit von anderen Projekten in besonderem Maße gegeben.

An dieser Stelle wird deutlich, wo sich die Einflussmöglichkeiten des Projektleiters an der Grenze und im Zusammenspiel mit anderen Teilprojekten verlieren. Den darüber implementierten Managementebenen kommt somit eine besondere Bedeutung zu, wenn es darum geht, durch zusätzli-che Abstimmungsmaßnahmen einen reibungsarmen und die Motivation bewahrenden Ablauf zu gewährleisten. Es muss aber festgestellt werden, dass Motivation ganz klar als Nebenprodukt einer erfolgreichen Projekt-abwicklung durch das Management zu betrachten ist, sie ist nicht primärer Zweck der Projektorganisation und –steuerung. Deshalb muss insbesonde-re darüber nachgedacht werden, ob es andere Möglichkeiten gibt, die Mo-tivation in den Teilprojekten über den langen Zeitraum der Projektdurch-führung aufrecht zu erhalten, bzw. an welchen Stellen sie besonders gefährdet ist:

- *Informationsbedarf und -verhalten*

  Mitarbeiter in Großprojekten erhalten nur Einblick in einen Aus-schnitt der Gesamtthematik, was sicher auch in anderen Projekten gilt, aber selten in einem solch starken Ausmaß. Denn normalerweise be-steht, das Bemühen darum vorausgesetzt, immer die Möglichkeit, sich einen Überblick zu verschaffen. Im Kontext des Großprojektes aber wird die Sicht von oben in zweifacher Weise erschwert. Zum einen sind die dafür notwendigen Informationen von einem Teilprojekt aus nur mühsam beschaffbar, zum anderen ist die Informationsmenge so groß, dass kaum ein brauchbarer Überblick darüber zu erlangen ist. Denn das war ursprünglich ja ein Grund für die Zerlegung in Teilprojekte.

  Der Projektleiter muss deshalb auf eine weitgehend offene Informati-onspolitik in besonderem Maße achten. Er ist derjenige, der aufgrund seiner speziellen Position und Funktion am ehesten die Möglichkeit hat, an übergreifende Informationen zu gelangen und diese auch im Gesamt-kontext darzustellen. Neben der Informationsverteilung werden aber noch zwei weitere Ziele verfolgt.

  Zum einen hängt Motivation in starkem Maße davon ab, ob eine Leistungserbringung als möglich eingeschätzt wird. Das dazu notwendi-ge oder als notwendig empfundene Wissen ist eine der Bedingungen da-für. Zum anderen dient die Informationsverteilung auch dem Bemühen, den Projektmitarbeitern immer wieder bewusst zu machen, dass sie in einem Großprojekt, und eben nicht nur in einem seiner Teilprojekte ar-beiten. Dieses ist unter anderem eine wichtige Voraussetzung dafür, dass im schwierigen politischen Umfeld nicht fahrlässig Aussagen mit schwerwiegenden Wechselwirkungen auf andere Teilprojekte gemacht werden.

- *Projektdauer und Mitarbeiterfluktuation*

  Die Langfristigkeit von Großprojekten kann auf Projektmitarbeiter verschiedene Auswirkungen haben, je nachdem, wann sie in ihr Teil projekt kommen oder es verlassen. Aus der Managementsicht mag es zwar gerechtfertigt scheinen, einen Mitarbeiter von Anfang bis Ende des Projektes bei der Stange zu halten, aber ein solches Ansinnen kann sich als kurzsichtig und vor allem nicht durchsetzbar herausstellen.

Tatsache ist, dass Mitarbeiter nicht unbedingt zu Beginn des Projektes bereits anwesend sind, aus Gründen fehlender Notwendigkeiten oder aufgrund mangelnder Verfügbarkeit. Jeder Mitarbeiter, der ein Projekt nicht von Anfang an begleitet, hat beim Eintritt in dieses mit einem Informationsdefizit zu kämpfen. Im Kontext des Großprojektes ist dieses Informationsdefizit durch die Komplexität der Wissensstruktur besonders schwer zu überwinden. Für die Einarbeitung in den Aufgabenbereich muss deshalb eventuell mehr Zeit als üblich veranschlagt werden. Der Projektdokumentation kommt eine besondere Bedeutung zu, und auch der Projektleiter muss sich seiner Aufgabe als Informationslieferant bewusst sein und auch stellen.

Auch wenn, wie oben schon erwähnt, die Managementsicht auf den Projektverbleib von Mitarbeitern eher eine langfristige ist, so sollte klar sein, dass viele Mitarbeiter andere Erwartungen haben. Hier muss zwischen hinreichender Pflichterfüllung und vertretbarem Leid ein Kompromiss gefunden werden. Es ist von jedem Projektmitarbeiter zu erwarten, dass er einen Beitrag zur Erreichung des Projektzieles leistet, der gegebenenfalls auch ein zusätzliches, persönliches Entgegenkommen fordert. Allerdings sollte auch vorgesehen sein, dass er das Projekt nach Erbringung dieser Leistung, so er den Wunsch haben sollte, auch wieder verlassen kann. Und das möglichst nicht erst durch Kündigung oder Versterben.

Die besten Termine, zu denen ein Mitarbeiter ein Projekt verlassen kann, sind die Meilensteine. Zu diesen ist die Arbeit an Teilergebnissen sowie der zugehörige Qualitätssicherungsprozess erst einmal abgeschlossen. Nacharbeiten sind aufgrund der erfolgten Abnahme unwahrscheinlich oder unkritisch, das Know-how eines Nachfolgers kann im allgemeinen Anlauf der Folgephase zusammen mit dem Phasenspezifischen Know-how der anderen Mitarbeiter aufgebaut werden. Falls der scheidende Mitarbeiter dagegen mitten in einer Phase und zwischen zwei Meilensteinen das Projekt verlässt, ergeben sich insbesondere durch die Unterbrechung seiner laufenden Arbeit und die unzureichende Einsatzfähigkeit eines Nachfolgers massive Probleme.

Das gilt es nach Möglichkeit zu vermeiden, am besten natürlich in Abstimmung mit dem Mitarbeiter und seinem Disziplinarverantwortlichen. Denn die Trennung zwischen disziplinarisch verantwortlichem Vorgesetzten und dem fachlich verantwortlichen gilt auch in Großprojekten. Wie in „10.2.3 Mittelfristige Perspektive" beschrieben, ergibt sich daraus oft ein Konflikt zwischen den Zusagen, die dem Mitarbeiter von seinem disziplinarischen Vorgesetzten gegeben worden sind, und den Anforderungen, die das Projektgeschehen an ihn stellt.

Wie oben schon angedeutet, muss für jeden Projektmitarbeiter ersichtlich sein, dass von ihm einerseits erwartet wird, seinen Beitrag zum Erfolg zu erbringen, was ihm gegebenenfalls auch den einen oder anderen Kompromiss abnötigt. Andererseits wird aber sein Wunsch zum Verlassen des Projektes nicht als Sakrileg geächtet, sondern stellt eine gerechtfertigte und auch erwünschte Anfrage dar. Denn wird das Thema tabuisiert, so führt das eher zur Demotivation, als wenn damit in offener und lösungsorientierter Art und Weise umgegangen wird.

In einem Großprojekt ist es nicht so, dass Mitarbeiter vielleicht, sondern eher mit einer nicht geringen Wahrscheinlichkeit den Wunsch äußern werden, das Projekt nach einer angemessenen Dauer der Mitarbeit zu verlassen. Selbst wenn sie es, aus welchen Gründen auch immer, nicht tun, muss davon ausgegangen werden, dass der Wunsch trotzdem vorhanden ist. Für den Großprojektleiter bedeutet das, proaktiv darauf hinzuwirken, dass Personalwechsel grundsätzlich möglich und auch organisatorisch vorgesehen sind.

- *Teambildung*

Teamstrukturen in Großprojekten dürfen nicht auf die Teilprojekte beschränkt sein, Information, Identifikation und Verantwortlichkeit nicht an den Grenzen der Teilprojekte enden. Der Prozess der Teambildung ist damit nicht nur Aufgabe der Teilprojektleiter, sondern auch der Verantwortlichen auf höheren Managementebenen. Das wird in der Praxis gerne vernachlässigt, so dass sich zwar gute, aber eingekapselte Einzelprojekte entwickeln, andererseits aber kein übergreifendes Gemeinschaftsempfinden entsteht.

Zusätzlich gibt es Organisationselemente, die durch die Bildung von spezialisierten Teams wie Testfabrik, Projektbüro oder Qualitätssicherungsgruppe implementiert werden, die übergreifende Funktionen wahrnehmen und gerne einmal aus der Gemeinschaft ausgeklammert werden. Naheliegenderweise ist es wichtig, diese zu integrieren, damit auf beiden Seiten ein Empfinden für die Problemstellungen und Befindlichkeiten des jeweils anderen entsteht. Niemandem ist mit einer gnadenlosen Qualitätssicherungsgruppe gedient, die sich unnachgiebig an den Wortlaut einer jeden Richtlinie klammert. Umgekehrt wird eine Qualitätssicherungsgruppe schnell aufgeben, wenn ihre Anforderungen ignoriert, sie nicht mit den Arbeitsergebnissen versorgt oder an wichtigen Stellen aus dem Entscheidungsprozess ausgeschlossen wird.

Ein Projekt läuft besonders gut, wenn möglichst viele Probleme in Form eines ungelenkten, selbst organisierten Prozesses erkannt und gelöst werden. Dafür muss das nötige Bewusstsein für die Zusammenhänge, die Verpflichtungen und Verantwortungen, sowie die Wege zur Informationsbeschaffung vorhanden sein. Dieses muss durch eine geeignete Führung und Organisation vorbereitet werden.

Eine mangelnde Berücksichtigung der drei oben dargestellten Thematiken führt dazu, dass dieser selbstorganisierte Prozess nicht einsetzt. Die Last der Koordination und Wegfindung liegt dann allein auf den Schultern des Managements, denn Mitarbeiter, die sich in einem Großprojekt nicht wiederfinden, werden sich auf ihr Teilprojekt konzentrieren. Sie verlieren ihre Motivation spätestens, wenn sie nicht die Früchte ihrer Arbeit ernten, sondern statt dessen unter Problemen leiden müssen, die sie nach ihrer Ansicht nicht zu verantworten hätten.

Zusammenfassend muss festgehalten werden, dass ein Großprojekt

- höhere Anforderungen an die Führung der Mitarbeiter stellt,
- Maßnahmen zur Mitarbeiterführung, –motivation und –koordination auf verschiedenen Ebenen verlangt, die zur effektiven Durchführung oft langfristig vorbereitet werden müssen und
- eine besonders hohe Gefahr der Motivationsvernichtung durch verschiedene, in Einzelprojekten nicht auftretende Eigenheiten mit sich bringt.

16.6 Schlechte Verträge

Es kommt häufig vor, dass Verträge abgeschlossen werden, die einen sehr schlechten Rahmen für die Durchführung eines Projektes geben. Das liegt meist daran, dass die Personen, die für die Ratifizierung der Verträge und die Vorgespräche mit dem Kunden zuständig sind, „nur" Verkäufer, sprich Vertriebspersonal, oder eben Zeichnungsberechtigte sind. Fach- und Projektexperten werden in dieser Phase oft nicht in hinreichendem Maße hinzugezogen, sondern später nur mit den Ergebnissen konfrontiert.

Das Problem hat hierbei zwei verschiedene Ausprägungen: Zum einen mag der Vertrag noch einigermaßen klar den Vertragsgegenstand beschreiben, die Kosten und damit der vertretbare Aufwand jedoch sind erheblich zu niedrig angesetzt. Oder die Vergütung für die zu erbringende Leistung ist grundsätzlich verhältnismäßig, aber der Auftragsgegenstand ist so vage beschrieben, dass der Kunde, Mutwilligkeit oder Orientierungslosigkeit vorausgesetzt, die Kosten auf Auftragnehmerseite durch zusätzliche Forderungen enorm nach oben treiben kann.

In beiden Situationen übernimmt der Projektleiter eine Aufgabe, die in hohem Maße geneigt ist, zu einem finanziellen Desaster zu werden. Das gilt es möglichst zu vermeiden. Einige Projektleiter legen an dieser Stelle bereits den Spargang ein und distanzieren sich emotional vom Projekt. Ein solches Verhalten ist zwar vielleicht verständlich, aber gegenüber dem Team, dem eigenen Arbeitgeber und auch dem Auftraggeber unfair. Es ist wichtig, sich über die schlechten Startbedingungen an der richtigen Stelle zu beschweren, aber der Vertrag ist unterschrieben, und wenn der Auftrag nicht komplett storniert werden soll, dann muss versucht werden, das Beste aus der Situation zu machen.

Wie aber kann das noch geschehen? In beiden Fällen ist das Risiko sehr hoch, dass der Auftragsumfang nicht mit dem zur Verfügung stehenden Budget abgedeckt werden kann. Es gilt also, den Rahmen nachträglich so eng zu stecken, dass das Projekt wieder in die Gewinnzone kommt. Im Kapitel „13 Vertragsrelevante Kommunikation" wurde genauer darauf eingegangen, was vertragsrelevante Kommunikation ist, und vor allem, wie damit umgegangen werden muss. Ihre wesentliche Eigenschaft, um die es aber in diesem Kontext geht, ist die Klarstellung von Umsetzungsdetails vertraglich vereinbarter Leistungen.

Die einzige Chance, die Sie in einer solchen Situation haben, ist die frühe Ausklammerung von zusätzlichen Leistungen und Sonderregeln, die Ihnen das Leben im Projektverlauf schwer machen könnten. Wo immer der Kunde sagt, dass er eine bestimmte Leistung nicht haben möchte, dort muss diese Aussage aktenkundig und verbindlich festgehalten werden. Wo immer er darstellt, wie er etwas umgesetzt haben möchte, dort muss er auf diese Entscheidung festgenagelt werden.

Die Kehrseite dieses Vorgehens ist seine Gnadenlosigkeit. Wenn der Kunde nachträglich seine Meinung ändern sollte, sind Ihre Möglichkeiten, Kulanz zu zeigen, nur sehr begrenzt. Meist enden solche Kurskorrekturen in einem Change-Request. Die Stimmung zwischen Auftraggeber und Auftragnehmer ist gefährdet, außerdem heißt es nicht umsonst, dass es so aus dem Wald schallt, wie man in ihn hineinruft. Wenn Sie ungeschickt vorgehen, dann wird der Kunde umgekehrt auch mit einem hohen Maß an Formalismen, intensiven Prüfungen von Protokollen oder Arbeitsergebnissen und anderem Abwehrverhalten reagieren.

Das soll nicht heißen, dass Sie nicht so vorgehen sollten. Es heißt lediglich, dass Sie dabei diplomatisch sein müssen. Es ist in jedem Projekt erforderlich, wichtige Entscheidungen verbindlich festzuhalten. Aber wenn Ihre Startbedingungen schlecht sind, dann dienen diese Maßnahmen nicht nur der Zielfindung, sondern darüber hinaus der Zielkorrektur. Das ist ein sehr bedeutsamer Unterschied.

Es ist nicht einfach, einen Kurs zu fahren, der nicht zur zwangsläufigen Konfrontation mit dem Auftraggeber führt. Einerseits kommt einer offenen Informationspolitik eine besondere Rolle zu, damit der Kunde stets sehen kann, welche Entscheidungen er gefällt hat. Andererseits muss ihm zwar die Möglichkeit gegeben werden, seine Entscheidungen zu überblicken, aber es ist gefährlich, ihn regelmäßig daran zu erinnern. Denn es soll ja möglichst verhindert werden, dass er Korrekturen oder nachträgliche Öffnungen bereits gemachter Eingrenzungen durchführt. Zu einem späteren Zeitpunkt mag es dem Kunden einsichtig sein, dass seine früheren Entscheidungen Leistung und Leistungserbringung auf eine Art geformt haben, die eine Änderung nur über einen Change-Request rechtfertigen würde. Zu einem frühen Zeitpunkt gilt das meist nicht.

Es gibt ein weiteres Problem, mit dem Sie konfrontiert werden könnten. Gesetzt den Fall, der Kunde stellt eine Nachforderung nach einer ursprünglich vertraglich zugesicherten Eigenschaft, die er aber in einer früheren Entscheidung explizit ausgeklammert hat, dann können Sie nicht den gesamten Aufwand für die Umsetzung der Funktionalität in einem Change-Request geltend machen. Es handelt sich nach wie vor um etwas, auf das er im Prinzip ein Anrecht hätte. Das heißt also, dass seine erste Entscheidung zur Ausklammerung der Funktionalität im Grunde zu einem Kosten mindernden Change-Request hätte führen müssen.

Ihre Rechnung muss also lauten:

Wert des Change-Request =

Neuer Aufwand zur Umsetzung der Funktionalität (ausgehend vom aktuellen Stand des Projektergebnisses, wie ja nach der ursprünglichen Kundenentscheidung gewünscht)

– zuvor nicht erbrachter Aufwand zur Umsetzung der Funktionalität im ursprünglichen Kontext (ggf. reduziert um erbrachte Teilaufwände durch Synergien in anderen Funktionalitäten)

Beispiel

Ein Report X soll nachträglich erstellt werden, obwohl er zuvor durch eine frühere Entscheidung eigentlich bereits aus dem Leistungsumfang gestrichen worden war. Es gilt nun:

- Aufwand für Report X im Ursprungssystem: 100 Personentage (PT)
- Jetziger Aufwand für Report X im aktuellen System: 90 PT

- Vorleistungen für Report X, die in der Arbeit für die Reports Y und Z bereits erbracht wurden: 90 PT, zu verteilen auf drei Reports, also ca. 30 PT für Report X
- Wert des Change-Requests = 90 PT − (100 PT − 30 PT) = 20 PT

Sinn dieses kurzen Exkurses ist zu zeigen, dass Sie dem Kunden nur das anrechnen können, was er selber verschuldet hat, bzw. Mehrleistungen, auf die er kein vertraglich zugesichertes Anrecht hat.

Ist die zu erbringende Leistung zum Beispiel die Erstellung eines Softwaresystems, so sollten Sie darauf achten, dieses offen zu entwerfen. In anderen Kontexten gilt gleichfalls, dass Sie eine gewisse Weitsicht an den Tag legen sollten, die Sie nie in eine konzeptionelle Einbahnstraße führt. So sollte es Ihnen möglich sein, Anforderungen, die vertraglich vorgesehen waren, durch Kundenentscheidungen aber ausgeklammert wurden, mit verhältnismäßig geringem Aufwand trotzdem nachzupflegen, falls sie doch wieder zur Umsetzung anstehen sollten. Dem Kunden gegenüber können Sie die Nachlieferung der Leistung wie oben beschrieben anrechnen, ohne dass Unfrieden entsteht. Auf Ihrer Seite sparen Sie aber möglicherweise Aufwände.

Hat der Kunde „echte" Sonderwünsche, dann können diese auch komplett extra berechnet werden. Meldet er hingegen nur alte Wünsche wieder an, dann ist es schwer zu erklären, warum er plötzlich für eine Funktionalität aufgrund eines zwischenzeitlich restriktiv ausgelegten Gesamtkonzeptes erhebliche Mehrkosten tragen sollte.

16.7 Das große kleine e

In Bezug auf das Projektmanagement wird den sogenannten e-Business-/ e-Commerce-/ e-Procurement/ e-tc.-Projekten in der Regel ein Sonderstatus zugerechnet. Tatsächlich muss aber festgestellt werden, dass die Unterschiede zwischen Old und New Economy deutlich geringer sein sollten, als sie in der Außendarstellung erscheinen bzw. verkauft werden. Das hat verschiedene Gründe, auf die im Folgenden eingegangen werden sollte, bevor eine Empfehlung für das Vorgehen abgeleitet wird:

- *wirtschaftliche Bedeutung*

  Eine ganze Zeit lang waren e-Business-Projekte von einer Aura e-normer Bedeutsamkeit umgeben. Der sich damit eröffnende Markt versprach Umsätze in Milliardenhöhe, die nur darauf zu warten schienen, eingesammelt zu werden. Das Geld lag quasi auf der Straße, eher viel leicht: der Datenautobahn. Die Anzahl der überfahrenen Einsammler wächst nach wie vor von Tag zu Tag.

Dieses besondere Versprechen hat sich bis jetzt nicht erfüllen können. Viele Angebote der New Economy wurden nicht oder in weit geringerem Maße wahrgenommen als prognostiziert. Eine schier unüberschaubare Zahl von zwischenzeitlich an die Börse gegangenen Unternehmen zählt mittlerweile zu den Penny Stocks oder ist ganz von der wirtschaftlichen Bühne abgetreten. Mangelnde unternehmerische Kompetenz, überzogene Gewinnerwartungen, die Fehleinschätzung des Konsumentenverhaltens, Technologieverliebtheit und insbesondere das Fehlen langfristig ausgerichteter Geschäftsmodelle finden sich als Gründe für das Scheitern. Richtig gut geht es wenigen, viele der einstigen Hoffnungsträger halten sich gerade mühsam über Wasser.

Mittlerweile hat ein Umdenken eingesetzt. Nach wie vor erweitern viele Unternehmen der klassischen Old Economy ihre Systemlandschaften um Komponenten, die B2B- oder B2C-Funktionen abbilden, und dafür auf die neuen Technologien setzen. Aber der Prozess findet ruhig und beinahe im Verborgenen statt. Die neuen Systeme dienen der Ergänzung und Ausweitung, nicht der radikalen Ablösung bestehender Prozesse und Geschäftsmodelle. Die Frage der Wirtschaftlichkeit ist erneut wichtigstes Entscheidungskriterium der Einführung, der Prestigegedanke tritt nach den katastrophalen Erfahrungen um die Jahrtausendwende wieder in den Hintergrund.

Zusammenfassend kann also gesagt werden, dass Begeisterung und Hype überwiegend nüchternem Kalkül gewichen sind. Diese Ansicht hat sich noch nicht bei allen Anbietern, wohl aber bei der überwiegenden Zahl der Geldgeber durchgesetzt. Somit hat ein e-Business-Projekt kaum noch eine höhere wirtschaftliche Bedeutung als eines, das lediglich die Back-Office-Prozesse auf einem Großrechner betrifft. Die Revolution hat ihre Kinder gefressen, was bleibt ist die Bedächtigkeit der immerwährenden wirtschaftlichen Evolution.

- *neue Technologien*

  e-Business-Projekte verwenden neue Technologien. Das ist grundsätzlich korrekt, wenngleich in einigen Bereichen auch schon wieder diskussionswürdig. Denn viele der verwendeten Technologien und Verfahren sind mittlerweile seit Jahren auf dem Markt, die Produkte sind ausgereift, die Zahl der Experten dafür ist groß. Ein gutes Beispiel hierfür ist die Programmiersprache Java, die keineswegs mehr das Werkzeug hipper Endzwanziger mit idealistischen, technologischen Weltverbesserungsträumen ist.

  Neuen Technologien wird gerne unterstellt, dass sie in der Lage seien, komplexe Zusammenhänge schneller und unkomplizierter als bisher umsetzen zu können. Oft hingegen muss der Begriff „neu" in diesem Kontext durch „unausgereift" ersetzt werden, wodurch eher eine gegenteilige Tendenz einsetzt. Der Wettbewerbsdruck im Bereich der neuen Technologien ist hoch, was dazu führt, dass viele der angebotenen Produkte zu früh auf den Markt kommen. Unternehmen versuchen oft, allein durch die Zahl der angebotenen Funktionalitäten, weniger durch gute Qualität zu glänzen. Verfrühte Releases folgen einander in kurzen Abständen. Durch

  - viele Fehler,
  - schlechte Dokumentationsstände,
  - laufende Veränderungen der verwendeten Produkte und ihrer Schnittstellen,
  - einen durch diese Veränderungen überforderten Support,
  - unter Zeitdruck entstandene Kompromisslösungen sowie
  - die Benutzung ungewohnter, teils proprietärer Semantiken und Metaphern

  kommt es zu Schwierigkeiten und Verzögerungen, die beim Umgang mit etablierten Technologien nicht auftreten. Der Vorteil der modernen und scheinbar leistungsfähigeren Umgebungen schmilzt dahin.

- *kurze Laufzeiten, hoher Termindruck*

  In der Vergangenheit hat sich die Tendenz etabliert, e-Business-Projekte in sehr kurzen zeitlichen Dimensionen abwickeln zu wollen. Das rührt zum einen daher, dass die alleinige Technologieorientierung vieler Anbieter in Verbindung mit mangelnder Projektmanagement-Kompetenz zum Heranziehen falscher Planungsgrundlagen führte (siehe „3.4.10 Zeitplan und Aufwandsschätzung"), woraus wiederum Angebote mit zu geringen Aufwänden und kurzen Laufzeiten resultierten. Weiterhin wurden von Auftraggeberseite aus einem Empfinden hohen

Marktdrucks heraus sehr enge Vorgaben gemacht. Als dritter Grund steht die in Folge aufgebaute Erwartungshaltung, dass es im e-Business-Bereich normal sei, in sehr kurzer Zeit zu einem Ergebnis zu kommen.

Retrospektiv kann festgestellt werden, dass e-Business-Projekte eine extrem hohe Tendenz hatten, aber auch nach wie vor haben, ihre Planvorgaben nicht einzuhalten. Eine Lehre daraus haben die wenigsten Unternehmen bisher gezogen, und diese Rüge gilt Auftraggebern wie Auftragnehmern gleichermaßen. Nach wie vor werden Angebote abgegeben, die den objektiv zu eng gesteckten Bedingungen der Auftraggeber folgen. Noch immer versuchen Auftraggeber, Verträge abzuschließen, die vom Auftragnehmer nicht eingehalten werden können. Auf Auftraggeberseite liegt das daran, dass im Wesentlichen zwei Kriterien für eine Entscheidung ausschlaggebend sind: Zum einen der Preis, zum anderen die Schuldfrage. Für beide Kriterien wähnt sich der Auftraggeber auf der sicheren Seite.

Dabei sollte es bei einem Projekt in erster Linie darum gehen, ein im Vorwege gestecktes Ziel zu erreichen, was sich zum einen auf den Termin der Zielerreichung bezieht, zum anderen auf die zu erbringende Leistung in Verbindung mit deren erwarteter Qualität. Es ist schwer nachzuvollziehen, warum das Verhandlungsspiel trotzdem immer wieder an der Sache vorbei zu einer schädlichen, niemandem dienenden Feilscherei wird.

Es lässt sich also festhalten, dass zwar die Vertragsabschlüsse im e-Business-Bereich kurze Laufzeiten suggerieren, die tatsächlichen Projektlaufzeiten aber oft erheblich höher ausfallen. An dieser Vertragspraxis sind überzogene Erwartungen an die Möglichkeiten der neuen Technologien, falsche Planungsgrundlagen sowie scheinbare „Erfahrungswerte" aus dem e-Business-Umfeld schuld, die als Maßstab verwendet werden, aber selbst bereits nicht korrekt sind.

Aus den zuvor aufgelisteten Eigenschaften, die e-Business-Projekten gerne zugerechnet werden, wird in der Regel der Anspruch nach einer Sonderbehandlung im Sinne des Projektmanagements abgeleitet. Wie aber schon beschrieben, gibt es in diesem Umfeld viele Fehlinterpretationen und Illusionen, die entweder aus historischen Gründen oder einfach aus einem Mangel an Kompetenz oder Lernwilligkeit bestehen. Tatsächlich gibt es keinen vernünftigen Grund, e-Business-Projekte unter anderen Bedingungen und mit anderen Methoden durchzuführen als „normale" Projekte.

Im Gegenteil lautet die Empfehlung sogar, bei der Verwendung sehr neuer Technologien bzw. allgemein in Konstellationen, über die wenig Erfahrungswerte vorliegen, einen zusätzlichen Sicherheitsaufschlag auf die Aufwandsschätzungen zu geben. So können die beschriebenen Probleme sauber und unter Erhalt der zugesicherten oder erwarteten Qualität gelöst, möglichst natürlich vermieden werden.

Um das Kernproblem des e-Business und insbesondere den künstlichen Charakter desselben in Gänze verstehen zu können, muss dem Begriffsmythos noch etwas genauer auf den Grund gegangen werden. Denn e-Business ist, trotz breiter Verwendung, erstaunlicherweise nahezu undefiniert. Die gängige Literatur zum Thema fasst sich nebulös und hält sich eher an Themen wie „B2C" und beschreibenden Charakteristika wie „Internet-basiert" auf.

e-Business steht für „electronic business", also ganz einfach ausgedrückt die Unterstützung von Geschäftsprozessen zwischen Geschäftspartnern auf elektronischem Wege. e-Business ist also bereits die klassische Telex-Verbindung zum Austausch von Geschäftsinformationen, oder der Inter-Banken-Standard SWIFT. Tauschen zwei Unternehmen in einem abgestimmten Format Daten auf Disketten aus, dann ist das elementares e-Business. Weder das Internet, noch objektorientierte Programmierung in JAVA oder XML-Dokumente sind dafür erst einmal vonnöten.

e-Business ist eine Begriffsblase, die sich eine Relevanz zuordnet, die ihr nicht zusteht. Das wird dann klar, wenn die gesamte Bandbreite dessen, was e-Business sein kann, betrachtet wird. Darunter sind viele Themen, die schon lange nicht mehr aufregend und neu sind, und bei denen niemand auf die Idee käme, neue Rahmenbedingungen und Vorgehensmodelle zu postulieren. Der Übergang zur Rechtfertigungsgesellschaft der New Economy ist also zwangsweise fließend, wodurch diese selbst in Frage gestellt wird. Die anfängliche Aussage bleibt also: Nichts ist neu am Projektgeschäft in der New Economy, außer einer oft fatalen Fehleinschätzung durch die Beteiligten.

Gerade durch die Betonung der starken Uneinheitlichkeit der inhaltlichen Bandbreite von e-Business-Projekten rücken diese Inhalte wieder in den Vordergrund. Denn wo keine Gemeinsamkeiten festzustellen sind, müssen die individuellen Charakteristika genauer analysiert werden. Es leitet sich also nicht notwendig ein komplett neues Paradigma für das Management von Projekten aus der Tatsache ab, dass zum Beispiel objektorientierte Technologien verwendet werden, aber etwa für die Schätzung der Aufwände und die Definition der Aufgaben in den verschiedenen Phasen hat dieses sehr wohl eine Relevanz. Die Besonderheiten finden sich also in den Details, jedoch nicht auf Ebene des Projektmanagements an sich.

17 Schlussbetrachtung

17.1 Das Leben, das Universum und der ganze Rest

Dieser Abschnitt bedient sich des Titels eines Buches aus der „Per Anhalter durch die Galaxis"-Reihe des leider viel zu früh verstorbenen Douglas Adams. Hiermit will ich mit einem letzten, im wahrsten Sinne des Wortes allumfassenden Schwung einiges einfangen, das bisher sorgsam aus der Diskussion gehalten wurden.

Projektmanagement ist nicht nur die Kunst der Planung und Steuerung von Projekten, wie es eingangs einmal vereinfachend behauptet wurde. Projektmanagement ist auch eine Sammlung von Tugenden und Regeln, deren Verständnis und Befolgung hilft, bestimmte Probleme zu lösen. Diese Probleme sind aber mitnichten solche, die sich nur in Projekten ergeben. Allein der Begriff des Projektes ist Gegenstand vielerlei Ein- und Ausgrenzungsbemühungen, so dass der Übergang zum gewöhnlichen Tagesgeschäft fließend wird. „Durchlässig" ist der Begriff, zu dem ich lieber greifen möchte.

Denn die heutige Arbeitswirklichkeit hat sich gewandelt. Sie produziert nur noch in seltenen Fällen stereotype Handlungsabläufe, wie es noch vor wenigen Jahrzehnten in vielen Unternehmen der Fall war. Sie nötigt statt dessen zu einer fallweisen Unterscheidung und einer ebenso fallweisen Bearbeitung ihrer Gegenstände. Gleichartigkeit wird meist auf automatisierte Systeme verteilt, der menschliche Faktor der Sachbearbeitung wird der Individualität des Vorgangs gerecht. Umgekehrt könnte man sagen: Der verbleibende Anteil nicht automatisierbarer Individualität von Vorgängen verlangt nach menschlichem Eingriff.

Daraus ergibt sich zwangsläufig aber die stärkere Abhängigkeit von einer Kommunikations-, Entscheidungs- und Handlungskultur, die Raum für dynamische Reaktionen lässt. Sie muss dergestalt flexibel sein, dass es möglich wird, sich ohne große Schwierigkeiten an Bedarfen und Notwendigkeiten auszurichten und wechselnde Prioritäten zu setzen. Insbesondere muss sie die Bereitschaft und Fähigkeit zur renovierenden Selbstdefinition im Detail vorsehen, weil sie in einem Umfeld veränderlicher Aufgaben nicht selbst unveränderlich sein kann.

An einem kleinen Beispiel kann diese Interpretation der Arbeitswelt vielleicht besser erklärt werden: Es werden im militärischen Sprachgebrauch zwei verschiedene Führungsstile unterschieden, die als Auftrags- und Befehlstaktik bezeichnet werden.

Wird ein Soldat nach der Befehlstaktik geführt, so beschreibt ein Befehl *detailliert*, was zu tun ist, und auf welche Weise vorgegangen werden muss. Es gibt keinen Raum für Interpretationen und flexible Reaktionen auf nicht eingeplante Hindernisse auf dem Weg der Zielerreichung. Wird er hingegen nach der Auftragstaktik geführt, so wird zwar das Ziel vorgegeben und um die situativen Rahmenbedingungen ergänzt. Der Weg zur Erreichung des Zieles unterliegt jedoch der Interpretation des Soldaten. Innerhalb der Grenzen der Vorgaben ist er somit in der Lage, die Zielerreichung zu optimieren und der Lage anzupassen.

Das Auftragsmodell ist im heutigen Berufsleben meist eine Selbstverständlichkeit. Was bleibt, ist das Ziel, und diesem können und sollten Erfolgsfaktoren zugerechnet werden, an denen dessen Erreichung gemessen werden kann. Ganz deutlich werden hier die Parallelen zum Projektgeschäft erkennbar, und damit die Kernaussage dieses Abschnittes:

> Die Probleme bei der Erreichung von Erfolgszielen in der täglichen Arbeit und deren Lösungen sind oft die gleichen wie in Projekten.

Daraus folgt zweierlei. Zum einen sicher, dass viele Prinzipien und Mechanismen, die in diesem Buch beschrieben wurden, auch in Unternehmen zum Zwecke der Durchführung normaler Arbeitsprozesse anwendbar sind. Zum anderen aber auch, dass die Organisation von Unternehmen stärker als bisher darauf ausgerichtet werden muss, eine projektorientierte Dienstleistungskultur zu implementieren, um effektiv das eigene Geschäft erledigen zu können.

Insbesondere der Faktor der individuellen Behandlung von Vorgängen setzt voraus, dass jeder der Beteiligten sich seiner Rolle als Verantwortung tragender Bestandteil des Prozesses bewusst wird. Es gibt keine Möglichkeit mehr, sich an eine festgelegte Aufgabendefinition zu klammern. Was bleibt, lautet lediglich: Die Aufgaben, die kommen, müssen erledigt werden, definierbar in den Dimensionen Zeit, Kosten und Qualität.

Das Leben, das Universum und der ganze Rest definieren nicht jedes für sich einen Satz neuer Gesetzmäßigkeiten. Statt dessen ziehen sich Analogien auf verschiedenen Abstraktionsebenen durch alle Bereiche hindurch. Die Regeln und Mechanismen, die dazu dienen, Projekte erfolgreich zu machen, sind auch in ganz anderen Domänen gültig und zielführend, auch und insbesondere dem der alltäglichen Geschäftsprozesse.

17.2 Die drei apokalyptischen Reiter

Erschreckend viele Projekte gehen schief oder laufen einfach mies. Sehr viele Personen, die Projekte leiten, haben nie vorher eine entsprechende Fortbildungsmaßnahme erhalten oder bekleiden diese Position aufgrund ihres Dienstalters, nicht aufgrund ihrer Fähigkeiten. Sie sind ignorant gegenüber Meinungen anderer, glauben, alles selber regeln zu können oder besitzen kaum Sozialkompetenz oder Konfliktfähigkeit, was dazu führt, dass sie entweder in ungeeigneter Weise auf Probleme reagieren oder diese auszusitzen versuchen.

Trotzdem halten sich die meisten für gute Projektleiter. Diese Überzeugung ist das Ergebnis irrationaler, aber sehr menschlichen Überzeugungen. Wer mehrere Projekte gemacht hat, muss wohl ein guter Projektleiter sein. Wem der Chef die Verantwortung für ein Projekt überträgt, der muss wohl auch ein guter Projektleiter sein. Und wer allen Beteiligten Beine macht, sowieso. Und erst recht, wer so viel Ahnung vom Thema hat, dass er sein eigener bester Mann ist. Nur die anderen im Team stören ein wenig...

Soweit die, zugegeben, etwas plakative Ausgangssituation.

Aber was macht einen guten Projektleiter nun wirklich aus? Das ist gleichermaßen leicht wie schwierig zu beantworten. Ein Projektleiter muss sich, und das ist die leichte Antwort, an dem messen lassen, was er schafft. Das wichtigste Kriterium ist Zufriedenheit. Alle am Projekt beteiligten Personen sollten am Ende der Laufzeit des Projektes zufrieden sein. Das sind die Teammitglieder ebenso wie der Kunde, die Qualitätssicherer oder die Budgetverantwortlichen dies- und jenseits des Vertrages. Sie dürfen nicht zufrieden sein, weil sie ihren Willen durchsetzen konnten, sondern weil das Gefühl bleibt, eine faire Behandlung erfahren zu haben. Was immer ein Beteiligter an Einsatz geben musste, sei dieses Arbeitsleistung, Zeit oder Geld, er hat dafür einen fairen Gegenwert erhalten.

Der Weg hin zu diesem idealen Zustand ist der schwierige Part an der Beschreibung eines guten Projektleiters. Denn wie bei der Lektüre dieses Buches erkennbar, gibt es kaum Patentlösungen, aber sehr viel zu bedenken und auch falsch zu machen. Inmitten dieses Dschungels den richtigen Pfad zum Ziel zu finden, ist sehr schwierig, aber sicher nicht unmöglich.

Dieses Buch soll nicht beendet werden, ohne die in meinen Augen wichtigsten Gründe für das Scheitern der meisten Projekte zusammen zu tragen. Denn das bin ich Ihnen schuldig, um neben dem Überblick auch Orientierung zu geben. Einiges davon werden Sie vielleicht auch im nächsten Projekt nicht selber steuern können, aber vielleicht wenigstens Einfluss darauf nehmen.

> Ein schlechter Vertrag wird Ihr Projekt scheitern lassen!

Die Basis jeden Projektes ist der Vertrag, und so wie ein Fundament ein Haus trägt, so trägt der Vertrag das Projekt. Wo es keinen juristisch verbindlichen Vertrag gibt, muss eben eine andere Form von Vertrag abgeschlossen werden, aber er ist die unabdingbare Voraussetzung für die Durchführung eines Projektes. Es darf an dieser Stelle keine Kompromisse geben.

Der Vertrag muss so präzise wie nötig beschreiben, was in welchem Zeitraum, mit welchen Ressourcen, unter welchen Voraussetzungen usw. gemacht werden soll. Die Ausführungen unter „3 Vertrag und Leistungsbeschreibung" sollten unbedingt verinnerlicht werden. Es muss allen Beteiligten klar sein, dass dieser Vertrag Verbindlichkeit besitzt, und dass er nicht nach Gutdünken gebrochen und umformuliert werden kann.

Kein Projekt darf mit einem Handschlag und einer vagen Formulierung der Ziele begonnen werden. Es gibt Ansätze wie zum Beispiel das sogenannte Extreme Programming, die bei ungenauem Hinsehen eine andere Vorgehensweise zu propagieren scheinen, aber selbst hier bewegt sich ein Projekt in einem Mikrokosmos von eindeutiger Projektdefinition und Umsetzung und einer klaren Festlegung der Rollen, Regeln und Bedingungen.

> Mangelnde Konditionierung und Disziplinierung wird Ihr Projekt scheitern lassen!

Die zweite, unabdingbare Voraussetzung für ein erfolgreiches Projekt ist die Konditionierung und Disziplinierung der Vertragsparteien. Darunter ist zu verstehen, dass die Spielregeln, unter denen ein Projekt stattfindet, etabliert werden müssen. Verhalten und Erwartungen der Projektbeteiligten prägen sich zu Beginn des Projektes, in den ersten Tagen und Wochen. Entsteht hier ein falsches Verständnis der Rechte und Pflichten, so ist das später nur noch unter großen Schmerzen zu korrigieren.

Probleme treten selten zu Beginn eines Projektes auf, aber die Voraussetzungen für ihre Lösbarkeit werden in dieser Zeit geschaffen. Gewöhnt sich der Auftragnehmer daran, dass Termine keine Verbindlichkeit besitzen, so wird dieses Verhalten sich etablieren. Kann der Auftraggeber ohne Widerspruch des Auftragnehmers die Projektvorgaben verändern, so wird er erwarten, dieses immer tun zu können. Zum Beispiel Protokollschreibung muss am Anfang ein fester Bestandteil des Projektlebens werden, sonst wird diese bei einer späteren Einführung zu Unruhe und Missstimmungen führen (vom Fehlen verbindlicher Aussagen einmal ganz abgesehen). Dieses sind nur einige Beispiele, aber sie folgen der gleichen Logik.

Disziplinierung bedeutet, dass Verhalten auch persistent gemacht werden muss, indem jemand, und das ist wenigstens der Projektleiters, darauf achtet, dass es regelmäßig und unbedingt erfolgt. Denn das einmalige Schreiben eines Protokolls dient dem Anlass der Protokollschreibung, aber noch nicht der Protokollschreibung im Allgemeinen. Das regelmäßige Schreiben von Protokollen hingegen hat sehr wohl diese Wirkung, doch dafür bedarf es Disziplin.

Fehlender Mut wird Ihr Projekt scheitern lassen!

Mut kann auch als Überwindung von Angst interpretiert werden. Viele Projektleiter haben Angst vor Konfrontationen, und wer Freud kennt, der weiß, dass es eine ganze Reihe sehr geeigneter Mechanismen zur Angstabwehr gibt. Angst ist eine sehr menschliche Regung, sie ist nachvollziehbar und keiner ist davor gefeit. Aber seiner Angst nicht entgegenzutreten, ist tödlich für jedes Projekt.

Es ist Problemen egal, welche Kompetenzen Sie besitzen. Sie tauchen ungefragt auf, belästigen Sie und verlangen lautstark nach einer Lösung. Stellen Sie sich nicht blind und taub, sondern geben Sie der Forderung nach. Überwinden Sie den inneren Schweinehund, krempeln die Ärmel hoch und schaffen das Problem aus der Welt.

Manche Widrigkeiten verschwinden tatsächlich, wenn man sie aussitzt. Aber die Entscheidung zum Aussitzen ist auch eine, die Sie bewusst fällen müssen. Es darf nicht passieren, dass Sie nur zufällig das Richtige machen. Aber sehr viele Projektleiter fassen das nicht an, was unangenehm oder abseits ihrer Kernkompetenzen ist. Es bedarf Mutes, um den Schritt in unbekannte oder unliebsame Territorien zu gehen. Aber es ist unabdingbare Voraussetzung für die erfolgreiche Durchführung von Projekten.

Diese drei Gründe sind es, an denen die meisten Projekte kranken oder scheitern. Diese drei Dinge müssen Sie versuchen, gut zu machen. Damit haben Sie noch kein Projekt erfolgreich zu einem Abschluss gebracht, aber Sie haben ein gesundes Fundament, eine gemeinsame Sprache und die nötige Hemdsärmeligkeit für den Umgang mit Überraschungen.

Noch ein letzter, gut gemeinter Rat:

Haben Sie Spaß!

Wenn Ihnen das nicht gelingt, machen Sie etwas anderes. Es gibt viele einfache Möglichkeiten, glücklich zu werden. Projekte zu leiten zählt nicht dazu.

Sachverzeichnis

Ihre Fachbücher zur
Unternehmensgründung

N. Buch, The Austrian Trade Consulting Group, New York, NY, USA;
S.C.Oehme, The European-American Business Organization, New York, NY, USA;
R. Punkenhofer, Wirtschaftskammer Österreich, Berlin

Firmengründung in den USA

Ein Handbuch für die Praxis

Firmengründung in den USA ist ein Leitfaden zur Firmengründung und Geschäftsentwicklung in den USA. Die Autoren - mit langjähriger Erfahrung im US-Geschäftsleben - vereinen die Sichtweisen von Handelsattaché, Rechtsanwalt und Unternehmensberater. Kernthemen des Buches sind Strategieentwicklung und Geschäftsplanung, Personalfragen sowie Steuer- und Rechtsangelegenheiten. Speziell aufbereitete Checklisten und Fallbeispiele helfen, kostenintensive Fallen beim Start-up in den USA zu vermeiden.

2003. Etwa 250 S. Geb. **€ 49,95**; sFr 80,-
ISBN 3-540-44320-7

F.C.Maikranz, Wesel

Das Existenzgründungs-Kompendium

Die wichtigsten Regeln auf dem Weg in die Selbstständigkeit

Das Existenzgründungs-Kompendium stellt sämtliche gründungsrelevanten Themen in einem Werk zusammen. Zu den behandelten Themen zählen: persönliche Eignung des Gründers, Wahl der Standortes, Wahl der Rechtsform, sämtliche Fragen der Finanzierung und Finanzplanung. Weitere Schwerpunkte sind: Marktpotential, Zielgruppe, Mitbewerber, Personalwesen und Mitarbeiterauswahl, Organisation, Materialverwaltung, Marketing, schließlich Risikovorsorge und Absicherung der Familie. Fallbeispiele, Checklisten und Musterverträge führen den Leser durch alle Phasen der Existenzgründung. Adressen ermöglichen den Kontakt mit Förderstellen und Informationsbeschaffung.

2002. X, 260 S. Geb. **€ 39,95**; sFr 64,-
ISBN 3-540-42825-9

Bestellen Sie bei Ihrer Buchhandlung!

Die €-Preise für Bücher sind gültig in Deutschland und enthalten 7% MwSt.
Preisänderungen und Irrtümer vorbehalten. d&p · BA 44279

Springer

Druck: betz-druck GmbH, D-64291 Darmstadt
Verarbeitung: Buchbinderei Schäffer, D-67269 Grünstadt